现代通信网实用丛书

增强数据速率的 GSM 演进技术：EDGE 网络

赵绍刚　周兴围　苏标玮　李岳梦　编著

电子工业出版社

Publishing House of Electronics Industry

北京·BEIJING

内 容 简 介

本书介绍了 EDGE 的发展演进过程及相关的系统架构，详细描述了 EDGE 的相关技术，如物理层技术、链路级技术和 RLC/MAC 层技术，重点突出了 EDGE 技术相对于 GPRS 技术的增强之处；详细分析了 EDGE 网络在各种环境下的系统性能，并与 GPRS 网络性能进行了比较；同时从理论和实际工程角度全面系统地介绍了 EDGE 网络的部署、规划和优化过程；重点探讨了 EDGE 现网规划优化过程，以及在这一过程中所遇到的一些典型案例和问题。另外，本书还对 EDGE 网络的典型业务应用进行了深入的探讨，如手机电视业务和 IMS 业务。

本书主要面向高等院校通信工程专业的教师和学生、运营商技术人员、设计院设计人员和制造商专业人员。本书写作的目的是让从事移动通信的专业技术人员和相关专业的高校学生对 EDGE 通信技术有一个比较全面、深入、系统的了解。

图书在版编目（CIP）数据

增强数据传输速率的 GSM 演进技术：EDGE 网络/赵绍刚等编著. —北京：电子工业出版社，2009.1
（现代通信网实用丛书）
ISBN 978-7-121-07763-0

I. 增… II.赵… III.时分多址－移动通信－通信网IV.TN929.532

中国版本图书馆 CIP 数据核字（2008）第 177438 号

策划编辑：宋　梅
责任编辑：刘　凡
印　　刷：北京市顺义兴华印刷厂
装　　订：三河市双峰印刷装订有限公司
出版发行：电子工业出版社
　　　　　北京市海淀区万寿路 173 信箱　　邮编　　100036
开　　本：787×980　1/16　印张：23.5　字数：526.4 千字
印　　次：2009 年 1 月第 1 次印刷
印　　数：4 000 册　　定价：56.00 元

出 版 前 言

通信行业正处在一个新的转折时期，无论是技术、网络、业务，还是运营模式都在经历着一场前所未有的深刻变革。从技术的角度来看，电路交换技术与分组交换技术趋于融合，主要体现为语音技术与数据技术的融合、电路交换与分组交换的融合、传输与交换的融合、电与光的融合。这将不仅使语音、数据和图像这三大基本业务的界限逐渐消失，也将使网络层和业务层的界限在网络边缘处变得模糊，网络边缘的各种业务层和网络层正走向功能上乃至物理上的融合，整个网络将向下一代融合网络演进，终将导致传统电信网、计算机网和有线电视网在技术、业务、市场、终端、网络乃至行业运营管理和政策方面的融合。从市场的角度来看，通信业务的竞争已达到了白热化的程度，各个通信运营商都在互相窥视着对方的传统市场。从用户的角度来看，各种新业务应运而生，从而使用户有了更多、更大的选择空间。但无论从哪个角度，在下一代的网络中，我们将看到三个世界：从服务层面上，看到一个 IP 的世界；从传送层面上，看到一个光的世界；从接入层面上，看到一个无线的世界。

在 IT 技术一日千里的信息时代，为了推进中国通信业的快速、健康发展，传播最新通信网络技术，推广通信网络技术与应用实践之经典案例，我们组织了一些当今正站在 IT 业前沿的通信专家和相关技术人员，以实用技术为主线，注重实际经验的总结与提炼，理论联系实际，策划出版了这套面向 21 世纪的《现代通信网实用丛书》。该丛书凝聚了他们在理论研究和实践工作中的大量经验和体会，以及电子工业出版社编书人的心血和汗水。丛书立足于现代通信中所涉及的最新技术和成熟技术，以实用性、可读性强为其自身独有特色，注重读者最关心的内容，结合一些源于通信网络技术实践的经典案例，就现行通信网络的结构、技术应用、网络优化及通信网络运营管理方面的问题进行了深入浅出的翔实论述。其宗旨是将通信业最实用的知识、最经典的技术应用案例奉献给业界的广大读者，使读者通过阅读本套丛书得到某种启示，在日常工作中有所借鉴。

本套丛书的读者群定位于 IT 业的工程技术人员、技术管理人员、高等院校相关专业的高年级学生、研究生，以及所有对通信网络运营感兴趣的人士。

在本套丛书的编辑出版过程中，我们受到了业界许多专家、学者的鼎力相助，丛书的作者们为之付出了大量的心血，对此，我们表示衷心的感谢！同时，也热切欢迎广大读者对本套丛书提出宝贵意见和建议，或推荐其他好的选题（E-mail：mariams@phei.com.cn），以帮助我们在未来的日子里，为广大读者及时推出更多、更好的通信网络技术类图书。

电子工业出版社
2005 年 1 月

前　言

EDGE 起初是"Enhanced Data Rates for GSM Evolution"的缩写，即增强数据传输速率的 GSM 演进技术，但是随着技术的推广发展，它不但可以引入到 GSM/GPRS 系统中，而且可以引入到数字高级移动电话系统（D-AMPS，Digital Advanced Mobile Phone System）这样的 IS-136 系统中，所以；EDGE 现在是"Enhanced Data Rates for Global Evolution"的英文缩写，即基于全球演进的增强数据传输速率技术。

EDGE 工作在分组模式下，可以支持高达 384 kbps 的多媒体业务。EDGE 在欧洲被看做从 2G 到 3G 过渡的 2.5 代标准（有的运营商将其看做准 3G 技术），而在我国则将其视为 2.75 代标准。众所周知，3G 的应用并没有带来预期的火爆，从而使多数运营商逐渐回归理性。在欧洲、美洲及亚太地区，许多运营商都愈发关注 EDGE 技术。该技术在数据传输速率上虽然不如 3G 系统（WCDMA，dma2000 和 TS-SCDMA），但是 EDGE 技术可以直接从 GSM/GPRS 等二代网络升级实现，其覆盖范围远高于 3G 系统，而且从 GPRS 升级到 EDGE 的成本很低，最重要的是 EDGE 的速率可以达到 GPRS 的 3 倍，可以实现部分的 3G 业务，所以很多运营商都选择了 EDGE 网络。目前全球范围内的 EDGE 网络已接近 300 个。

作者编写本书的目的是让从事移动通信的专业技术人员和相关专业的高校学生对 EDGE 通信技术有一个比较全面、深入、系统的了解。本书不仅涉及一些基础理论概念，同时还介绍了大量的实际工程经验。例如，本书系统、详细地讨论了 EDGE 的部署、规划设计和优化，还介绍了 EDGE 现网规划优化过程中所遇到的一些典型案例和问题。另外，本书还从理论仿真和实际测量两个方面对 EDGE 系统的性能进行了详尽的介绍，与 GPRS 的性能进行了比较，这些对于从事网络优化的工程技术人员都具有积极的参考意义。为了能使相关的专业人员对 EDGE 网络有一个系统的了解，本书还重点介绍了 EDGE 系统区别于 GPRS 系统的物理层关键技术、链路级技术和相应的 RLC/MAC 层技术。在本书的最后还详细地探讨了 EDGE 网络所支持的典型业务，如手机电视业务和 IMS 相关业务等。这一部分内容对于学校和研究所等从事 EDGE 技术研究的学生、学者来说，也有一定的参考作用。

全书包括以下 10 章内容。

第 1 章　简要对 GPRS 进行了介绍，主要包括其网络逻辑结构、无线接口、移动性管理和 GPRS 骨干网等内容。

第 2 章　对 EDGE 基本情况进行了简单的介绍，主要包括 EDGE 中的一些特别概念、一般原理、提供的相关业务、市场的发展概况及市场的驱动力等。

第 3 章　对 EDGE 的物理层技术进行了详细的介绍，主要内容有 GMSK 调制与 8PSK

调制对比、8PSK 调制方式对 RF 发射机的影响等。

第 4 章　介绍了 EDGE 中用于链路质量控制管理的一些概念，还包括链路自适应（LA，Link Adaptation）机制和增加冗余（IR，Increase Redundancy）机制等。

第 5 章　详细介绍了终端和网络在 EDGE 模式下通过 RLC/MAC 层来传输数据的过程，这里仅介绍 EDGE 所专有的过程，包括 TBF 管理及支持高吞吐量的增强 RLC 协议等。

第 6 章　重点对 EDGE 的部署、规划和优化进行了介绍，主要包括 EDGE 网络的部署策略、规划及优化流程。

第 7 章　结合 EDGE 现网的具体优化，详细地介绍了当前 EDGE 网络优化过程中的典型案例及相关问题。

第 8 章　对 EDGE 的系统性能进行了全面的分析，包括 EDGE 网络的关键性能指标（KPI）及基本链路性能、实施跳频和无跳频情况下链路自适应和增加冗余对性能的影响、EDGE 所需的主要无线资源管理（RRM，Radio Resource Management）功能，以及 GPRS 和 EDGE 的系统容量比较等内容。

第 9 章　介绍了 EDGE 的杀手应用，即手机电视业务，主要包括手机电视的运营模式、业务信令流程和发展状况等问题。

第 10 章　重点介绍了 EDGE 所能支持的 IMS 类业务，主要包括 3GPP 电路交换 IMS 组合业务、开放移动联盟（OMA，Open Mobile Alliance）的一键通业务（PoC，Push-to-talk over Cellular）、OMA 的即时消息（IM，Instant Message）业务和在线（Presence）组群列表管理等内容。

希望本书能够对从事无线通信，特别是移动通信工作和研究的人员有一定的借鉴作用。由于作者水平有限，加上时间仓促，书中不妥之处难免，请各位专家、同仁批评斧正，在此深表感谢。

作　者
2008 年 8 月

目　录

第1章 GPRS 简介

本章要点

- GPRS 逻辑网络架构
- GPRS 传输平面和信令平面
- GPRS 无线接口
- GPRS 移动性管理

本章导读

EDGE 是在 GPRS 的基础上演进而来的，是对 GPRS 技术的增强，为了能够使读者对 EDGE 有较为系统的了解，本章将对 GPRS 的一些基础知识进行简单的介绍，主要内容包括 GPRS 的逻辑网络架构、GPRS 的传输平面和信令平面及 GPRS 的无线接口等。了解这部分内容对于理解后面章节中的 EDGE 技术是非常有帮助的。

古希腊哲学家 Aristotle（亚里士多德）曾经说过："If you would understand anything, observe its beginning and its development."（要理解万物，就必须关注它的开端与发展）。如果要对 EDGE 系统有个清楚的理解，那么就要先从介绍 GPRS 技术开始。

通用分组无线业务（GPRS，General Packet Radio Service）能够使移动用户在公共陆地移动网络（PLMN，Public Land Mobile Network）中以分组的形式发送和接收数据，并且在数据传输过程中，移动台（MS，Mobile Station）和外部网络之间不使用永久连接。与电路交换方式明显不同，采用这种分组传送方式，当 MS 和外部网络之间没有需要传输的数据流时，MS 和外部网络之间就不需要连接，这样 GPRS 就可以对网络和无线资源（RR，Radio Resource）的使用进行优化。这种无线资源的优化方式可以为运营商带来更大的经济效益。

与全球移动通信系统（GSM，Global System for Mobile Communications）相比，GPRS 在时隙、帧、复帧、超帧结构上并没有进行改变，因此 GRPS 保留了 GSM 所定义的无线接口。但是在 GPRS 规范中提出了多时隙数据传输，理论上对于一个给定的移动用户来说，在每个上行和下行时分多址（TDMA，Time Division Multiple Access）帧中最多可以分配 8 个时隙用于数据传输。GPRS 规范给出了 4 种信道编码类型，从而使每个时隙的吞吐量可以从 9.05kbps 到 21.4kbps 不等。当 8 个时隙都分配给用户进行数据传输时其理论速率可达 171.2kbps。需要注意的是，该数据传输速率为用户净荷数据传输速率，其总的数据传输速率为 271kbps。

1.1　GPRS 的逻辑网络架构

在 GPRS 网络结构中，对无线子系统和网络子系统之间进行了严格的划分。这样做的重要的原因就是为了可以和其他无线接入技术（如通用移动通信系统（UMTS，Universal Mobile Communication System））一起复用网络子系统。GPRS 网络子系统也称为 GPRS 核心网或 GPRS 骨干网。对于 GSM 网络来说，其网络中的节点，如移动交换中心/访问位置寄存器（MSC/VLR，Mobile Switching Center/Visitors Location Register）、归属位置寄存器（HLR，Home Location Register）及基站子系统（BSS，Base Station Subsystem）都在 GPRS

网络结构中进行了复用。图 1.1 所示为 GPRS 系统的一般架构。

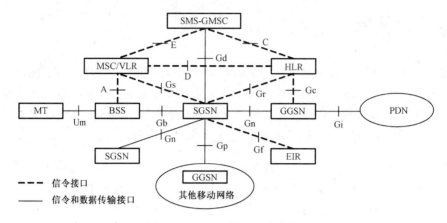

图 1.1 GPRS 系统的一般架构

在 GPRS 核心网中新增加了两个网络节点用于数据分组传输，分别如下所述。

① GPRS 网关支持节点（GGSN，Gateway GPRS Support Node）。GGSN 是一个分组路由器，它一侧与外部分组数据网络（PDN，Packet Data Networks）相连，另一侧则通过基于 IP 的 GPRS 骨干网与 GPRS 服务支持节点（SGSN，Serving GPRS Support Node）相连。PDN 是外部固定数据网，如与 GPRS 网络相连的因特网。MS 中的数据通过 SGSN 经 GGSN 发送到外部 PDN 中，反之亦然。

② 服务 GPRS 支持节点（SGSN，Serving GPRS Support Node）。SGSN 在 GPRS 中的位置与移动交换中心在 GSM 中的位置相当，SGSN 节点为移动台的工作提供服务，它负责 GPRS 的移动性管理并执行接入控制功能。通过 SGSN 用户便可以使用 PDN 提供的相关业务。SGSN 通过 7 号信令系统（SS7，Signaling System No.7）与归属位置寄存器相连，从而可以跟踪每个 MS 在 GPRS 网络中的位置。同时 SGSN 还保证了 GPRS 骨干网与无线子系统之间的分组路由。图 1.2 所示为 GPRS 骨干网的一般架构。

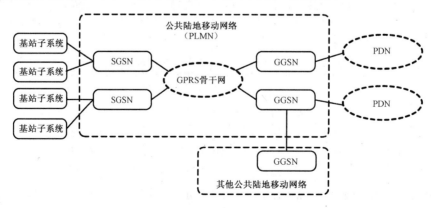

图 1.2 GPRS 骨干网一般架构

为了能够支持分组方式的数据传输，GSM 网络中其他的相关网元也进行了一定的演进。这些网元分别如下所述。

① 基站子系统 BSS。为了在空中接口上（如新的分组信道）支持 GPRS 功能，BSS 的功能进行了增强。为此在 BSS 中增加了分组控制单元（PCU，Packet Control Unit）。

② MSC/VLR。在语音呼叫的寻呼过程或位置更新过程中，为了能够协调处理 GPRS 业务和非 GPRS 业务，MSC/VLR 的相关功能也必须进行增强。当然其前提是 MSC/VLR 和 SGSN 之间存在 Gs 接口。

③ HLR。为了支持 GPRS 用户信息和 GPRS MS 位置信息，HLR 也必须进行适当的升级。

GPRS 标准中还在不同的网元之间定义了新的接口，如图 1.1 所示。这些接口都是标准化的，从而可以实现不同制造商设备之间的互通。这些接口包括以下几种。

① Gb 接口。Gb 接口位于 SGSN 和 BSS 之间。该接口可以同时支持信令、数据传输，实现分组传输和小区重选等功能。

② Gn/Gp 接口。Gn/Gp 接口是 GPRS 核心网中 GPRS 支持节点间的接口，用于 GSN 之间分组和信令的传输。Gn 接口是同一个 PLMN 中 GSN（GGSN 或 SGSN）之间的接口，而 Gp 则是不同 PLMN 之间连接两个 GSN 的接口。

③ Gs 接口。Gs 接口位于 MSC/VLR 和 SGSN 之间。通过该接口，SGSN 和 MSC/VLR 之间可以建立关联，从而协助 MS 实现电路交换寻呼和组合位置更新过程中的 GPRS 附着和 IMSI 附着。

④ Gr 接口。Gr 接口位于 SGSN 和 HLR 之间，该接口可在 GPRS 移动性管理过程中实现 GPRS 用户信息和位置信息的获取和更新。

⑤ Gf 接口。Gf 接口位于 SGSN 和设备标识寄存器（EIR，Equipment Identity Register）之间，可以实现用户终端的认证。

⑥ Gc 接口。Gc 接口位于 GGSN 和 HLR 之间。当数据从 PDN 发送给 SGSN 服务的终端时候，该接口用于获取所需的路由信息。

⑦ Gi 接口。Gi 接口位于 GGSN 和外部 PDN 之间，涉及的协议取决于外部 PDN。该接口支持 IP 协议，也支持点到点（PTP，Point-to-Point）协议。

1.2　GPRS 的传输平面和信令平面

GPRS 系统是一个非常复杂的分布式网络架构，由传输平面和信令平面构成的。传输平面通常也称为用户平面，它可以提供 MS 和外部分组网络之间的连接，用于传送用户数据。而信令平面在网络中则用于控制和支持传输平面的相关功能。

1.2.1　传输平面

传输平面由提供用户数据传输的分层协议架构组成。尽管 GPRS 网络中有各种不同的接口，但是它可以保证根据信息传输控制过程（流控、检错、纠错和差错恢复）来建立一条端到端的通路。根据 Gb 接口，网络子系统的传输面独立于无线子系统定义的传输面。图 1.3 所示为 MS 与 GGSN 之间传输平面的分层协议架构。

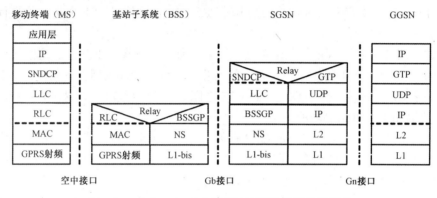

图 1.3　MS 与 GGSN 之间传输平面的分层协议架构

GPRS 射频（RF，Radio Frequency）层可以分为两个子层：物理射频层和物理链路层。物理射频层用于控制物理信道、调制/解调及传输/接收无线接口的数据块。物理链路层用于实现信道编码、交织、功率控制、测量和同步。

媒体接入控制（MAC，Medium Access Control）层用于控制移动台和网络之间的无线信道接入。

无线链路控制（RLC，Radio Link Control）层将从逻辑链路控制（LLC，Logical Link Control）层接收到的协议数据单元（PDU，Protocol Data Unit）适配成 RLC 数据传输单元。RLC 层将 LLC PDU 拆分成 RLC 数据块，或者反之将 RLC 数据块组装成 LLC PDU。对于出错的数据块，RLC 层可以提供相应的重传机制。

LLC 层可以在 MS 和 SGSN 之间提供可靠的加密链路。该链路独立于低层。

子网相关会聚协议（SNDCP，Subnetwork Dependent Convergence Protocol）层用于将 IP 层映射到下面的传输网络。SNDCP 还可完成压缩、分段及网络层消息复用功能。

传输平面中的基站子系统 GPRS 协议（BSSGP，Base Station Subsystem GPRS Protocol）用于控制 LLC 帧在 Gb 接口中的传输。

网络业务（NS，Network Service）层是基于 BSS 和 SGSN 之间的帧中继（FR，Frame Relay）。它用于传送 BSSGP PDU。

用户平面的 GPRS 隧道协议（GTP，GPRS Tunneling Protocol）即 GTP-U，用于在 GPRS 骨干网中的 GPRS 支持节点间传送用户数据分组。

用户数据报协议（UDP，User Datagram Protocol）用于在 GPRS 骨干网中承载 GTP PDU。在 GPRS 骨干网中，采用 IP 来路由用户数据。

在传输平面存在两个中继功能：BSS 中的中继功能用于在空中接口和 Gb 接口之间传送 LLC PDU；而 SGSN 中的中继功能则用于在 Gb 和 Gn 接口之间传送分组数据协议（PDP，Packet Data Protocol）数据单元。

1.2.2　信令平面

在 GPRS 系统中信令平面主要用于实现下列相关功能。

① GPRS 网络接入控制。该功能为用户提供了使用 GPRS 业务的方法。为了控制接入，该功能定义了一系列过程（如 GPRS 业务的 IMSI 附着、GPRS 业务的 IMSI 去附着）。

② 外部网络接入控制。该功能可以通过激活、去激活或修改 MS、SGSN 和 GGSN 之间的上、下文来控制已建立的网络接入连接的属性。

③ 移动性管理。通过跟踪当前 MS 位置，该功能可以保证在 PLMN 中或者另一个 PLMN 中分组业务的连续性。

④ 网络资源的适配。该功能可以根据请求的 QoS（Quality of Service）来计算所需的网络资源。

图 1.4 说明了 MS 和 SGSN 之间的信令平面。

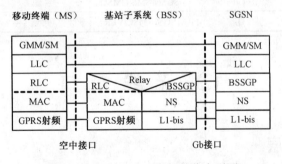

图 1.4　MS 与 SGSN 之间的信令平面

GPRS 移动性管理（GMM，GPRS Mobility Management）层用于管理 MS 和 SGSN 之间与 GPRS 移动性相关的过程。

会话管理（SM，Session Management）层用于管理 MS、SGSN 和 GGSN 之间与上下文相关的过程。

信令平面中的 BSSGP 用于提供 SGSN 和 BSS 之间与移动性管理相关的功能。图 1.5 所示为 GPRS 系统中 GSN 之间的信令平面。

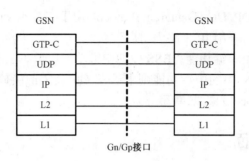

图 1.5　GPRS 系统中 GSN 之间的信令平面

　　控制平面 GTP（GTP-C）用于在 GPRS 骨干网中的 GPRS 支持节点间以隧道的方式传送信令消息。GPRS 骨干网中的 GPRS 支持节点与 SS7 网络有接口，从而可以与 GSM SS7 网络节点（如 HLR、MSC/VLR、EIR 及 SMS-GMSC）交换信息。这些新接口见表 1.1。

表 1.1　GSN 与 SS7 网络间的新接口

接口名称	位　　置	必选/可选
Gr	SGSN-HLR	必选
Gc	GGSN-HLR	可选
Gf	SGSN-EIR	可选
Gd	SGSN-SMS GMSC	可选
Gs	SGSN-MSC/VLR	可选

1.3　无 线 接 口

1.3.1　物理层

　　GPRS 的物理层与 GSM 的物理层很相似。它也是基于 TDMA 和频分复用（FDMA，Frequency Division Multiple Access）的组合，其信道带宽为 200kHz。TDMA 帧长为 4.615ms，并且包括 8 个时隙。与 GSM 一样，上行、下行的物理信道是通过频率和时隙对来定义的，如图 1.6 所示。用于数据业务和信令业务的逻辑信道最终映射到物理信道中。

　　当然 GPRS 也有很多特征不同于 GSM 的电路交换业务，如使用了 52 复帧（而在 GSM 中使用的是 26 复帧），还采用了新的编码机制（CS，Coding Schemes）和新的功率控制算法。另外，GPRS 可以根据无线环境的情况来动态改变 CS，从而在吞吐量和差错率之间找到最优平衡点。

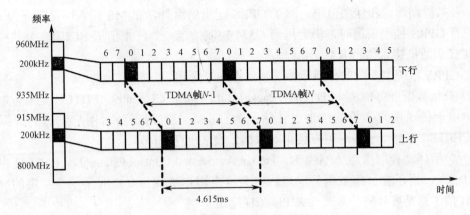

图 1.6　TDMA 和 FDMA 的组合

　　对于 RF 物理层，一个重要特点就是可以将多个物理信道分配给一个给定的 MS，从而提供较高的分组数据传输速率。也就是说，MS 可以在每个 TDMA 帧中的多个时隙来收发数据。

1. 物理信道的定义

　　GPRS 的复帧长度为 52 个 TDMA 帧。它包括 12 个无线块（Block），从 B0 到 B11，每个块都是连续的 4 个 TDMA 帧，另外该复帧还包括 4 个空闲帧，如图 1.7 所示。其物理信道也称为分组数据信道（PDCH，Packet Data Channel）。它可以完全由一个频率、时隙对来定义（一个下行时隙和一个相应的上行时隙）。对于一个给定的 PDCH，通常把 4 个突发（Burst）组成的块称为无线块，该无线块用于承载逻辑信道，可以传送数据，也可以传送信令。

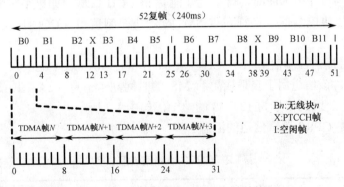

图 1.7　52 个 TDMA 帧的复帧结构

2. 分组数据逻辑信道

　　用于传送 GPRS 数据和信令的分组数据逻辑信道最终映射在物理信道之上。GPRS 中有两类逻辑信道：业务信道和控制信道。在这些控制信道中，又定义了三种子类型：广播信道、公共控制信道和伴随信道。除了 GPRS 逻辑信道外，在 MS 接入网络时或当 GPRS 小区没有 GPRS 控制信道时，仍会用到 GSM 控制信道，如广播信道 BCCH、公共控制信道 CCCH 和随机接入信道 RACH。

在 GPRS 系统中不同的分组数据逻辑信道如下所述。

① 分组数据业务信道（PDTCH，Packet Data Traffic Channel）。PDTCH 是上行、下行链路中用于传送用户数据的信道。该信道为双向，上行用于传送用户发起的数据传输（PDTCH/U），下行用于传送用户终止的数据传输（PDTCH/D）。

② 分组伴随控制信道（PACCH，Packet Associated Control Channel）。PACCH 也是一条双向信道，用于在分组数据传输过程中为给定用户承载信令。对于一个给定的 MS，PACCH 信道总是要伴随一条或多条 PDTCH 信道。

③ 分组广播控制信道（PBCCH，Packet Broadcast Control Channel）。PBCCH 用于广播 MS 驻留小区及其相邻小区的相关信息。包括移动台接入网络所需的参数。当小区中没有 PBCCH 时，该信息由 BCCH 进行广播。

④ 分组公共控制信道（PCCCH，Packet Common Control Channel）。PCCCH 是由 PRACH、PPCH 和 PAGCH 组成的一组逻辑信道。

- 分组随机接入信道（PRACH，Packet Random Access Channel）：MS 利用 PRACH 信道完成对网络的上行接入。
- 分组寻呼信道（PPCH，Packet Paging Channel）：网络通过 PPCH 信道对 MS 进行寻呼，从而实现下行分组传输的建立。
- 分组接入授予信道（PAGCH，Packet Access Grant Channel）：网络通过 PAGCH 信道为移动台分配无线资源，从而实现分组传输。

只有小区中存在 PBCCH 时，该小区才能有 PCCCH 信道。如果小区中没有 PCCCH，那么 GPRS 的公共控制信令便通过 GSM 的公共控制信道（CCCH，Common Control Channel）来处理。

⑤ 分组定时提前控制信道（PTCCH，Packet Timing Advance Control Channel）：PTCCH 是一条双向信道，该信道用于自适应更新 MS 的时间同步信息（TA，Timing Advance）。在 52 的复帧中它映射到帧号为 12、38 的帧中，如图 1.7 所示。

表 1.2 所示是 GPRS 逻辑信道的汇总。

表 1.2　GPRS 逻辑信道汇总表

逻 辑 信 道	缩　　写	上行/下行	作　　用
分组广播控制信道	PBCCH	下行	广播分组系统信息
分组寻呼信道	PPCH	下行	对 MS 进行寻呼以建立下行传输
分组随机接入信道	PRACH	上行	用于 MS 进行随机接入
分组接入授予信道	PAGCH	下行	为 MS 分配无线资源

续表

逻 辑 信 道	缩　　写	上行/下行	作　　用
分组定时提前控制信道	PTCCH	上行/下行	更新定时提前量
分组伴随控制信道	PACCH	上行/下行	数据传输时的伴随信令
分组数据业务信道	PDTCH	上行/下行	数据业务信道

　　这里不讨论不同的逻辑信道是如何映射到 52 帧的物理信道中的。需要注意的是，该映射可以由网络来进行动态的配置。这样系统便可以根据需要来分配、释放资源，从而动态调整网络负荷。

3. 多时隙分类定义

　　对于高速数据传输速率，GPRS MS 在每个 TDMA 帧中可以支持多个 PDTCH。上行和下行分配给 MS 的最大时隙数取决于 MS 所支持的多时隙能力。多时隙能力分类用于说明移动台接收（Rx，Reception）和发送（Tx，Transmission）所支持的最大时隙数。对于非对称业务，上行和下行的时隙数是不同的。

　　另外，在 GPRS 系统中还对每一种多时隙分类的收、发时隙总和进行了限定。在 GPRS 附着过程中，MS 的多时隙能力分类会发送到网络。表 1.3 列出了 MS 的多时隙能力分类。类型 1 的 MS 不能同时进行收、发，而类型 2 的 MS 则可以实现同时收、发。

表 1.3　GPRS 系统中 MS 所支持的多时隙分类

多时隙类别	最大时隙数			类型	多时隙类别	最大时隙数			类型
	接收时隙数	发送时隙数	收、发时隙之和			接收时隙数	发送时隙数	收、发时隙之和	
1	1	1	2	1	16	6	6	N/A	2
2	2	1	3	1	17	7	7	N/A	2
3	2	2	3	1	18	8	8	N/A	2
4	3	1	4	1	19	6	2	N/A	1
5	2	2	4	1	20	6	3	N/A	1
6	3	2	4	1	21	6	4	N/A	1
7	3	3	4	1	22	6	4	N/A	1
8	4	1	5	1	23	6	6	N/A	1
9	3	2	5	1	24	8	2	N/A	1
10	4	2	5	1	25	8	3	N/A	1
11	4	3	5	1	26	8	4	N/A	1
12	4	4	5	1	27	8	4	N/A	1
13	3	3	N/A	2	28	8	6	N/A	1
14	4	4	N/A	2	29	8	8	N/A	1
15	5	5	N/A	2					

4．信道编码机制

在 GPRS 规范中定义了 4 种编码机制 CS，即 CS-1～CS-4，其差错保护能力依次降低。编码率最低的是 CS-1（冗余最大，差错保护能力最强），编码率最高的是 CS-4（无冗余，无差错保护能力）。CS 的使用需要根据无线环境来进行选择，该机制称为链路自适应。对于 CS-1～CS-3，其编码是基于循环冗余校验（CRC，Cyclic Redundancy Code）和卷积编码。而对于 CS-4，则只有 CRC 编码。卷积码输出后是通过凿孔来将数据适配成需要的无线块大小。最后，数据块在无线块中进行交织，从而可以改善接收机中译码的性能。CS-1～CS-3 的数据块编码结构如图 1.8 所示。

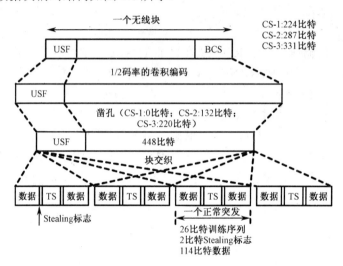

图 1.8　CS-1～CS-3 的数据块编码结构

移动台总是发送由网络设置好的 CS，而在 Rx 时对使用的 CS 进行盲检测。该检测是通过分析偷位标志（SF，Stealing Flag）（每个无线块 8 个比特，是一种特殊的训练序列）来进行的，对于每种 CS 都定义了不同的偷位标识。

4 种不同编码机制 CS 的特征概括见表 1.4。该表详细说明了每种 CS 的码率，具体信息如下：

① 上行状态标志（USF，Uplink State Flag）域的预编码；
② 编码数据的长度；
③ 块校验序列（BCS，Block Check Sequence），即 CRC 域；
④ 尾比特数（用于改善译码性能）；
⑤ 编码后比特数；
⑥ 凿孔数。

表 1.4　GPRS 编码机制的编码参数

编码机制	码率	USF	USF 预编码	无线块数据	BCS	尾比特	编码比特	凿孔比特	数据传输速率（kbps）
CS1	1/2	3	3	181	40	4	456	0	9.05
CS2	2/3	3	6	268	16	4	588	132	13.4
CS3	3/4	3	6	312	16	4	676	220	15.6
CS4	1	3	12	428	16	—	456	—	21.4

表 1.4 中的最后一列是最终的数据传输速率。该数值等于编码器输入端的数据比特数与一个无线块周期（20ms）的比值。

注意：GPRS 的信令总是以 CS-1 的方式进行发送，而其他 CS 只在 PDTCH 上使用。

5．链路自适应机制

链路自适应的基本原理就是根据无线环境的状态来决定所使用的 CS 方式。当无线环境变坏时，数据保护的等级便需要增加，从而使用较低码率的 CS。相反，当无线环境状态较好时，数据保护的等级可以适当地降低，从而可以使用较高码率的 CS。这样便可以实现数据保护等级和可获得最高数据传输速率的平衡。例如，如果 C/I 很高，可以降低数据保护等级以增加可获得数据传输速率；相反，如果 C/I 很低，那么便可以增加数据保护等级，当然这样就必须降低可获得的数据传输速率。

无线环境好、坏的标准（多普勒频移、多径等）可以由网络根据 MS 在下行链路上的性能测量或者基站收发台（BTS）在上行的测量来确定。

6．功率控制原理

在无线通信系统中使用功率控制是为了减小对其他用户的干扰（从而改善频率效率），以保持较好的无线链路质量并减小 MS 的功耗。具体来说，它可以根据传播条件来自动调节上行、下行的发射信号功率。在 GSM 中，MS 的发射功率是由网络根据 BTS 对上行信号的测量结果通过控制命令来决定的。在 GPRS 中由于不必进行连续的双工连接，因此上行功率控制即可以由移动台根据其接收的信号强度来决定，也可以直接由 BSS 的功率控制命令来决定。第一种方式称为开环功控，而第二种方式则称为闭环功控。当然在实际中可以使用开环功控和闭环功控的组合。在下行的时候，功控由 BTS 根据每个移动台发送的测量报告来决定。

7．无线环境监测

MS 可以执行多种不同的无线测量，并利用这些测量结果来计算其发射功率（开环功控方式），以及进行小区选择和小区重选。

这些测量结果也会上报给网络，对于 RLC 来说，这些测量包括以下几种。

① 接收的信号强度（RXLEV，Received Signal Level）。为了进行小区重选，RXLEV 的测量是通过对服务小区和相邻小区的广播 BCCH 信道的测量来完成的。在分组传输模式下，服务小区的 RXLEV 测量结果可以用于下行 CS 方式的选择、网络控制的小区重选和上行、下行的功率控制。测量之所以基于 BCCH，是因为 BCCH 总是以最大的 BTS 功率恒定发射。因此这非常适用于下行链路衰耗的准确估计。

② 质量测量（RXQUAL，Received Signal Quality Measurements）。RXQUAL 测量包括在进行信道译码前的平均比特差错率估计。只有在分组传输模式下才根据移动台接收到的下行块对 RXQUAL 进行计算。网络通过 RXQUAL 报告来进行小区重选控制、动态 CS 选择和下行功率控制。通过对已成功解码的块的 BER 取平均值就可以得到该质量估计（即针对 CRC 校验正确的哪些块）。

③ 干扰测量。该测量对应于 RXLEV 估计，它是针对不同于服务小区的 BCCH 频率来进行的。该测量的目的是使网络估计出其他小区对特定 PDTCH 信道的干扰程度。该信息可以用于优化 RR 分配、CS 选择、功率控制及网络控制的小区重选。

注意：RXLEV 和 RXQUAL 也可以在 BSS 侧来进行，这些测量结果也可以用于网络控制的小区重选、上行功率控制和动态 CS 选择。

1.3.2　无线资源管理（RRM，Radio Resource Management）

在本小节中将主要介绍 RLC/MAC 层，说明移动台的无线资源分配方式，以及网络和移动台之间交换的数据。

1. RRM 基本原理

本节首先介绍一下 RRM 用到的基本概念。无论移动台是否收发数据，它执行的不同动作都基于两个 RR 状态，下面将分别进行介绍。

在分组传送过程中，不同的移动台可以由网络复用到同一条物理信道中。下行的复用直接由网络为所选的移动台指定无线块。所有的移动台共享相同的下行 PDCH，解码所有的无线块。在资源分配过程中，要分配一个标识符用于区分分配给指定移动台的无线数据块。在上行时，复用也是由网络来控制的，但是此时网络必须指定上行无线块的出现。下面将对网络复用所采用的机制进行介绍。然后介绍网络中用于传送小区广播信息的广播信道。最后将介绍 RLC/MAC 块格式，这是在无线接口上使用的基本传输单元。

（1）RR 工作模式

在 RR 工作模式中定义了两种工作状态：分组空闲模式和分组传输模式。每一种状态都描述了 MS 的 RR 功能。

在分组空闲模式下，移动台没有 RR 分配。当有上层请求传输上行数据时，移动台将离开这种状态。在该情况下，移动台在进入分组传输模式之前会进入过渡状态。最终移动台通过竞争并唯一地由网络侧标识，此时会切换到传输模式。当接收到来自网络的下行资源分配命令时，移动台也将离开分组空闲模式。在这种情况下，移动台直接进入分组传输模式。在分组空闲模式，MS 仅执行寻呼和广播信息监听功能。

在分组传输模式下，移动台已经分配了上行 RR 或下行 RR 或二者兼而有之。当 RR 释放时移动台将离开分组传输模式。当分组传输结束、无线链路失败或当移动台发起小区重选时，移动台就会离开分组传输模式。图 1.9 详细说明了 RR 的状态转移过程。

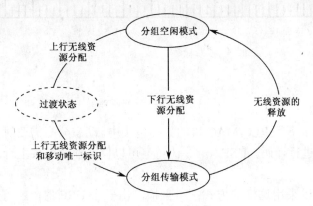

图 1.9　RR 工作模式的转移过程

（2）上行分配模式

为了将不同的移动台映射到相同的 PDCH 从而共享上行带宽，以及将上行无线块分配给特定移动台，GPRS 定义了不同的分配机制（如动态分配、扩展的动态分配和固定分配）。动态分配和固定分配是移动台侧必须支持的分配方式，而扩展的动态分配是可选项。网络侧对此没有特定要求。

动态分配方式的原理是允许上行传输以块到块的方式动态地共享相同的 PDCH。而固定分配方式则是比较简单的分配方式。总之，不管哪种分配方式都应在资源分配、重分配或固定的无线块中指明应该在分配的 PDCH 上的哪个无线块上进行传输。

下面将详细介绍动态分配方式，它稍微有些复杂，并且许多 BSS 制造商都采用了私有的动态分配方式。

在上行链路的资源分配中，对于每条分配的上行 PDCH 都会分配给 MS 一个 USF。该 USF 是网络给出的一个标志，用于说明在哪个上行无线块中可以进行传输。为了在一条上行 PDCH 上分配一个无线块，在伴随的下行 PDCH 网络中应该在分配的上行块出现之前的无线块中带有 USF。当移动台在下行 PDCH 的无线块中译出该 USF 值时，它将在下一个上行无线块发送上行无线块，即如果在第 B(x–1)个无线块中检测到 USF，那么移动台将在 B(x)个无线块中发送上行数据。动态分配原理如图 1.10 所示。

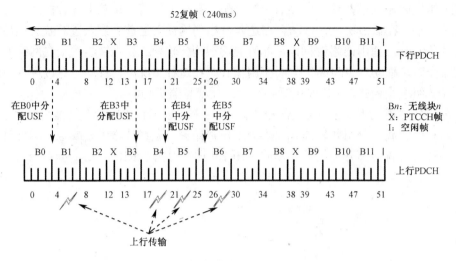

图 1.10　动态分配原理

USF 包含在每个下行 RLC/MAC 块的数据包头中。动态分配需要对在分配的 PDCH 上发送的所有下行块进行译码。USF 码（3 比特）可以保证在同一条上行 PDCH 上实现 8 个用户的复用。

动态分配也可以采用这样的方式：一旦检测出一个 USF 值，就可以在同一条 PDCH 上随后连续的 4 个上行块中发送数据。这就引出了 USF 粒度这个概念，即一旦检测出 USF 后可以连续发送数据的上行无线块数（1 或 4）。USF 粒度在上行 RR 分配时由网络来指定。

（3）广播信息管理

在每个小区中，有两条信道专门用于广播服务小区和相邻小区的相关信息。第一条是广播控制信道（BCCH，Broadcast Control Channel），而第二条就是 PBCCH。注意，PBCCH 是可选的，它用于广播 GPRS 信息。BCCH 与频率校正信道 FCH 和同步信道 SCH 复用载频的 0 时隙。PBCCH 的位置需要在 BCCH 的广播消息中进行说明。

这些信道广播的参数有本小区频率列表、邻小区频率列表、GSM 和 GPRS 逻辑信道描述、接入控制参数。在资源分配中，移动台使用广播的服务小区频率来推导出频率分配，利用相邻小区频率来进行测量和小区重选。逻辑信道描述说明了这些不同的逻辑信道在时隙上是如何复用的。网络广播的接入控制参数和对接入信道的约束可以有效地避免拥塞。

服务小区和相邻小区参数是通过 BCCH 中的系统信息（SI，System Information）和 PBCCH 中的分组系统信息（PSI，Packet System Information）来广播的。通过这些信息，MS 便可以决定它是否能够通过该小区接入系统、如何接入系统。

SI 和 PSI 在小区中循环广播。每个 MS 都必须周期地检测 SI 和 PSI，从而检测出小区配置的任何变化。

（4）RLC/MAC 块格式

如前所述，无线块是在给定 PDCH 的 4 个连续突发上发送的信息块。RLC/MAC 块在无线块中传输，用于承载数据和 RLC/MAC 信令。RLC 数据块在 PDTCH 上传输，RLC/MAC 控制块在信令信道 PACCH、PCCCH、PBCCH 中传输。

在每一种无线块中都包含 MAC 头。

① 控制块：RLC/MAC 块包括一个 MAC 头和 RLM/MAC 控制块，如图 1.11 所示。该块总是使用 CS-1 进行编码。RLC/MAC 控制块的大小为 22 字节，MAC 头的大小是 1 字节。

② RLC 数据块：RLC 数据块包括 RLC 头、RLC 数据单元和空闲比特，如图 1.12 所示。

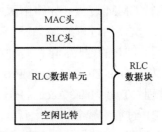

图 1.11　控制消息的 RLC/MAC 块结构　　　　图 1.12　用于数据传输的 RLC/MAC 块结构

根据信道编码（CS-1～CS-4），一个块可以包含 184、271、315、431 个比特（包括 MAC 头）。对于 CS-1～CS-4，空闲比特为别为 0、7、3、7 比特。

2．分组传输管理

下面将详细介绍 RLC/MAC 层对分组传输的管理。首先介绍命名、标识分组传输所用到的术语；然后介绍上行、下行为 MS 进行资源分配的一些过程；接着介绍用于数据分组传输的 RLC 原理；最后详细解释 RR 的释放。

（1）临时块流（TBF，Temporary Block Flow）的定义

TBF 是移动台和 BBS 在 RR 层建立的物理连接。该连接用于在无线接口的一个方向上传输数据分组。当一个 MS 需要双向传输时，必须同时建立上行 TBF 和下行 TBF。在数据传输过程中 TBF 是始终建立的。一旦没有 LLC 需要传输，TBF 就会被释放。

注意：对于一个 MS 来说，一个方向最多只能建立一个 TBF。当一个 MS 的上行 TBF 和下行 TBF 同时建立时，称该 TBFs 为并行 TBF。

一个 TBF 可以映射到多个 PDCH 中。属于不同 MS 的 TBF 可以共享相同的或一组公共 PDCH（这就是 GPRS 的复用原理）。

每个 TBF 都通过一个网络分配的临时流标识符（TFI，Temporary Flow Identifier）来进行标识。因此在并行 TBF 时，一个 TFI 用于标识上行 TBF，而另一个 TFI 则用于标识

下行 TBF。TFI 用于区分在一个方向上共享相同 PDCH 的不同 TBF。

（2）RR 分配

下面来简单介绍不同的 GPRS 资源分配过程。这些过程均是通过网络来建立 TBF，可分为两类：一类是建立上行 TBF 的过程，一类是建立下行 TBF 的过程。如果小区中存在 PCCCH 信道，网络将通过 PCCCH 来分配资源；如果没有，那么网络将通过 CCCH 来分配资源。

（3）上行 TBF 建立

移动台触发建立上行 TBF 的原因主要有以下几点：

- 进行上行数据传输；
- 响应寻呼；
- 执行 GMM 过程（如路由区域更新过程、GPRS 附着过程）或 SM 过程（如 PDP 上下文激活过程）。

对于上行 TBF 的建立，存在两种不同的过程。在 RLC 确认模式中请求建立上行 TBF，一步接入过程（One-Phase Access Procedure）是最基本的和最快捷的方式。移动台请求的两步接入过程（Two-Phase Access Procedure）则需要通过两步来建立一条 TBF，可能是在建立下行 TBF 过程中建立一条上行 TBF。

移动台可通过在随机接入信道 RACH 上发送 CHANNEL REQUEST（信道请求）消息或者在 PRACH 信道上发送 PACKET CHANNEL REQUEST（分组信道请求）消息来请求建立上行 TBF。这些消息通过一个接入突发进行发送。在 PRACH 中定义了两种不同的接入突发：第一种包含 8 比特信息且使用与 RACH 相同的编码方式；第二种包含 11 比特信息，允许在请求的 TBF 中传输更多信息。

（4）一步接入过程

如图 1.13 所示为在 CCCH 上通过一步接入过程进行 TBF 建立的情况。当小区中没有 PCCCH 信道时会采用该过程。

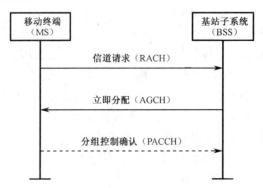

图 1.13　在 CCCH 上通过一步接入过程建立 TBF

移动台通过在 RACH 上发送 CHANNEL REQUEST（信道请求）消息来触发一步接入

请求。网络接收到该消息后，如果网络实现的是固定资源分配或通过动态方式分配了一个 USF，那么将为用户分配一个上行 PDCH 和相关的上行资源。

网络只能向移动台分配一个 PDCH，因为在 CHANNEL REQUEST 消息中不可能传送多时隙类型，而且 IMMEDIATE ASSIGNMENT（立即分配）消息的长度也是有限的。

网络可以要求移动台发送确认信息。确认请求可以通过设置 IMMEDIATE ASSIGNMENT 消息中的轮询比特来实现。在该情况下，移动台将通过分配的 PDCH 信道来发送 PACKET CONTROL ACKNOWLEDGEMENT（分组控制确认）消息进行确认。

如图 1.14 所示为在 PCCCH 上完成一步接入的相关信令流程。

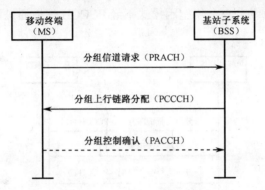

图 1.14　在 PCCCH 上通过一步接入过程建立 TBF

该过程与在 CCCH 上实现一步接入过程非常类似。移动台通过在 PRACH 信道上发送 PACKET CHANNEL REQUEST（分组信道请求）消息来建立上行 TBF。该消息包括移动台所支持的多时隙类型。随后，网络通过 PACKET UPLINK ASSIGNMENT（上行分组分配）消息来为移动台分配多个 PDCH 资源。如果网络需要移动台进行确认，那么移动台将通过在 PACCH 上发送 PACKET CONTROL ACKNOWLEDGEMENT 消息来进行确认。

（5）两步接入过程

如图 1.15 所示为在 CCCH 上通过两步接入过程来建立上行 TBF 的情况。

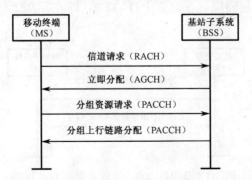

图 1.15　在 CCCH 上通过两步接入过程建立 TBF

移动台可通过在RACH信道上发送请求两步分组接入的CHANNEL REQUEST消息来触发两步接入过程。网络收到CHANNEL REQUEST消息后将通过AGCH信道向移动台发送IMMEDIATE ASSIGNMENT消息。该消息为移动台MS分配了一个上行块，移动台可以在该上行块上发送PACKET RESOURCE REQUEST（分组资源请求）消息。

在该消息中，移动台可以详细地说明其全部的无线接入能力（多时隙类别、最大输出功率、支持的频段）和与即将发送的LLC帧相关的QoS参数。网络考虑上述所有信息后，通过在PACCH上发送PACKET UPLINK ASSIGNMENT消息来为移动台分配上行资源。该消息中包括传输上行RLC块所需的所有参数。

如图1.16所示不移动台在分组空闲模式下经PCCCH信道通过两步接入过程来建立上行TBF的情况。

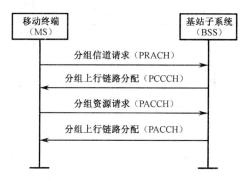

图 1.16　在 PCCCH 上通过两步接入过程建立 TBF

与图1.15所示相比，除了在PRACH信道上发送PACKET CHANNEL REQUEST消息（而非如图1.15中所示在RACH信道上发送CHANNEL REQUEST消息）和在PCCCH信道上通过发送PACKET UPLINK ASSIGNMENT消息分配上行块外（而非在AGCH信道上发送IMMDEIATE ASSIGNMENT消息），这两个过程基本是相同的。

（6）在下行TBF过程中分配上行资源

移动台可以在分组传输模式下建立上行TBF，即在存在下行TBF过程中建立上行TBF，如图1.17所示。

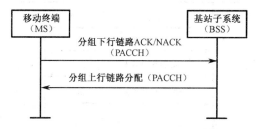

图 1.17　分组传输模式下建立上行 TBF 过程

在下行TBF已经建立时，移动台可通过在PACCH信道上发送PACKET DOWNLINK

ACK/NACK（分组下行确认/非确认）消息来请求建立上行 TBF。该消息通常用于对下行分组传输所接收的 RLC 数据块的确认。

（7）下行 TBF 的建立

如图 1.18 所示为在分组空闲模式下通过 CCCH 信道来建立下行 TBF 的情况。当网络发起该过程时，小区应该已经知道 MS 的位置。BSS 可以直接分配下行 RR。

图 1.18　在 CCCH 信道上建立下行 TBF

当网络接收到发给移动台的下行 LLC PDU 时，便通过 CCCH 信道向 MS 发送 IMMEDIATE ASSIGNMENT 消息来发起下行 TBF 建立过程。如果 MS 处于非 DRX 模式，那么该消息可以在 CCCH 的任何块内进行发送；否则，该消息只能在对应于寻呼组的无线块中进行发送。

由于 IMMEDIATE ASSIGNMENT 消息长度的限制，虽然 BSS 已知 MS 的多时隙分类，但是在下行分配的时隙不能超过一个。一旦资源分配，网络便能通过 PACCH 信道发送 PACKET DOWNLINK ASSGNMENT（分组下行分配）消息来为 MS 分配多个下行 PDCH。

如图 1.19 所示为在分组空闲模式下通过 PCCCH 信道来建立下行 TBF 的情况。

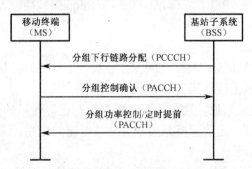

图 1.19　在 PCCCH 上建立下行 TBF 的过程

当网络接收到发送给 MS 的下行 LLC PDU 后，便通过在 PCCCH 信道上发送 PACKET DOWNLINK ASSIGNMENT 消息来发起下行 TBF 的建立过程。

如果 MS 处于非 DRX 模式，那么该消息可以在寻呼可能出现的 PCCCH 信道上的任何块中进行发送；否则，它只能在移动台对应的寻呼组的无线块中进行发送。

为了提供 MS 用于提前发送的 TA 值，网络要求 MS 在接收到 PACKET DOWNLINK ASSIGNMENT 消息后进行确认。该消息是通过上行 PACCH 信道上的连续 4 个突发进行发送的。网络在接收到这些突发后估计出 TA 值，然后通过在下行 PACCH 信道上发送 PACKET POWER CTRL/TIMING ADVANCE（分组功率控制/时间提前）消息来通知 TA 值。

在上行传输过程中，当 BSS 接收到发给 MS 的下行 LLC PDU 时，BSS 可以发起下行 TBF 的建立。该过程可以通过在 PACCH 信道上发送 PACKET DOWNLINK ASSIGNMENT 或 PACKET TIMESLOT RECONFIGURE（分组时隙配置）消息来完成，如图 1.20 所示。

图 1.20　通过 PACCH 信道建立下行 TBF

（8）RLC 原理

RLC 层可以在 MS 和网络之间提供可靠的无线链路。RLC 数据可以通过 RLC 确认模式或 RLC 非确认模式进行发送。RLC 层对从上层接收到的 LLC 帧进行分段，一个 LLC 帧可以分成多个 RLC 数据块。RLC 层对这些数据块进行编号后按照顺序在无线接口上进行发送。由于有了编号，对端的 RLC 层便可以对接收到的 RLC 数据块进行排序，并将其重新组装成 LLC 帧。如果有些数据块无法进行正确的译码，那么 RLC 对端将有选择地要求源端重传这些数据块。

（9）传输模式

RLC 自动重传请求（ARQ，Automatic Repeat Request）功能支持两种操作模式：

● RLC 确认模式；

● RLC 非确认模式。

RLC 确认模式用于在 MS 和网络之间保证较高的 LLC PDU 发送可靠性，可以有选择地重传那些没有被接收机正确译码的 RLC 数据块。

对于 RLC 非确认模式来说，接收端不要求对没有正确译码的 RLC 数据块进行重传。该模式适用于对差错具有一定容忍度且要求吞吐量恒定的应用，如视频、音频流。

（10）LLC PDU 的拆装

由于 RLC 层的传输单元小于 100 字节，而 LLC 帧的长度较大，因此需要把一个 LLC 帧拆分成多个 RLC 数据块。根据空中接口所选择的 CS，LLC 帧可以拆分成可变大小的数据单元。每个数据单元都封装在一个 RLC 数据块中，并在 RLC 的包头中使用块序列号（BSN，Block Sequence Number）来进行编号。BSN 的范围为 0～127，RLC 的数据块以模 128 进行编号。

重装包括根据 BSN 进行的 RLC 数据块排序和从 RLC 数据块中包含的不同数据单元中重新生成 LLC 帧。

在 RLC 确认模式下，要求承载 LLC 帧的 RLC 数据块必须都能够进行正确的接收。而在 RLC 非确认模式下，传输过程中有一些 RLC 数据块可能无法进行正确译码，此时无法正确接收的 RLC 数据单元必须使用填充比特 0 来代替。

（11）确认 RLC 模式下 RLC 数据块的传输

在 RLC 确认模式下，RLC 数据块的传输是由 ARQ 机制来控制的。

在 TBF 开始时，发射端从 BSN0、BSN1 开始依次发送 RLC 数据块。但是，顺序发送的最大 RLC 数据块数是由滑动窗口机制来控制的。GRPS 窗口的大小为 64，也就是说当 MS 发送了 BSN63 时，除非收到了具有最低 BSN 的 RLC 数据块的确认，否则 MS 将不能继续发送新的 RLC 数据块。一旦 BSN0 的那个 RLC 数据块被确认后，具有 BSN64 的那个 RLC 数据块才能继续发送。同样，收到了 BSN1 的那个 RLC 数据块的确认后，才可以发送 BSN65 的那个 RLC 数据块。

就块号而言，窗口大小可以保证序号间隔，也就是说最早的未确认的数据块（模 128 后 BSN 号最低的数据块）和模 128 后具有最高 BSN 号的数据块之间的数据块数总是小于 64。

如图 1.21 所示为上行 TBF 过程中的 RLC 数据传输场景。

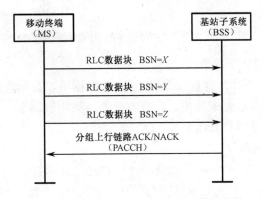

图 1.21　上行 TBF 过程中的 RLC 数据传输

（12）上行 TBF 过程中的 RLC 数据块传输

在上行传输过程中，MS 在网络分配的每条上行 PDTCH 中传送一个 RLC 数据块。为了在 BSS 侧确认对 RLC 数据块进行了正确的译码，网络发送的 PACKET UPLINK ACK/NACK 消息中包括了一个位图指示。该位图从一个所有块都已正确译码或没有正确译码的 BSN 开始，位图的每个比特代表下一个 BSN。值 0 表示该块没有正确译码，而值 1 则表示该块已经进行了正确译码。

接收到 PACKET UPLINK ACK/NACK 消息后，移动台便对没有得到确认的数据块进行重传。重传完成后，只要 RLC 传输没有停止，就开始新的 RLC 数据块传输。

（13）下行 TBF 过程中的 RLC 数据块传输

在下行传输过程中，网络控制 RLC 数据块的传输并请求 MS 对数据接收进行确认。在必要的时候，网络可以要求 MS 发送 PACKET DOWNLINK ACK/NACK 消息以确认 RLC

数据块是否已被正确接收。

该消息的请求是通过相关保留块周期（RRBP，Relative Reserved Block Period）机制来完成的。当网络想接收确认消息时，便在 RLC 数据块包头中设置补充/轮询（S/P，Supplementary/Polling）比特。它用于标识接收包含轮询指示数据块和开始传输确认之间所间隔的帧数。随后，MS 通过与接收到该轮询指示的下行链路伴随的上行 PDCH 来发送PACKET DOWNLINK ACK/NACK。如图 1.22 所示为下行传输的场景。

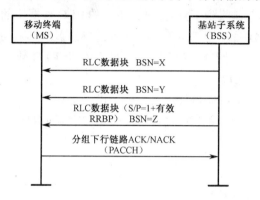

图 1.22　下行 TBF 过程中的 RLC 数据块传输

（14）RLC 非确认模式下的 RLC 数据块传输

在 RLC 非确认模式下，发送侧顺序发送 RLC 数据块。数据块有编号，对于无法正确解码的数据块，接收机并不要求重传。在接收机侧，当所有属于一个 LLC 帧的 RLC 数据块都正确接收后，接收侧便将其组装成 LLC 帧。

（15）上行 TBF 的释放

上行 TBF 的释放是由一个倒计数过程来控制的。当移动台开始发送最后 16 个无线块时，它便触发倒计数过程，并通过 RLC 数据块包头中的倒计数值（CV，Countdown Value）来表示。当网络接收到最后一个 RLC 数据块（CV 值等于 0）且所有的数据块都已被正确译码时，便发送 PACKET UPLINK ACK/NACK 来指示释放 TBF。该指示需要得到确认，从而保证移动台已经接收到该释放命令。确认请求是通过前面介绍的 RRBP 过程来完成的。

MS 接收到 PACKET UPLINK ACK/NACK 消息后，便通过在 PACCH 信道上发送PACKET CONTROL ACKNOWLEDGEMENT 消息来释放 TBF。释放过程如图 1.23 所示。

（16）下行 TBF 的释放

在下行传输过程中，当 BSS 发送属于 TBF 的最后一个 RLC 数据块时，它会在其包头内进行标识。网络通过在最后块中的轮询指示请求 MS 发送 PACKET DOWNLINK ACK/NACK 消息来确认 TBF 的释放。如果所有数据块都已被正确接收且得到了确认，那么资源就被释放了。该过程如图 1.24 所示。

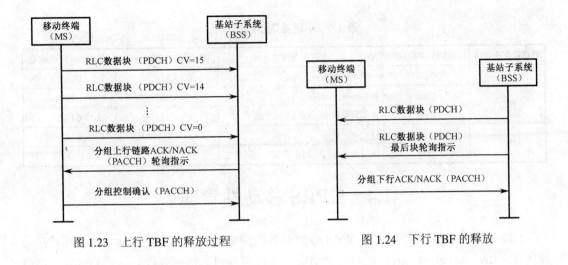

图 1.23　上行 TBF 的释放过程　　　　　　图 1.24　下行 TBF 的释放

1.3.3　小区重选

与 GSM 电路交换业务类似，在 GPRS 中没有切换过程。这就意味着 MS 在 PDTCH 信道上进行传输时不能进行无缝的小区更换。但是，对于 GPRS 来说，小区重选是可行的。该原理类似于 GSM 中的小区重选。

GPRS 中的小区重选有以下 3 种模式。

● NC0 模式：GPRS 执行自动的小区重选，MS 无须向网络发送测量报告。

● NC1 模式：GPRS 执行自动的小区重选，MS 周期性地向网络发送测量报告。

● NC2 模式：网络控制小区重选，MS 向网络发送测量报告。

小区重选可以由网络控制，也可以由 MS 自动执行。当 MS 自动执行小区重选时，它会选择一个新小区，并自己触发小区重选。网络可以通知 MS 周期地上报测量报告，也可以不要求 MS 上报。

对于已经有 GPRS 附着的 MS 来说，其 GPRS 小区重选模式是由网络控制模式决定的，该模式下的 NETWORK_CONTROL_ORDER 参数会在 BCCH 或 PBCCH 上进行广播。MS 的行为由 GMM 状态和网络控制模式来决定。

当服务小区中有 PBCCH 信道时，小区便通过该信道来广播服务小区和相邻小区用于小区重选的相关参数。当服务小区中没有 PBCCH 信道时，这些参数由 BCCH 信道来广播。

自动小区重选中定义了两个标准：一个与 GSM 相同，另一个则是专门为 GPRS 定义的。本章对此不作过多的介绍。表 1.5 列出了不同的小区重选模式和使用的标准。

表 1.5　小区重选模式和标准

网络控制命令值	终端的 GMM 状态	小区重选模式	PBCCH 存在时的标准	无 PBCCH 时的标准
NC0	待机/就绪	自动小区重选	C'1,C31,C32	C1,C2
NC1	待机	自动小区重选	C'1,C31,C32	C1,C2
	就绪	使用测量报告，自动小区重选	C'1,C31,C32	C1,C2
NC2	待机	自动小区重选	C'1,C31,C32	C1,C2
	就绪	使用测量报告，网络控制的小区重选	—	—

1.4　GPRS 移动性管理

　　GPRS 的移动性管理保证了 GPRS 分组业务的连续性。网络需要获知 GPRS 用户的位置区域（LA，Location Area），当有分组业务时便可以对其进行寻呼。这样 GMM 过程就可以在给定的 PLMN 中从一个 LA 到另一个 LA 有效地跟踪 GPRS 用户。

　　只有当用户已经实现 IMSI 附着后，才能使用 GPRS 业务。当用户发生 GPRS 去附着后，该用户将不再能够使用 GPRS 业务。GPRS 使用的 LA 称为路由区域（RA，Routing Area）。它由 PLMA 网络运营商定义的小区集合组成。每个 RA 由一个路由区域标识（RAI，Routing Area Identifier）来进行标识，而每个小区则由小区标识（CI，Cell Identifier）来进行标识。LA 用于非 GPRS 业务，由一个或多个路由区域组成。RA 则用于分组业务的寻呼。如果一个用户不是定位在小区级，那么当有分组业务呼叫时，网络便在该用户所属的 RA 区域对该用户进行寻呼。

　　SGSN 负责处理与 MS 相关的 GPRS 移动性上下文。例如 IMSI、P-TMSI、RAI、CI 以及 SGSN 存储在移动性上下文中的和 MS 存储在 SIM 卡中的 GMM 状态。

1.4.1　GMM 状态

　　GMM 包括三种不同的状态：空闲状态（IDLE）、待机状态（STANDBY）和就绪状态（READY）。这些信息可以在 MS 和 SGSN 侧的上、下文中进行更新。MS 在无线接口中的行为取决于 GMM 状态。在 MS 和 BSS 中，GMM 的状态可以由 RRM 层获知。

　　在 GMM 空闲状态时，用户不访问 GPRS 业务。因此在 MS 和 SGSN 之间不会建立 GPRS 移动性上下文。此时也不会有任何 GMM 过程。

　　在 GMM 待机状态时，用户可以访问 GPRS 业务。当就绪定时器到期或网络发起请求时，用户可以从就绪状态进入待机状态。在该状态下，MS 和 SGSN 之间建立了 GPRS 移动性上、下文。网络对用户的定位可达 RA 级。待机状态下，MS 可以接收来自 GPRS 业务的寻呼，也可以接收电路业务的寻呼。GPRS 小区选择、小区重选和 GPRS 位置更新过程都可以在该状态进行。

在 GMM 就绪状态时，用户可以发送、接收 GPRS 数据或相关的信令。用户可以在空闲状态通过成功的 IMSI 附着过程进入就绪状态，也可以通过向网络发送数据进入就绪状态。在就绪状态下，网络对用户的定位可达小区级。此时，GPRS 小区选择、重选、无线链路测量报告、GPRS 位置更新以及小区变更通知都可以进行。如图 1.25 所示为三种状态间的转换过程。

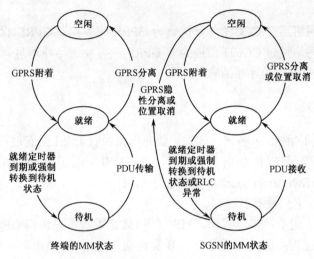

图 1.25　GPRS 移动性三种状态间的转换

1.4.2　GPRS MS 分类

GPRS 移动终端分为 3 类，分别定义如下。
- 类别 A：A 类终端可以同时附着在 GPRS 业务和非 GPRS 业务上，可以同时支持电路方式和分组方式的通信。
- 类别 B：B 类终端可以同时附着在 GPRS 业务和非 GPRS 业务上，但是它不能同时支持两种类型的业务通信。在空闲模式下它可以监听电路业务呼叫和分组业务呼叫。
- 类别 C：C 类终端只能附着在 GPRS 业务或非 GPRS 一种业务上。这种附着可以通过手动或自动的方式来改变。

1.4.3　移动性过程

1. 寻呼

网络可以通过寻呼发起电路交换和分组交换业务，也可以提供电话交换业务和分组交换业务的协作寻呼，这样 MS 便可以在同一逻辑信道上接收到 GPRS 业务和非 GPRS 业务的寻呼。但只有当网络存在 SGSN 和 MSC/VLR 间的 Gs 接口时，才能进行协作方式。

GPRS 定义了以下三种网络工作方式（NMO，Network Modes of Operation）。

- 模式 1：支持协作寻呼，因此网络通过相同的逻辑信道发送 GPRS 和非 GPRS 业务寻呼（即如果小区有 PCCCH 便通过 PCCCH 进行寻呼，否则便通过 CCCH 进行寻呼）。
- 模式 2：网络通过 CCCH 寻呼信道为 GPRS 业务和非 GPRS 业务发送寻呼消息。
- 模式 3：网络通过 CCCH 信道为非 GPRS 业务发送寻呼消息，通过 PCCCH 信道为 GPRS 业务发送寻呼消息。

2. GPRS 附着

当 MS 需要访问 GPRS 业务时，首先需要向网络执行 IMSI 附着过程以通知它的存在。在该过程中，用户需要提供临时分组标识（P-TMSI）或国际移动用户标识（IMSI，International Mobile Subscriber Identity）来进行标识。

GPRS 定义了以下两种附着过程。

- 正常 GPRS 附着：该过程中，MS 使用 IMSI 附着，只访问 GPRS 业务。
- 组合附着过程：该过程适用于 A/B 类终端，使用 IMSI 附着可以通过模式 1 来访问 GPRS 业务和非 GPRS 业务。

该过程完毕后，MS 和 SGSN 之间将建立移动性管理（MM，Mobility Management）上下文。

3. GPRS 分离

GPRS 业务释放的 IMSI 分离过程既可以由 MS 发起，也可以由 SGSN 发起。该过程可以使网络避免浪费 RR。

GPRS 定义了两类 GPRS 分离过程，分别如下所述。

- 正常 GPRS 分离：该过程中的 IMSI 分离只用于 GPRS 业务。
- 组合分离过程：在小区工作模式 1 下，对于 A/B 类终端，该过程中的 IMIS 分离可以用于电路业务和 GPRS 业务。

该过程结束后，在 MS 和 SGSN 之间的 MM 上下文将被删除。

4. 安全功能

网络可通过鉴权过程来对用户进行识别和鉴权，从而阻止非授权用户对业务的使用。每个 GPRS 鉴权过程都包括一套三元组：

- 特定的加密密钥 Ki，只有 MS 和网络已知；
- HLR/AUC 提供的发给 MS 的随机数；

● MS 返回的鉴权请求响应 SRES。

SRES 是由 HLR/AUC 和 MS 利用 Ki 通过 A3 算法计算出的一个数。GPRS 用户可利用加密密钥 Kc 进行数据加密，而 Kc 则是 HLR/AUC 和 MS 利用 Ki 通过 A8 算法计算出的一个数。

当用户访问 GPRS RR 时，网络会保证用户身份的安全。用户身份的安全性由 P-TMSI来标识。在无线接口上，网络通过临时逻辑链路标识（TLLI，Temporary Logical Link Identity）在一个 RA 中标识一个 GPRS 用户，它是从 P-TMSI 中导出来的。TLLI 和 IMSI 的关系只有 MS 和 SGSN 知道。

SGSN 可以请求用户标识，从而可以将 MS 返回的国际移动设备标识（IMEI，International Mobile Equipment Identity）与存储在 EIR 的标识相比较。

为了保证通话的安全，网络可以对其进行加密。GPRS 的数据加密是在 MS 和 SGSN之间由 LLC 层来完成的。

5. 位置更新过程

位置更新过程总是由 MS 发起的。当 MS 驻留到一个无线条件更好的新小区时就会发起位置更新过程。位置更新过程也取决于 GMM 状态、NMO 和 MS 类型。也就是说，MS要分析新小区的 CI、RAI 和位置区域标识（LAI，Location Area Identifier）。

当 MS 处于 GMM READY 状态时，以及 MS 驻留到当前 RA 中一个新小区时，将执行小区更新（CU，Cell Update）过程。因为在该 GMM 状态下，网络可以获知用户的小区级位置。

当 MS 驻留的新小区属于另外一个 RA 时，为了在 MS 和 SGSN 之间更新 MM 上下文，MS 将执行 RA 更新过程。为了在一定时间内检查用户是否还在 RA 内，MS 的周期定时器到时后也会触发该过程。

RA 位置更新定义了四种不同类型，具体如下。

● 正常 RA 更新：C 类、A 类或 B 类终端检测到一个位于新 RA 区域且工作在模式 2、模式 3 的新小区。
● 周期 RA：当 MS 的周期定时器到时后会触发周期 RA。
● 组合 RA 和 LA 更新：A 类、B 类终端检测到一个位于新 LA 区域且工作在模式 1 的新小区。
● 组合 RA 和 IMSI 附着：A 类或 B 类 MS 已经 GPRS 附着在一个工作在模式 1 的小区上，而且即将要为非 GPRS 业务进行 IMSI 附着。

1.5 PDP 上、下文管理

PDP 上下文可以用于描述对外部分组交换网络的描述。它包括的信息有：接入点名称

（APN，Access Point Name）、LLC 业务接入点标识（LLC SAPI，LLC Service Access Point Identifier）、网络接入点标识（NSAPI，Network Service Access Point Identifier）、需要的 QoS 及分组交换网类型。其中，APN 是 GGSN 的参考；LLC SAPI 用于标识在 LLC 层进行 GPRS 数据传输的业务接入点（SAP，Service Access Point）；NSAPI 用于标识在 SNDCP 层上进行 GPRS 数据传输的 SAP。PDP 上下文由在 MS、SGSN 和 GGSN 实体内部的 MS PDP 地址标识。对于一个给定的 MS，可以同时激活多个 PDP 上下文，并且可以被多个 MS PDP 地址所标识。

在 GPRS 与外部分组交换网络发送数据之前，PDP 上下文状态必须是激活态。PDP 上下文激活可以由 MS 发起的或网络发起的 PDP 激活过程完成。同样，PDP 上下文的去激活可由 MS 发起的或网络（SGSN 或 GGSN）发起的 PDP 去激活过程完成。为了改变一些参数，如请求的 QoS，PDP 上下文的修改可以通过 MS 或网络发起的 PDP 上下文修改过程来完成。SM 协议和 GPRS 隧道协议（GTP，GPRS Tunneling Protocol）分别在 MS 与 SGSN 之间以及 SGSN 与 GGSN 之间处理 PDP 上下文过程。

MS PDP 地址是一个 IP 地址，可以在 PDP 上下文激活过程中静态地指定，也可以动态地指定。在订购的时候就静态分配的 PDP 地址称为静态 PDP 地址。由 GGSN 或者 PDN 运营商来完成分配的 PDP 地址，称为动态 PDP 地址。

在 3GPP 的 R99 中定义了次（Secondary）PDP 上下文概念。它允许重用 PDP 地址、APN 以及具有不同 QoS 属性，且已激活 PDP 上下文中的其他信息，主要应用于多媒体应用，因为媒体类型需要特定的传输特性且需要被映射到特定的 PDP 上下文中。GGSN 使用过滤机制来将 IP 包从外部分组网络路由到适当的媒体中。该机制是基于由一组分组过滤器定义的业务流模板（TFT，Traffic Flow Template）。每种分组过滤器包括一系列属性，每种属性都可以从 IPv4 或 IPv6 包头中得到。

1.6　GPRS 骨干网

GPRS 骨干网由 GSN 构成。用户数据和信令是通过 GPRS 骨干网中的 Gn/Gp 接口来发送的。

GPRS 骨干网的 GPRS 支持节点之间是通过 GTP 层来承载用户数据和信令的。来自 MS 或外部分组网络的数据通过 GPRS 隧道用户面协议（GTP-U，GPRS Tunneling Protocol for the user plane）封装在 GTP-U PDU 中，并通过 GPRS 骨干网进行隧道传输。而 GSN 之间的信令消息是通过 GTP 控制面（GTP-C）来进行隧道传输的。

GTP 隧道是一个双向 PTP 通道，用于在 GSN 之间传送分组。每个 GSN 节点通过一个隧道终点标识符（TEID，Tunnel Endpoint Identifier）、IP 地址和 UDP 端口号来标识 GTP 隧道。在骨干网中是使用 UDP/IP 来作为用户数据和控制信令的路由。IP 地址和 UDP 端口号在 GSN 之间定义了一条无连接的 UDP/IP 路径。这样该 UPD/IP 路径的源地址就是源 GSN

的 IP 地址，而其目的 IP 地址就是目的 GSN 的 IP 地址。TEID 用于对接收到的 GTP 协议实体的隧道端点进行标识，并保证 GSN 之间在一条 UDP/IP 通路上实现 GTP 隧道的复用。

GTP-U 隧道是 GSN 的 PDP 上下文中定义的用户平面隧道，用于在 MS 和外部数据网络之间传送用户数据。控制平面中的 GTP-U 隧道是所有上下文中具有相同 PDP 地址和 APN 的隧道。GTP 隧道的创建、修改和删除都是通过隧道管理过程来完成的。

1.6.1　GTP-U

在 GPRS 骨干网中，GTP-U 用于在 MS 和外部 PDN 之间传输 IP 数据报。在 GTP-U 中进行传输的 IP 数据报称为 T-PDU。在 T-PDU 前添加包括 TEID 的 GTP 包头就构成了 G-PDU。在该方式下，T-PDU 可以通过 GTP 层的 UDP/IP 路径在给定的 GSN-GSN 之间进行复用。如图 1.26 所示为用户平面中通过隧道机制发送给 MS 数据包的过程。

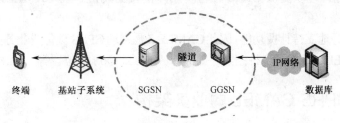

图 1.26　用户平面通过隧道机制向 MS 发送 IP 数据

1.6.2　GTP-C

GTP-C 用于在 GPRS 骨干网中传送信令消息。在 GTP 信令消息前添加 GTP 包头就构成 GTP-C PDU，并通过 UDP/IP 路径进行传送。

GTP-C 可以通过 GPRS 骨干网执行多个过程，如路径管理、隧道管理、位置管理和移动性管理。路径管理过程用于发现对端 GSN 是否工作正常。隧道管理过程用于在 GPRS 骨干网中创建、更新和删除 GTP 隧道。位置管理过程用于在 GGSN（没有 SS7 MAP 接口）和一个 GTP-MAP 协议转换 GSN 之间传送位置消息，当网络请求激活 PDP 上下文时便可以触发该过程。移动性管理过程用于在新的 SGSN 和旧的 SGSN 之间更新 MM 和 PDP 上下文信息。在 GPRS 附着或者 SGSN 内部路由区域更新过程中会触发该过程。

1.7　GPRS 中的 CAMEL

1.7.1　移动通信市场的演进

目前移动市场的主要驱动力还是语音业务，但是现在语音业务在很多国家已经很成熟了，运营商需要通过新业务来增加人均收入（ARPU，Average Revenue Per User）值。实践表明，新的数据业务可以为运营商带来新的业务收入。其中的一项业务就是 GPRS 预付费业务。移动网络增强逻辑的定制应用（CAMEL，Customized Applications for Mobile Network Enhanced Logic）可以支持预付费 GPRS 的漫游功能。在 3GPP 的 R99 版本中引入了 CAMEL3 功能，可以提供 GPRS 预付费用户的漫游功能，而 CAMLE1 和 CAMEL2 则只支持语音预付费业务。

由于可以很好地支持计费功能，因此 CAMEL 3 是推动 GPRS 预付费业务的一个关键因素。对于计费，CAMEL 3 考虑了多种因素，如流量、时长、QoS 及位置等。

1.7.2　GPRS CAMEL 的业务架构

CAMEL 重用了智能网（IN，Intelligent Network）概念，将公共应用功能和特定功能进行了分离。公共功能由交换中心管理，而特定功能则由集中的业务控制点来管理（SCP，Service Control Point）。SCP 可以与业务交换点（SSP，Service Switching Point）交互信令信息。使用 IN 结构的目的就是为了平滑地引入各种新业务，因为使用 IN 结构可以方便地引入新的 SCP，而无须更新交换中心。

在 CAMEL 中，SCP 称为 CAMEL 业务环境（CSE，CAMEL Service Environment）。在 GPRS 网络中，SGSN 包含了与 SSP 和 SAP 相关的公共功能。

由运营商提供的特定业务称为运营商特定业务（OSS，Operator-Specific Service）。在 CSE 的实体中，包含实现 OSS 的 CAMEL 业务逻辑的实体称为 GSM 业务控制功能（gsmSCF，GSM Service Control Function）。在 SGSN 中，与 gsmSCF 有接口的功能实体称为 GPRS 业务交换功能（gprsSSF，GPRS Service Switching Funcition）。如图 1.27 所示为 CAMEL 业务的业务架构。

IN 网络是基于 SS7 网络的。MTP、SCCP 和 TCAP 协议都是在 SSP 和 SCP 之间的 IN 网络中使用。对于 GPRS CAMEL 业务，在 SGSN（SSP）和 CSE（SCP）之间使用 CAMEL 应用部分协议（CAP，CAMEL Application Part）。CAP 协议已经应用于 GSM CAMEL 业务中。该协议与固网中的 IN 应用部分（INAP，IN Application Part）非常类似。如图 1.28 所示为 SGSN 和 CSE 之间的协议栈。

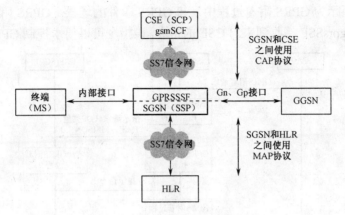

图 1.27　CAMEL 业务的业务架构

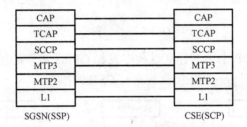

图 1.28　SGSN 和 CSE 之间的协议栈

与用户相关的 GPRS CAMEL 业务由 GPRS-CAMEL 签约信息（GPRS-CSI，GPRS CAMEL Subscription Information）来标识。GPRS-CSI 包括与用户 OSS 相关的信息、由 gsmSCF 应用的 GPRS CAMEL 业务逻辑以及用于 gsmSCF 访问的 CSE 地址（E.164 号码）。CSE 地址存储在 HLR 中。

1.7.3　GPRS CAMEL 业务流程

GPRS 附着过程、PDP 上下文激活过程以及路由区域更新过程都会涉及 GPRS CAMEL 业务流程。

为了触发 GPRS CAMEL 过程，网络中用检测点（DP，Detection Point）来检测 GPRS 事件，并将事件通知给 gsmSCF。后者可以潜在地影响 GPRS、会话和 PDP 上下文。

规范中定义了两种 CAMEL 关系，具体如下。

- 监视关系：gsmSCF 接收到来自 gprsSSF 的 GPRS 事件，但不向 gprsSSF 发送指令，GPRS 会话或 PDP 上下文过程不会挂起。
- 控制关系：gsmSCF 通过向 gprsSSF 发送指令来影响 GPRS 会话。当 GPRS 网络检测到 GPRS 事件时，GPRS 网络中的 GPRS 会话或 PDP 上下文激活过程就会被挂起，直到 gprsSSF 接收到来自 gsmSCF 的指令。

如图 1.29 所示为 GPRS 附着过程中发起 GPRS 事件的场景。GPRS 附着过程由 SGSN 进行挂起，直到 gprsSSF 接收到来自 CSE 的指令。该指令可以要求控制 GPRS 会话的计费。

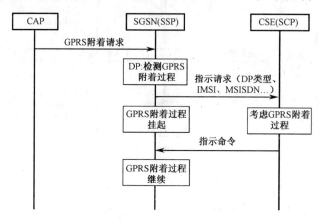

图 1.29　GPRS 附着过程中的信息流

如图 1.30 所示为 PDP 上下文建立过程中发起 GPRS 事件的场景。PDP 上下文建立过程将被 SGSN 挂起，直到 gprsSSF 接收到来自 CSE 的指令。

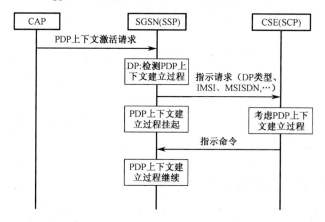

图 1.30　PDP 上下文激活过程中的信息流

1.8　3GPP 的组织

从 R97 开始，GPRS 规范就是 GSM 规范的一部分。

到 1999 年年底之前，GSM 规范都是由 ETSI 来负责的，在 2000 年时 ETSI 将其转交给 3GPP 组织。众所周知，该组织主要负责全球第三代移动通信规范、技术报告的发布，包括无线接入技术的演进，如 GPRS 业务和 GSM 演进的增强数据传输速率业务（EDGE, Enhanced Data Rates for Global Evolution）。

3GPP 包括下列技术规范组（TSG，Technical Specification Group）。

- 业务架构（TSG SA，Service Architecture）：负责业务、架构、安全和语音编码方面。
- 无线接入网（TSG RAN，Radio Access Network）：负责 UTRA 无线接入技术。
- 核心网（TSG CN）：负责核心网相关规范。
- 终端（TSG T）：负责应用、终端测试、USIM 卡相关规范。
- GSM EDGE 无线接入网络（TSG GERAN）：负责 GSM 无线接口、A 和 Gb 接口。

因此，对于 GPRS 的相关规范，除了 TSG RAN（该组只负责 UTRAN 技术，如 FDD、TDD）组外，其他组都涉及了。

3GPP 规范是通过版本号来进行排列的。每个新的 3GPP 规范都包括一张列举了新特性的清单或一张对现存系统改善的清单。起初，GSM 规范版本按照下列顺序给出：Phase 1、Phase 2，Release96、Release97、Release98、Release99。后来，其版本号不再遵循发布的年份，Release99 版本后发布的版本是 Rlease4。

根据 Rlease99，GSM 规范的组织如下所述。

- 01 系列：综述
- 02 系列：业务方面
- 03 系列：网络方面
- 04 系列：MS-BS 接口和协议
- 05 系列：物理层
- 06 系列：语音编码
- 07 系列：终端适配
- 08 系列：BS-MSC 接口
- 09 系列：网络互操作
- 11 系列：设备和类型
- 12 系列：运行和维护。

每个系列都包括由序号标识的一些规范。因此，给定的规范由定义的序列号和规范号组成。例如，05.03 规范属于物理层（05 系列），它主要对信道编码方面进行规范。

参考文献

[1] Seurre, E., P. Savelli, and P. J. Pietri, GPRS for Mobile Internet, Norwood, MA: Artech House, 2003.

[2] 3GPP TS 03.64 Overall Description of the GPRS Radio; Stage 2 (GPRS).

[3] 3GPP TS 23.060 Service Description, Stage 2 (GPRS).

[4] 3GPP TS 29.060 GPRS Tunneling Protocol (GTP) Across the Gn and Gp Interface.

第 2 章　EDGE 概述及其发展状况

本章要点

- EDGE 简介
- EDGE 市场发展概况
- EDGE 业务和应用
- EDGE 基本原理

本章导读

本章首先将对 EDGE 的市场发展概况进行简单的介绍，使读者对 EDGE 的产生、发展具有一定的了解；随后重点分析 EDGE 的业务和应用，以及 EDGE 发展的市场特征。此外，本章还将探讨 EDGE 市场发展的驱动力。最后将简单地介绍 EDGE 的基本原理。

2.1 EDGE 简介

EDGE 是一种基于无线的高速移动数据标准，它可以引入到 GSM/GPRS 和 IS-136（数字高级移动电话系统（D-AMPS，Digital Advanced Mobile Phone System）的分组模式）中。在分组模式下，EDGE 可以支持高达 384kbps 的多媒体业务。EDGE 使用的频段与现存的 GSM 频带是一致的：800/900/1800/1900MHz。

EDGE 的中心思想就是利用现存 GSM 和 GPRS 网络节点，在 200kHz 的 GSM 无线载频上通过改变调制类型来增加数据传输速率。EDGE 中引入的新的调制方式是八进制移相键控（8PSK，Eight-State Phase-Shift Keying），这是为了使对核心网的影响达到最小。

EDGE 在欧洲被看做是从 2G 到 3G 过渡的 2.5 代标准，而在我国则被看做是 2.75 代标准。由于 EDGE 使用现存的频谱，不需要新的频率许可，因此对于想通过 GSM/GPRS 网络来提供多媒体业务的运营商来说，EDGE 是一种低成本但比较有效的解决方案。在一些国家，如美国，由于没有 UMTS 许可，所以可以通过 EDGE 来实现那些 GPRS 无法提供的多媒体业务。EDGE 是一种低成本的解决方案，因此对于已经有 GPRS 网络和 UMTS 许可的运营商来说，可以在没有 UMTS 覆盖的区域通过 EDGE 来提供 3G 多媒体应用。

EDGE 可以看做是电路交换网络 GSM、分组交换网络 GPRS 和 D-AMPS 网络的演进，因为在上述网络基础上都可以引入 EDGE 技术，如图 2.1 所示。

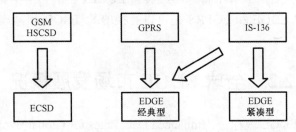

图 2.1 不同蜂窝网络标准向 EDGE 网络的演进

在高速电路交换数据（HSCSD，High-Speed Circuit Switched Data）上引入 EDGE 是为了在电路交换模式下在多个时隙进行数据传输。该业务的演进称为增强的电路交换数据业务（ECSD，Enhanced Circuit Switched Data）。ECSD 支持当前 GSM 的数据传输速率（2.4/4.8/9.6/14.4kbps），由于新的调制方式和 CS 机制的引入，其数据传输速率每时隙可达 28.8/32.0/43.2kbps。这样对于支持 4 时隙的 ECSD 用户来说，其数据传输速率最高可达 172.8kbps。ECSD 使用动态链路自适应技术来适应无线环境。

GPRS 向 EDGE 的演进称为 EGPRS，有时也称为经典 EDGE 或典型 EDGE。增强 GPRS（EGPRS，Enhanced GPRS）是基于与 GPRS 相同的网络架构。对于支持 8 时隙的终端，EGPRS 可以支持高达 475kbps 的数据传输速率。对于 EGPRS 来说，影响最大的接口就是无线接口，因为该接口引入了新的无线调制方式。它主要影响位于网络的 BSS 部分和 MS 部分。

EDGE 也可以从 IS-136 标准演进。美国运营商已经商用了 D-AMPS 网络，很多运营商想引入 2.5G 或 3G 业务。这些运营商想通过与 D-AMPS 相同的频段（800MHz）引入 EDGE 业务。但是该频段已被划分成了多个用于语音业务的 30kHz 无线频带。EDGE 的引入需要释放多个 30kHz 的频带以组成必需的 200kHz 频带。这些载频一旦分配给 EDGE，将无法再提供语音业务（GSM/EDGE 并不是这样）。为了使整个网络的语音容量不受到很大影响，只需将 800MHz 频谱的一小部分释放即可，这就需要对 EGPRS 版本的频谱效率进行标准化。它必须支持 384kbps 的数据业务，但是只需最小的频谱释放，这对于那些频谱资源有限的运营商是非常有利的。该概念称为紧凑型 EDGE，这是 EGPRS 的一种自适应。紧凑型 EDGE 仅限于分组交换模式，它不涉及电路交换模式。

D-AMPS 和 EDGE 的共存需要在 GSM 标准中引入新的无线需求。由于以前 EDGE 表示增强数据传输速率的 GSM 演进业务（Enhanced Data Rates for GSM Evolution），但是由于不同途径的演进，所以 EDGE 更加广义的定义应该是增强数据传输速率的全球演进业务（Enhanced Date Rates for Global Evolution）。紧凑型 EDGE 标准由通用无线通信公司（UWCC，Universal Wireless Communications Corporation）、ETSI 和 3GPP 共同进行标准化。

但是，从美国多数运营商来看，那些采用了紧凑型 EDGE 技术的运营商很多都决定利用 GSM/GPRS/EDGE 技术来代替他们的 D-AMPS 网络。这就是紧凑型 EDGE 模式不被广泛应用的原因。在后面章节中将介绍经典型 EDGE，在本书中也将其称为 EGPRS（注意：本书此后章节中 EDGE 和 EGPRS 是可以互换的）。ESCD 和紧凑型 EDGE 将不再讨论。

2.2　全球 EDGE 市场发展概况

前面已经提到，EDGE 现在是 "Enhanced Data Rates for Global Evolution" 的英文缩写。但在推广之初，EDGE 是指 "Enhanced Data Rates for GSM Evolution"，一字之差，也暗示了 EDGE 在全球移动市场中发展的轨迹。最初 EDGE 市场的目标客户是全球的 GSM 运营商，但真正热衷于 EDGE 的大部分运营商却是来自美洲地区（包括南、北美洲和拉美地区）

的 TDMA 运营商和模拟运营商。然后，随着 3G（WCDMA）在全球商用的进一步延迟，EDGE 才逐渐进入美洲以外地区 GSM 运营商和 3G 运营商的视野，并引起了广泛的关注。因此"Global Evolution"显得更加贴切，同时也预示了 EDGE 具有更为广阔的生存空间。

　　EDGE 的概念最早是由 Ericsson 于 1997 年向 ETSI 提出的，同年 ETSI 批准了 EDGE 的可行性研究，这为 EDGE 以后的发展铺平了道路。此后，EDGE 标准先后受到 ITU、ETSI、GSM 协会、3GPP、GSA 和 3GAmericas 等国际组织的认可。其中以 GSA 和 3G Americas 在推动 EDGE 市场化过程中最为积极主动。GSA 组织全称是"Global mobile Suppliers Association"，这是一个由 GSM 技术及设备提供商组成的团体，主要成员包括 Nokia、Ericsson、Alcatel、Siemens 和朗讯；而 3G Americas 则是一个以推动美洲 GSM 系列标准的区域性组织，由泛美的运营商和设备商构成，主要成员包括 Cable&Wireless、Cingular Wireless、T-Mobile、Nokia、Ericsson、北电网络等。受此影响，在 EDGE 的发展过程中显现了两个突出的特征：一是以设备商为主要的推动力量；二是以美洲为基地最先开始繁荣。

2.2.1　EDGE 的发展路标

　　要介绍 EDGE 网络的发展，就必须提到 EDGE 发展过程中的两件大事。第一件大事是 2000 年 7 月 3GPP 组织正式发布了 EDGE 标准，EDGE 从此正式成为公认的移动通信标准，巩固了在 GSM/GPRS/EDGE/WCDMA 标准体系中的地位。第二件大事则是随着 2002 年 12 月第一部 EDGE 手机——Nokia 6200 的问世，2003 年 6 月，美国移动运营商 Cingular 首次将 EDGE 投入商用，这标志着 EDGE 从标准正式走向商用。因此我们可以依照这两件大事把 EDGE 的发展划分为三个阶段：第一个阶段是标准成熟阶段，时间是从 Ericsson 在 1997 年正式提出 EDGE 理论到 2000 年 7 月 EDGE 标准被 3GPP 组织认可；第二个阶段是从 2000 年 8 月到 2003 年 5 月 Cingular Wireless 首次将 EDGE 投入商用，这是 EDGE 标准的市场推广阶段；第三个阶段是从 2003 年 6 月至今，EDGE 进入了实际的市场运营阶段。

　　从上面的两件大事可以看出，在短短三年左右的时间内，EDGE 网络就完成了从标准到商用的历程，其发展速度之快令人惊讶。我国香港特别行政区电信运营商 CSL 在 2003 年 8 月也实现了 EDGE 网络的商用，这也是亚洲首个将 EDGE 网络商用的运营商。

2.2.2　EDGE 的市场推广阶段

　　在市场推广的初期，EDGE 显得并不突出，这是因为 EDGE 的推广受到了 3G 许可证拍卖热潮的影响。从 2000 年到 2001 年间，欧洲的移动运营市场 3G 许可证拍卖进行得十分激烈，欧洲运营商为了获得新的 3G 频谱资源，不惜花费重金互相竞争。那时尽管欧洲运营商的 GSM 网络已经普遍升级到了 GPRS，但是由于对 WCDMA 技术前景的预期过高，因此通过 GPRS 升级到 EDGE，再升级到 WCDMA 的演进道路并没有得到欧洲运营商的普遍认可。在这种情况下，EDGE 的发展中心转移到了美洲地区。当时在美洲地区有大量的 TDMA 运营商和 AMPS 运营商。在向未来移动通信系统演进的道路上，TDMA 系统和 AMPS 系统都没有直接的解决方案可循，美洲运营商必须在 GSM 和 CDMA 标准之间做出选择。这期间，以 AT&T Wireless 和 Cingular Wireless 这两大主流运营商为代表的一部分美洲运营商最终选择了 GSM/GPRS/EDGE/WCDMA 的演进路线，自此 EDGE 才摆脱了被抛弃的命运，在美洲大陆生存下来。

但是进入 2002 年以后，世界移动通信市场的发展环境有所改变，世界范围内的 3G 热潮逐渐褪去，由于 WCDMA 的商用条件还没有成熟，所以欧洲的运营商都普遍推迟了 3G 的商用日期。这就为 EDGE 和 CDMA 的发展创造了良好的时机。这一年，Nokia 推出了首款 EDGE 商用终端 Nokia 6200，为 EDGE 的商用做好了准备。在美洲地区，EDGE 也得到了更多运营商的支持。此外，Nokia、Ericsson、Siemens 和 Alcatel 等设备提供商还在积极筹划进入美洲以外的移动通信市场。

2003 年的 3G 前景仍不明朗，但是 EDGE 却在这一年以异乎寻常的速度发展起来，这首先是因为 EDGE 设备提供商成功打入了亚太及欧洲市场，与当地运营商合作共同进行 EDGE 的实验和测试，为 EDGE 在当地的发展打下基础；其次，有多项 GSM/GPRS/EDGE 的设备合同进账，使设备商欣喜若狂；此外，3G 许可证的持有者如意大利的 TIM 和芬兰 TeliaSonera 也认可了 EDGE，并积极准备将其投入商业运营。

2.2.3　EDGE 的实质运营阶段

从 2003 年 6 月开始，EDGE 开始进入实质的运营阶段，首先是美国的 Cingular Wireless 在印第安纳州首府印第安纳波利斯开通了 EDGE 服务，主要采用的是由 Ericsson 提供的设备；接着是我国香港特别行政区的 CSL 开通了 EDGE 服务，主要覆盖全港的商业区、机场和高速公路附近；然后泰国的 AIS、美国的 AT&T Wireless、智利的 Telefonica Moviles 也都分别开通了 EDGE 服务。截至 2008 年 3 月，全球 EDGE 网络数量已达 283 个。至此 EDGE 的发展从弱到强，已经成长为移动通信市场中一支不容忽视的新生力量。

2.3　EDGE 业务和应用

2.3.1　EDGE 的典型特征

EDGE（或 EGPRS）是 GPRS 的直接演进。它重用 GPRS 的相同概念并基于 GPRS 的相同架构，所以 EDGE 的引入不会影响 GPRS 核心网，主要的变动都位于无线接口。

　　EDGE 主要是为了实现比 GPRS 更高的数据传输速率。它基本上是依靠新的调制方式和新 CS 机制并根据无线传播环境来优化数据吞吐量。协议中定义了 9 种调制和编码机制（MCS，Modulation and Coding Scheme）用于增强分组数据的传输。EDGE 可以提供的净RLC 数据传输速率从 8.8kbps（最恶劣无线条件下每时隙传输速率的最小值）到 59.2kbps（最好无线条件下每时隙传输速率的最大值）。当数据传输速率超过 17.6kbps 时候，空中接口上必须采用 8PSK 调制来代替通常的 GMSK 调制。表 2.1 列出了与各种 MCS 相关的吞吐量。

表 2.1　与调制编码机制相关的吞吐量

调制编码方式	调试方式	最大吞吐量（kbps）
MCS-9	8PSK	59.2
MCS-8	8PSK	54.4
MCS-7	8PSK	44.8
MCS-6	8PSK	29.6
MCS-5	8PSK	22.4
MCS-4	GMSK	17.6
MCS-3	GMSK	14.8
MCS-2	GMSK	11.2
MCS-1	GMSK	8.8

　　在 GPRS 业务基础上，由于有更高的数据传输速率，因此 EDGE 还提供了更多新业务。更重要的是，它可以提供两倍于 GPRS 网络的容量。尽管 8PSK 调制方式的比特速率是GMSK 调制方式比特速率的 3 倍，但是由于网络载频干扰率（C/I，Carrier-to-Interference ratio）的变化，使得 EDGE 的网络容量达不到 GPRS 容量的 3 倍。因为 MS 的位置不同，因此需要增加或多或少的信道编码以优化传输，这将导致平均吞吐量要远低于最大值。

　　EDGE 可以在现存的 GPRS 频谱上为 3G 业务提供一种非常节约成本的实现方式。它允许运营商通过升级现存的 GSM/GPRS 无线网络结构来传送新的 3G 业务。硬件的变动仅限于在每个小区中添加新 EDGE 收发单元。这些单元可以作为现存设备的补充来进行添加。EGPRS 可以支持数据和多媒体业务以及 GPRS 无法支持的业务。这样通过无线电话就可以进行音频和视频广播了。

2.3.2　EDGE 的技术优势

　　EDGE 之所以能够逐渐受到运营商的重视，与其本身所具有的技术优势是密切相关的，特别是因为它能够弥补 GPRS 的不足。虽然 GPRS 的理论峰值速率可以达到 171.2kbps，但是在实际环境中却只有 35～45kbps，而 CDMA2000 1x 在实际环境中能够达到 50～70kbps，显然要优于 GPRS。前面也提到 EDGE 的理论最高速率为 473kbps，所以它的出现使 GSM 标准系列在 100kbps 的数量级上具有了和 CDMA2000 标准系列相抗衡并取得优势的筹码。从基本的结构来看，从 GPRS 升级到 EDGE 不需要对网络结构进行大规模的调整，从图 2.2 所示 EDGE 网络升级示意图可以看出改变的部分仅涉及接入网和终端部分，只要将 GPRS 协议转换成为 EDGE 的协议即可，EDGE 可以继续使用 GSM/GPRS 的频谱及规划。

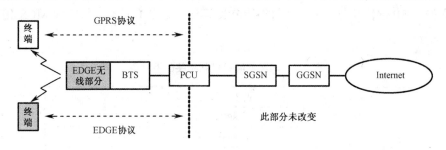

图 2.2　EDGE 网络升级示意图

协议转化的核心是改变信号调制的方式。GSM/GPRS 使用的是 GMSK 的调制方式，但是 EDGE 还使用了多电平调制方式（8PSK 调制方式），因此它能够提供更高的比特率和频谱效率。因为 8PSK 可以将 GMSK 的信号空间从 2 扩展到 8，所以每个符号可以包括的信息含量是原来的 3 倍。GMSK 和 8PSK 这两种调制方式的符号率都是 171ksps，每时隙的总比特率分别为 22.8kbps（GMSK）和 59.2kbps（8PSK）。GPRS 中 3 个用于数据传输的时隙所携带的数据才相当于 EDGE 中 1 个时隙所携带的数据。所以理论上来说，如果运营商不改变网络配置，继续使用 3 个时隙来传输数据，则 EDGE 的数据传输能力约是 GPRS 的 3 倍。EDGE 的理论用户峰值速率最终能够达到 473.6kbps，平均速率一般为 80~130kbps。来自 Cingular Wireless 的情况显示，EDGE 网络在运营中支持的峰值速率达到了 170kbps，实际的平均速率在 75~135kbps。而根据 AT&T Wireless 室外测试的结果，每时隙平均数据传输速率为 34kbps，如果配置 3 个时隙来传输数据，则 EDGE 的网络速率能够轻松达到 100kbps 的水平。

除了数据传输速率得到大大提升以外，EDGE 在服务质量（QoS，Quality of Service）机制上也有进一步的加强，能够保证用户在获得各种业务的同时得到不同的带宽。QoS 对于先进的数据业务，如流媒体服务来说十分重要，因此 EDGE 的引入有利于开通一些新的对 QoS 有较高要求的移动数据服务。同时，EDGE 还具有"永远在线"的能力。就像 DSL 和有线宽带，EDGE 能够提供持续的互联网链接。此外，EDGE 还具有数据通信和语音通信同时进行的功能，这是其与 GSM 技术进行区别的重要特征。

2.3.3　EDGE MS 能力

EDGE MS 的能力可以用不同的参数来描述。新的调制方式的引入要求移动台必须在物理层上增加新的硬件才能实现。这就导致了 EDGE MS 的特殊特征。这些调制给物理层

RF 部分和基带部分的设计都带来了新的约束。

MS 中 EDGE 能力的引入大大影响了 MS 的基带部分。8PSK 调试方式可以提供更高的频谱效率，同时均衡部分、编译码部分也需要提供更加复杂的算法。与 GMSK 调制相比，8PSK 调制的复杂度明显增加。在一个 TDMA 帧中执行相同数量的操作（编译码、均衡）需要更长的处理过程。如果 MS 在一个 GPRS 帧中可以进行 x 个接收，而在 EDGE 中进行 y 次接收，那么一定有 $y \leqslant x$。

因此，EDGE MS 有两种多时隙类别：一种对应于纯 GPRS 多时隙类，而另外一种则对应于纯 EDGE 多时隙类。EDGE 多时隙类终端采用了与 GPRS 相同的参数进行定义：最大 RX 时隙数、最大 TX 时隙数、每个 TDMA 帧中 RX+TX 的最大时隙数。MS 在 EDGE 和 GPRS 模式下都会支持 EDGE 多时隙类。例如，MS 的多时隙类在纯 GPRS 模式下可以是 4RX+1TX，而在纯 EDGE 模式下可以是 2RX+1TX。GPRS 传输中使用的 GSMK 调制具有恒幅特征，这就减小了设计的约束。但是 EDGE 的 8PSK 是相位调制，这给设计带来了更大的挑战。尤其是功率放大器（PA，Power Amplifier）的设计，8PSK 要求功放具有更好的线性，这将非常影响功放的效率。为了减小 MS 的复杂性并保证 EDGE 能力终端可以尽快商用，规范定义了两类 MS。

第一类终端在下行接收方向支持 8PSK 和 GMSK 调制，但是上行传输方向仅限于 GMSK 调制。这就意味着该类终端在接收上支持 MCS-1～MCS-9，而在上行方向上只支持 MCS-1～MCS-4（当然支持 GPRS 的 CS）。第二类终端在上行、下行方向都支持 8PSK。该类终端在 RX 和 TX 时支持所有的 MCS。

由于某些业务在上行和下行是不对称的，因此在上行支持 8PSK 不是必需的。像视频广播和 Web 浏览这样的多数业务都需要较高的下行数据传输速率，而上行则只是用于传输一些信息和命令。

由于 PA 实现的约束，因此要想在采用 GMSK 或 8PSK 调制时达到相同的输出功率是非常困难的。规范对于 8PSK 定义了三种功率类。因此 MS 的特征由 GMSK 功率类和 8PSK 功率类来确定。这些额定的最大功率输出都是不同的。

2.3.4　EDGE 承载的业务与热点业务

从传输速率的角度来看，GPRS 启用 4 时隙，传输速率仅能够达到 50kbps 左右；而 EDGE 同样启用 4 时隙，传输速率却能够达到 150kbps 左右。因此 EDGE 不但能够承载全部 GPRS 业务，而且已经能够承载许多更为先进的移动数据业务，包括在线游戏、大容量文件的传输、视频短片和音乐的下载、流媒体的音视频业务、高速的互联网接入等，甚至部分目前已知的 3G 应用都可以用 EDGE 来实现。

表 2.2 列出的统计数据显示了 EDGE 的反应速度要比 GPRS 迅速得多。由于 EDGE 反应速度更快，因此它能够提高用户使用业务的满意度，同时更能激发用户使用移动数据业务的兴趣。

表 2.2　GPRS 与 EDGE 应用的反应速度（GPRS：3 个时隙，EDGE：2 个时隙）

文 件 大 小	业 务	GPRS 完成时间（s）	EDGE 完成时间（s）
20KB	Java 小游戏	6.2	3.1
40KB	图片	11.3	5.2
100KB	WAP 浏览	27.4	11.2
300KB	Web 浏览	82	32

　　从 QoS 的角度来看，EDGE 同样突破了 GPRS 的局限。像流媒体一类的业务，如流媒体的音视频短片（要求用实时的播放器来播放）、多媒体的广播，这些业务要求有较高的服务质量来支持，但是 GPRS 并不能提供相应的 QoS 保证。虽然 EDGE 在 QoS 保障机制方面还逊色于 WCDMA 的 R6 和 R7，但是和 GPRS 相比已经有了很大的改善，这也是除速率以外 EDGE 能够支持更多先进业务的重要原因。

　　除了能够支持目前 GPRS 所能支持的所有业务外，由于具有较高的数据传输速率和较好的 QoS 保证机制，所以 EDGE 还可以支持一些潜在的热点业务，包括一键通业务（PoC，Push-to-Talk over Cellular）、手机电视业务（mobile TV）等。

　　一键通的概念要追溯到 1995 年，Motorola 在 iDEN 集群系统上推出 Push-To-Talk 对讲解决方案。一年后，美国的 Nextel 通信公司在其 iDEN 集群网络上开始提供名为 Direct Connect 的相关业务，该业务的最大特点是用户仅按一键即可快速而方便地即时通话。Nextel 公司也因其高 ARPU 值和低用户流失率而一直引人注目，业界普遍认为这在很大程度上要归功于其 PoC 业务的成功应用。在移动市场逐渐饱和与竞争日趋激烈的今天，PoC 业务也引起了世界各大移动运营商的普遍关注。

　　通过 GPRS/EDGE 实现 PoC 能够使运营商提供具有可区别性的业务，增加网络的流量，使网络资源得到有效的利用。特别是在 EDGE 系统中，PoC 属于 VoIP 的应用，从图 2.3 所示 PoC 业务的系统结构可以看出 PoC 是由移动数据网络支撑的业务，PoC 的客户端（Client）需要集成在移动手机中，而基于 IP 的 PoC 服务器则位于核心网中。考虑到前面提到的速率和 QoS 的因素，基于 EDGE 的 PoC 比 GPRS 提供的 PoC 具有更大的优势。

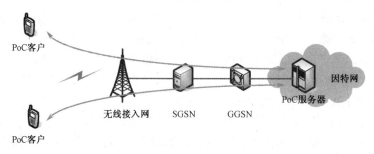

图 2.3　PoC 业务的系统结构

2.4 EDGE 发展的市场特征

2.4.1 EDGE 全球市场发展不平衡

前面已经介绍过，EDGE 在发展过程中呈现的重要特征之一就是以美洲为基地最先开始繁荣。据来自 GSA 的统计数据显示，截至 2008 年 3 月，全球 EDGE 网络数量已达 283 个，分布在 144 个国家，其中 188 家为美洲、欧洲运营商。

造成 EDGE 发展不均衡的根本原因在前面介绍 EDGE 的市场推广时已经提及。在 EDGE 推广的早期，由于欧洲普遍陷于 3G 频谱拍卖的狂潮，因此没有人认为 EDGE 还具有生存的意义。因为按照当时的普遍看法，3G 会在两到三年的时间内全面进入商用，建设全新的 3G 网络才是最佳的选择方案。但是在美洲地区，频谱资源十分紧张，甚至有 3G 频谱资源已被占用的现象（如美国），因此对于运营商来说，等待获得 3G 新的频谱是不现实的事情。对于他们来说，最重要的是如何更好地利用现有的频谱资源提供业务。特别是对于那些从 TDMA 或模拟系统转移到 GSM 系统的运营商来说，EDGE 的出现无疑带来了解决问题的曙光。因此实际上早在 2000 年的 11 月，美国 AT&T Wireless 就宣布了部署 EDGE 的计划。在对 EDGE 的认可时间上，美洲比欧洲整整提前了 2 年的时间。

2.4.2 制造商为 EDGE 发展的主要推动力

EDGE 在发展过程中呈现的另外一个重要特征就是以设备商为主要的推动力量。目前 EDGE 主要的设备提供商包括 Alcatel、Ericsson、Motorola、Nokia、Nortel Network 和 Siemens，他们能够提供支持 800/850/900/1800/1900MHz 的 EDGE 设备及解决方案。设备厂商推动 EDGE 商业化进程的步调非常一致，他们推动 EDGE 市场化的具体措施主要体现在以下两个方面。

一是在新的 GSM 和 GPRS 设备中预先植入 EDGE 的功能，在用户需要时能够很快升级到 EDGE。例如，Cincinnati Bell Wireless 选择 Ericsson 的设备从现有 TDMA 网络过渡到 GSM/GPRS/EDGE。在这份为期 5 年的合同中，Ericsson 提供的是具有 EDGE 功能 1900MHz GSM/GPRS 的无线接入设备，这样不用增加新的设备和基站，其网络就能够很容易地升级到 EDGE。实际上对于运营商而言，采用新的 GSM/GPRS 设备都可以视为已经向 EDGE 迈出了关键的第一步，只要运营商认为有必要，设备商就会非常乐意地将网络升级到 EDGE。

二是加速 EDGE 多模多频终端的研发，并且所有的 EDGE 终端都是能够向后兼容的，支持 GSM/GPRS 并能在多频环境下（800/900/1800/1900MHz）工作，未来还可能出现

EDGE/WCDMA 的双模终端。

那么为何设备商要煞费苦心地经营 EDGE 呢？其根本目的是要保证产品线的稳定和 GSM 市场的深入拓展。首先，随着移动市场的饱和以及最近几年移动设备销售的持续下降、3G 商用的延迟，设备商迫切需要推出一种新的产品来支持其业务的持续发展。可以预期，一旦 EDGE 的销售形成规模，在 3G 商用继续延迟的情况下，EDGE 就会成为这些设备商最好的过渡性产品。其次，问题的关键还在于竞争，GSA 组织中绝大部分的厂商都是 GSM 设备提供商，毫无疑问他们才是 EDGE 设备销售的最大获益者。面对 CDMA2000 1x 的激烈竞争，GSM 和 GPRS 都面临淘汰出局的危险。虽然 GSM 已经占据了世界 70% 的市场份额，但如果在 3G 成熟以前，GSM 仅仅升级到 GPRS，就无法保持住这种优势，因为 CDMA2000 1x 比 GPRS 更先进。而且事实证明，CDMA2000（特别是 CDMA2000 1x）在刚刚过去的一两年内确实已经取得了巨大的发展。EDGE 的出现则恰好可以抑制 CDMA2000 1x 的优势，有利于 GSM 系列标准继续保持领先的位置。

2.4.3　EDGE 市场发展由冷渐热

事物的发展大多是一个循序渐进的过程，实际上 EDGE 市场的发展也经历了一个由冷到热的过程，从最开始被人视为无用，到逐渐在美洲扎下根来，再到现在逐步为人们所接受。从市场统计来看，EDGE 受认可程度最高的是北美、南美和加勒比海地区；在亚太地区和欧洲，认可 EDGE 的运营商也有逐渐增多的趋势。从数量上来看，亚太运营商要多于欧洲运营商；但是从增长率上看，欧洲运营商要大于亚太运营商。

2.5　EDGE 市场发展的驱动力

2.5.1　用户对移动数据业务的需求

EDGE 市场最终得以发展的根本原因是用户对移动数据业务的需求不断上升，这是目前大多数 EDGE 运营商在宣布走向 EDGE 的声明中反复强调的一点。从西欧 ARPU 的发展来看，随着移动通信市场竞争的加剧，移动语音的价格已呈现下降的趋势，从而导致了语音 ARPU 值的下降。与语音收入不断下降形成鲜明对比的是数据业务正在带来新的收入，而且这一新的收益源还保持着持续增长的态势，现在像 SMS、MMS、E-mail、企业远程接入、互联网接入和游戏等移动数据业务所产生的收益对运营商 ARPU 值的支撑力度已越来越大。2003 年 Vodafone 在欧洲推广 Vodafone Live!（Vodafone 的移动数据业务品牌）即大获成功，并且已经看到数据业务收入明显拉动 ARPU 值。

来自 Yankee Group 的预测也显示了相同的信息：未来移动市场的语音 ARPU 仍将持

续下降,而数据 ARPU 则将继续迅速增长。数据 ARPU 的增长必须有相应的网络、终端等硬件环境保障。虽然许多运营商对于移动数据业务收入在 ARPU 中所占比例将不断提升的趋势已经达成了共识,但是在如何提供网络基础设施上却有着不同的选择。以美国为例,Sprint PCS 和 Verizon Wireless 选择的是 CDMA20001x,而 AT&T Wireless、Cingular Wireless 和 T-Mobile 选择的则是 GPRS/EDGE。

2.5.2 EDGE 能够暂时满足运营商提升网络速率的需求

目前移动技术的发展已经大大超越了业务及市场的发展,因此在现有的需求水平下,EDGE 的出现已经满足了运营商迫切需要提升网络速率从而增加 ARPU 收益的心理和需要。这就使得在目前的市场环境中 EDGE 和 3G 的关系十分微妙,实际在一定程度上,EDGE 和 3G 会互相产生一些负面的影响,即已经开通 EDGE 的运营商会考虑暂缓或缩减 3G 的部署;而已经决定尽快开通 3G 的运营商可能会放弃使用 EDGE 技术,尽管推广 EDGE 的 GSA 在各种场合下一再宣称 EDGE 对 WCDMA 是有益的补充,而不是竞争的关系。当然 EDGE 的确是基于 GSM/GPRS 的技术,属于 GSM 标准体系。从网络的角度看,EDGE 可以成为 WCDMA 的补充,这两个系统并不是对立的。但是在运营商资金、时间都有限的情况下,短期内 EDGE 和 3G 的共存必然存在一定的矛盾。

我国香港特别行政区的 CSL 在 2003 年 8 月正式开通了 EDGE 服务,而 CSL 同时也是香港四大 3G 运营商之一。在开通 EDGE 后不久 CSL 即宣布大规模缩减 3G 的投资,其最初的计划是投资 20 亿港元用于发展 3G,而最后确定的额度则是在 3 年内投资 2~4 亿港元。类似的还有瑞典的 TeliaSonera,据称它正在和欧洲其他一些运营商寻求改变 3G 许可证条款,以便能够顺利引入 EDGE。一般 3G 许可证会对 3G 引入的时间和覆盖做出明确的规定,TeliaSonera 可能希望在部分地区用 EDGE 取代 WCDMA 进行覆盖,这有必要对许可证的覆盖条款做出修正。

在 3G 市场前景还不太明朗的今天,EDGE 实际上为移动运营商(特别是 GSM 运营商)提供了一个很好的缓冲。在现有的需求水平下,EDGE 已经可以较好地满足运营商提升网络速率的要求,所以才能够在 3G 大规模商用以前找到市场生存的空间。

2.5.3 EDGE 部署具有成本的相对优势

EDGE 的部署可以直接在 GSM/GPRS 网络上进行,没有硬件上的改变,因此 EDGE 对于 GSM/GPRS 来说是平滑和低成本的升级方案,许多运营商都能够负担得起 EDGE 的升级。而且 EDGE 不需要新的频谱,可以使移动运营商将现有频谱的利用率达到最大,而不需要支付新的许可证费用。这就意味着 EDGE 可以使用与 GPRS 相同的基站、频段、网络规划和核心网。简而言之,EDGE 可以将以往的 2G/2.5G 投资最大化。这里可以和 3G

做一个比较，首先提供 3G 服务必须获得 3G 许可证，即获得新的 3G 频谱资源，但是在很多国家频谱拍卖就会消耗运营商的大笔资金；其次运营商需要建设新的 WCDMA 接入网，这又是一大笔开销。据来自 AT&T Wireless 的统计，GSM/GPRS 每线投资 15 美元，EDGE 升级投资每线为 1~2 美元，增幅仅为 10%。

2.5.4　EDGE 在 3G 演进路线中的角色发生变化

按照传统的说法，GSM→GPRS→EDGE→WCDMA 才是 GSM 标准正确的演进到 3G 的路径，但是由 GSA 给出的演进路线来看，EDGE 被排列到与 WCDMA 平行的位置上，这意味着 EDGE 在 3G 演进路线中的角色发生了显著的变化，从演进路线中的一步暂时变成了演进的终点。GSA 认为：根据 ITU 对于 3G 的定义，384kbps 是衡量系统是否为 3G 的标准，而 EDGE 的理论速率达到了 473.6kbps，因此是 3G 系统，并且称 2000 年 7 月 EDGE 正式被认可为 3G 标准。其实争论 EDGE 是不是 3G 和 CDMA2000 1x 是不是 3G 是同一性质的问题。GSA 这样表述其实是为了吸引那些没有获得新的 3G 牌照的中、小运营商，因为 3G 毕竟是一个具有吸引力的字眼。不仅中、小运营商，连 AT&T Wireless 也已经公开在宣传自己的下一代服务——EDGE 了。因此，在一些运营商（特别是没有 3G 牌照的运营商）看来，EDGE 已经可以和 3G 画上等号，这是使他们认同 EDGE 的一个关键因素。对于他们来说，EDGE 就等于 3G 演进的终点。

2.6　EDGE 的基本原理

EDGE 或 EGPRS 是 GPRS 的直接演进，它最大可能地重用了 GPRS 系统的所有基本概念。与 GPRS 相比，EDGE 的最大优势就在于无线传输机制的管理。这种改善是通过使用新的调制机制和与信道无线状态相适应的 MCS 来实现的。RLC 协议为了充分提供高吞吐量的传输效率，做了轻微的改进。本节将给出 EDGE 系统的基本原理并详细说明与 GPRS 相比 EDGE 的主要改进。

2.6.1　EDGE 基础

EDGE 的系统架构与 GPRS 完全相同。其中影响最大的就是基站子系统 BSS。尽管空中接口发生了改变，但是 GPRS 中用于信令、数据传输的层结构在 EDGE 中仍然使用。

基本的 GPRS 无线概念在 EDGE 中并没有改变。GPRS 系统中引入的逻辑信道也在 EDGE 中进行了重用。数据仍然通过 PDTCH 来传输，而信令则通过 PACCH 来传送。广播、控制和伴随信令信道也是一样的。信令信道采用的编码是 CS-1。这就是说，在 TBF 过程中，EDGE 终端是通过它的 PACCH 使用 CS-1 来发送信令信息，而在 PDTCH 上则使用 MCS-1～MCS-9 来传输数据。

功率控制过程和时间提前 TA 过程在 EDGE 中都保留了下来。MAC 概念也没有改变，MS 可以复用到相同的物理信道中。

注意：EDGE 和 GPRS 终端也可以复用到相同的 PDCH 中。TBF、TFI 和 RR 管理概念没有更改，而像动态分配、扩展动态分配和固定分配这些上行复用机制也都没有改变，它们可以将 GPRS 和 EDGE 用户复用到相同的上行 PDCH 信道中。在 TBF 建立过程中，为了支持 EDGE 专用信令，EDGE 的信令进行了稍微的修改。

RLC 协议也是基于同样的滑动窗口概念，保留了相同的分段机制，数据块也通过 BSN 进行了编号。根据无线传播条件，链路采用自适应功能以获得最高吞吐量。

2.6.2　增强的调制方式

具有中等数据传输速率的高速电路交换数据和 GPRS 都采用 GMSK 调制，该调制方式的频谱效率受到一定的限制。EDGE 采用了新的调制方式，从而可以在空中接口上提供更高的比特速率。这就是 8PSK，它具有 8 种状态星座点，每个符号代表 3 比特信息，因此净比特速率是 GMSK 调制的 3 倍。

EDGE 发射机可以根据无线传播条件来决定调制和 CS 机制，根据选择的 MCS 可以使用 GMSK 或 8PSK 调制。发射机采用的调制信息不会通知给接收机，接收机在识别采用哪种 MCS 之前必须对调制进行盲检测。

对于 MS 来说，在下行链路支持 8PSK 调制是必选的，而在上行链路支持 8PSK 则是可选的。在网络侧，8PSK 调制在上行和下行链路都是可选的。因此，网络可以在没有实现 8PSK 的条件下支持 EDGE。在该情况下，EDGE 只能通过对无线链路的管理（即 RLC 层的改进）来获得吞吐量增益。该方式带来的优势是非常有限的。

2.6.3　链路质量控制

与 GPRS 相比，EDGE 的主要改善在于它的链路质量控制。性能得到增强主要是因为引入了新的 ARQ 机制（即增加冗余（IR，Incremental Redundancy）方式）和对链路质量的新估算方法。

1. 编码机制

GPRS 系统中不够完美的一点就是 CS 的设计。在空中接口进行传输之前，LLC 帧必须分成可变长度单元。该长度取决于无线块传输所采用的 CS。每个 CS 的设计都是独立的，并且具有自己的数据单元大小。一旦数据分段，数据单元将通过空中接口进行发送。如果接收机无法对承载数据单元的无线块进行译码，那么发射机稍后将重发该数据。此时数据单元仍将采用相同的 CS 进行重传，这样就会出现问题：如果此时无线传播环境已经改变，那么接收机将有可能一直无法对 RLC 数据块进行解码，这就会导致 TBF 的释放并建立一个新 TBF 来进行 LLC 帧的传送。

为了避免该问题，核心网侧对 CS 的选择非常仔细。但是这很可能又会导致空中接口的非最优使用，从而导致网络容量的下降。

EDGE 调制和设计的 CS 可以弥补这一问题。MCS 被划分成四族（Family）：A、A'、B 和 C（有的文献将 A 和 A'看做是一族，所以将 MCS 分成三族），每一族都包括多个 MCS 且都有固定大小的基本数据单元与其相关。经过 MCS 编码的一个无线块可以承载一个或多个基本数据单元。A、A'、B 和 C 组的基本数据单元大小分别为 37、34、28 和 22 字节。如图 2.4 所示为不同族的 MCS 族及其净荷单元。

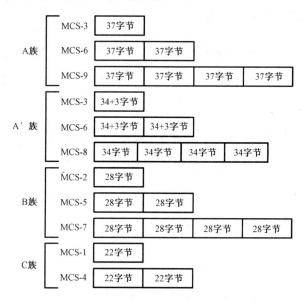

图 2.4　不同 MCS 族及其净荷单元

MCS-1、MCS-2、MCS-3 可以分别承载 C、B、A 和 A'族的基本数据单元。MCS-4、MCS-5 和 MCS-6 可以承载两个基本数据单元。而 MCS-7、MCS-8 和 MCS-9 则可以承载四个基本数据单元。在一个族中将不同数量的基本数据单元放置到一个无线数据块中，可以获得不同的编码码率。

由图 2.4 所示还可以看出不同族所包含的 MCS、基本数据块大小、不同 MCS 可以承载的基本数据单元数。A'组的基本数据单元大小为 34 字节。但是，MCS-3 和 MCS-6 在 A 和 A'中都可以使用。当采用 MCS-8 的数据块通过 MCS-6 或 MCS-3 进行重传时必须在其无线块中的数据部分添加 3 个填充字节。

采用 MCS-9 来传输的一个无线数据块由 4 个数据单元组成，每个数据单元为 37 字节。这些数据单元需要重传时可以使用 MCS-6 机制下的两个无线块，这将导致其编码码率比原来低一倍。同理，如果采用 MCS-3 传输则需要 4 个无线块，这将导致编码码率降低为原来的 1/4。

每当一个无线块被拆分并通过两个单独的无线块进行重传时，其编码码率就下降 50%，但是这样将增加对无线块的译码能力。MCS-7、MCS-8 和 MCS-9 都是由两个 RLC 数据块组成，而其他 MCS 则只包括一个或半个 RLC 数据块。

数据块的拆分机制与链路自适应相关。当网络命令使用比前面 MCS 更低的 MCS 时，MS 将自动对需要重传的 RLC 数据块进行拆分。第一次传输的 RLC 数据块将采用网络最后命令的 MCS 机制来传输。

2. 增加冗余机制

增加冗余是增强的 ARQ 机制，该机制可以重复利用 RLC 数据块在以前传输过程中没有正确译码的数据信息，其目的是在重传时增加成功译码的可能性。在接收机解调输出端包括数据合并，即同样 RLC 数据块 N 次不同传输的软比特信息的合并。该机制可以与链路自适应功能相关联，从而在空中接口上提供更高的频谱效率。

3. 链路自适应测量

链路自适应机制取决于下行传输过程中 MS 执行的测量和上行传输中 BTS 进行的测量。对于 GPRS 而言，用于链路自适应的质量测量是基于接收信号质量 RXQUAL 的。RXQUAL 只有 8 个有限值，每个值对应一个误比特率（BER，Bit Error Rate）范围。BER 是基于无线块的平均值来计算的。返回的 RXQUAL 对应于平均 BER 的映射。RXQUAL 起初用于语音业务，不同的 RXQUAL 值非常适于语音质量的映射，但是这种度量却不适用于分组传输，因为 RXQUAL 缺少准确的报告值。而且，由于是对无线块进行评估（4 个突发），这并不能准确地反映其他条件下的无线环境。

因此，在 EDGE 标准化过程中需要引入一个新度量，使用更宽的报告范围，从而更适用于分组传输。这个新度量就是比特差错概率（BEP，Bit Error Probability）。BEP 是基于突发进行评估的，给出了更多的网络环境信息，并且在一个无线块内该值是变化的。其范围更广并且更加准确。

2.6.4　EDGE 中 RLC/MAC 的改进

为了在空中接口上增加吞吐量，必须采用新的编码类型来改善 GPRS 的某些缺点，因此需要对 RLC/MAC 协议进行适当修改，但是 GPRS 的一些基本概念仍然保留了下来。

EDGE 中 RLC 协议的主要改善就是增加了用于控制 RLC 数据块重传的窗口大小。前面已经提到，GPRS 中的 RLC 协议使用了固定大小为 64 的窗口。该窗口消息非常适用于在 1 个、2 个、3 个时隙中传输分组。但是当分组超过 3 个时隙传输时，该窗口大小就成了吞吐量的限制，从而导致 RLC 协议的延迟。当系统引入 EDGE 后，该问题将更加突出，因为采用 MCS-7、MCS-8 和 MCS-9 编码的无线块包括两个 RLC 数据块。这意味着在同样周期内 EDGE 要传输 GPRS 两倍的数据量。为了解决这个问题，RLC 协议进行了修改，引入了可变长度的窗口大小，即根据分配的时隙数来决定使用窗口的大小。窗口大小可以从 64 到 1024，步长为 64。

　　窗口大小的增加将导致报告位图的增加，接收机将利用该位图对成功解码的 RLC 数据块进行确认。对于 GPRS 的窗口大小 64 来说，通过 CS-1 机制便可以将报告的位图 64 放入一个 RLC/MAC 控制消息中。对于 RLC/MAC 信令消息，EDGE 重用了 GPRS 的编码机制，即 CS-1。而 CS-1 编码的无线块只能容纳 22 字节的数据信息，所以它不可能支持高达 1024 比特的位图报告。

　　因此 EDGE 的第二个改进就是报告机制的改进。它允许在多个无线块中传输位图报告。为了提高效率，位图还进行了压缩以减小大小。后面还将对报告机制进行详细的介绍。

　　对于 RLC 协议来说，主要有上述这两个大的改进。当然 MAC 也有相关的改进，如在 EDGE 模式下 TBF 建立的改进等。后面的章节中将对其进行详细介绍。

2.6.5　EDGE 的 RLC 数据块格式

　　EDGE 的引入对无线接口进行了重大修改。这些修改对于完成适于 EDGE 数据传输的 RLC 数据块的重定义是非常必要的。对于 EDGE 来说，RLC 数据块是由 RLC/MAC 包头和一个或两个 RLC 数据部分构成的，这取决于使用的 MCS。MCS-7、MCS-8、MCS-9 包括两个 RLC 数据部分，而其他的编码机制都只包括一部分。如图 2.5 所示为 EDGE 数据传输的 RLC/MAC 数据块结构。

图 2.5　EDGE 数据传输的 RLC/MAC 块结构

　　在 EDGE 中，RLC/MAC 包头和 RLC 数据部分的保护机制并不相同。为了保证对包头进行较强的保护（包头中包含用于整个无线块解码的信息及一些执行 IR 所需的信息），无线块的包头部分的编码与数据部分的编码相互独立。当无线块包括两个 RLC 数据部分时，这两个数据部分也都独立地编码，但是使用相同的编码码率。

EDGE 规范中定义了三种 RLC/MAC 包头类型：第一种类型用于在 MSC-7、MSC-8、MSC-9 无线块中发送两个 RLC 数据部分；第二种类型用在 MSC-5、MSC-6 中；而第三种则用于 GSMK 调制方式下的 MCS。

注意：对于信令而言，EDGE 与 GPRS 使用相同的块格式（CS-1）。

1．RLC/MAC 数据包头

（1）下行链路的 RLC/MAC 数据包头

① MCS-1、MCS-2、MCS-3 和 MCS-4 使用的普通 RLC/MAC 包头。用于 GMSK MCS 的普通 RLC/MAC 包头如图 2.6 所示。

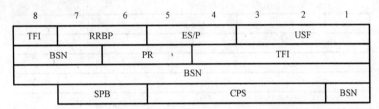

图 2.6　GMSK MCS 的下行 RLC/MAC 数据包头

RLC/MAC 数据包头包括下列域。

- 上行状态标识 USF：当使用动态或扩展分配机制时，USF 用于上行复用。
- EDGE 补充/轮询（ES/P）：用于指示 RRBP 域是否有效。如果 RRBP 有效且用于调度下行确认消息报告，那么该域将指示消息中所包含的参数类型。
- 相对保留块周期（RRBP）：用于指示在传输 RLC/MAC 控制块之前 MS 必须等待的帧数。
- 临时流标识 TFI：用于标识下行 TBF。
- 功率减小（PR）：用于指示 BTS 使用了 PR 来传输目前的下行块。
- 块序列号 BSN：用于标识在 TBF 中的 RLC 块序列号。
- 编码和凿孔机制（CPS）：该域用于指示使用的编码机制（MCS-1、MCS-2、MCS-3、MCS-4）和使用的凿孔机制。
- 分割块（SPB）：当 RLC 数据块拆分为两部分进行重传时，将使用 SPB 指示来标识，它还用于指示分段 RLC 数据的第一部分和第二部分。

② MCS-5、MCS-6 使用的普通 RLC/MAC 包头。MCS-5 和 MCS-6 所使用的普通 RLC/MAC 包头如图 2.7 所示。除了 SPB 外，它包括的域与前面介绍的域相同。在 MCS-5 和 MCS-6 的普通 RLC/MAC 包头中不使用 SPB。

注意：无线块只包括一个由 BSN 域标识的 RLC 数据部分。

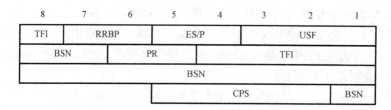

图 2.7　MCS-5、MCS-6 所使用的下行 RLC/MAC 包头

③ MCS-7、MCS-8、MCS-9 使用的普通 RLC/MAC 包头。MCS-7、MCS-8、MCS-9 使用的普通 RLC/MAC 包头如图 2.8 所示。当无线块使用这些机制时，无线块将包括由 BSN1 和 BSN2 标识的两个 RLC 数据部分。

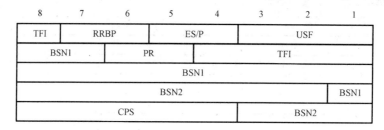

图 2.8　MCS-7、MCS-8、MCS-9 所使用的下行 RLC/MAC 包头

（2）上行链路的 RLC/MAC 数据包头

① MCS-1、MCS-2、MCS-3 和 MCS-4 使用的普通 RLC/MAC 包头。上行传输过程中 GMSK MCS 使用的 RLC/MAC 包头如图 2.9 所示。

图 2.9　上行 GMSK MCS 使用的 RLC/MAC 包头

RLC/MAC 包头包括下列域。

- 重试（R）：在 MS 最近的信道接入过程中，该域用于表示 MS 发送的接入请求消息是一次还是多次。
- 停止指示（SI）：用于指示 MS 的 RLC 传输窗口是否停止。
- CV：用于指示在 TBF 结束之前还需要发送的 RLC 数据块数。
- TFI：用于标识上行 TBF。
- BSN：用于在 TBF 中指示 RLC 块的序列号。
- CPS：该域用于指示信道编码和对数据的凿孔。

- SPB：当 RLC 数据块拆分为两部分进行重传时将使用 SPB 指示来标识，它还用于指示分段 RLC 数据的第一部分和第二部分。
- 重发指示比特（RSB）：该比特用于指示 RLC 数据部分是否是第一次发送。
- PFI 指示符（PI）：用于指示在数据部分中是否包含分组流标识（PFI，Packet Flow Identifier）的可选字节。

② MCS-5、MCS-6 使用的普通 RLC/MAC 包头。MCS-5、MCS-6 使用的普通 RLC/MAC 包头如图 2.10 所示。

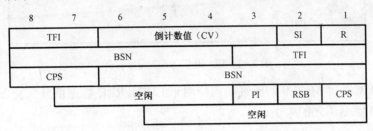

图 2.10　MCS-5 和 MCS-6 中使用的上行 RLC/MAC 包头

③ MCS-7、MCS-8、MCS-9 使用的普通 RLC/MAC 包头。MCS-7、MCS-8、MCS-9 使用的普通 RLC/MAC 包头如图 2-11 所示。

注意：一个无线块中包括两个 RLC/MAC 数据部分，它们由 BSN1 和 BSN2 来标识。

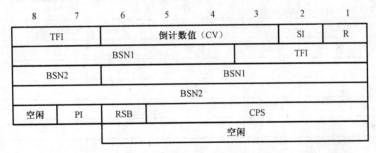

图 2.11　MCS-7、MCS-8、MCS-9 中使用的上行 RLC/MAC 包头

2. RLC 数据部分

EDGE 的 RLC 数据部分结构如图 2.12 所示。它包括两个比特和 RLC 数据单元。扩展比特（E）用于指示在 RLC 数据单元中存在可选字节。最终块指示符（FBI，Final Block Indicator）只在下行方向使用，用于指示该块是 TBF 中的最后一个。临时逻辑链路标识（TLLI，Temporary Logical Link Identity）指示符（TI，TLLI Indicator）仅在上行方向使用，用于指示在 RLC 数据单元中存在 TLLI 域。长度指示符（LI，Length Indicator）域用于在 RLC 数据单元中定界 LLC PDU。

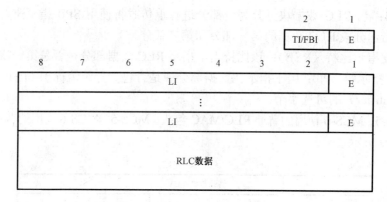

图 2.12　EDGE 的 RLC 数据部分

　　MCS-7、MCS-8、MCS-9 的无线块包括两个 EDGE RLC 数据部分。表 2.3 列出了不同 MCS 下 EDGE 数据单元的大小。

表 2.3　EDGE RLC 数据部分大小

调制编码机制（MCS）	EDGE RLC 数据单元大小（字节）	数据部分中的附加比特
MCS-1	22	2
MCS-2	28	2
MCS-3	37	2
MCS-4	44	2
MCS-5	56	2
MCS-6	74	2
MCS-7	2*56	2*2
MCS-8	2*68	2*2
MCS-9	2*74	2*2

参考文献

[1]　3GPP TS 03.64 Overall Description of the GPRS Radio Interface, Stage 2 (R99) .

[2]　3GPP TS 45.008 V6.18.0 Radio subsystem link control.

[3]　3GPP TS 04.18 Radio Resource Control Protocol (R99) .

[4]　3GPP TS 04.60 Radio Link Control/Medium Access Control (RLC/MAC) Protocol (R99) .

[5]　3GPP TS 05.01 Physical Layer on the Radio Path; General Description (R99) .

[6]　3GPP TS 44.018 V6.20.0 Mobile radio interface layer 3 specification; Radio Resource Control (RRC) protocol .

第 3 章 EDGE 的物理层技术

本章要点

- ● EDGE 调制技术
- ● EDGE 的射频特性
- ● EDGE 物理层中的一些问题

本章导读

　　本章将对 EDGE 的物理层技术进行全面的介绍。首先对 EDGE 的调制方式进行介绍，同时与 GPRS 的调制方式进行比较；然后对 EDGE 发射侧和接收侧的射频特性进行分析；最后分析 EDGE 物理层设计所面临的一些技术问题，从而使读者对 EDGE 物理层技术有一个全面认识。

　　前面已经介绍过，GPRS 无线接口的基本结构在 EDGE 中都进行了保留。物理信道的定义、复帧结构、逻辑信道及逻辑信道到物理信道的映射都没有改变。

　　与 GPRS 相比，EDGE 在空中接口中主要的变化就是采用了新调制方式 8PSK 取代了 GPRS 的 GMSK 调制。这样做的目的就是为了增加可以获得的数据传输速率。本章将主要对这种调制方式进行介绍，同时将说明其对系统需求的影响。随后还将通过一些具体实例来使读者了解射频收发机实现上的约束，以及发射机上的数字调制信号的产生和接收机中数字信号的解调。

　　本章首先对 GMSK 调制和 8PSK 调制进行详细的介绍；随后介绍新引入的调制方式对 RF 发射机规范的影响：8PSK 功率分类、调制产生的频谱、功率模板，即在发射突发中 RF 功率的变化。在接收机侧，将主要介绍 EDGE 的敏感度、所需的干扰性能以及额定差错率（NER，Nominal Error Rate）。最后将介绍一些具体实例，主要涉及调制信号的产生、RF 约束和信号的解调。

3.1　调　　制

3.1.1　GMSK 调制

　　数字调制通常可以通过改变幅度、相位、频率或这三种特征的组合来实现。高斯最小移频键控（GMSK，Gaussian Minimum Shift Keying）属于相位调制范畴，更准确地说是属于连续相位调制（CPM，Continuous Phase Modulation）。

　　对于 GMSK 调制来说，其调制信号 $m(t)$ 的数学表达式可以表示为

$$m(t) = A_0 \cos\left(2\pi f_0 t + \varphi(t)\right) \tag{3.1}$$

式中，A_0 是幅度，该值不随输入比特信息的变化而改变；f_0 是载频频率；$\varphi(t)$ 是信号的相位，它承载着调制信息。

　　对于 GMSK 来说，相位 $\varphi(t)$ 可以表示为

$$\varphi(t) = 2\pi h \sum_{k=-\infty}^{+\infty} \alpha_k q(t-kT) \tag{3.2}$$

式中，$\alpha_k = \pm 1$，是发送的第 k 个符号；T 是符号周期；h 是调制指数；而 $q(t)$ 是脉冲 $g(t)$ 的积分：

$$q(t) = \int_0^t g(\tau)\mathrm{d}\tau \tag{3.3}$$

这样便会有

$$\lim_{t \to +\infty} q(t) = 1/2$$

如图 3.1 所示为一个脉冲实例。如图 3.1（a）所示是一个矩形函数 rect_T，如图 3.1（b）中 $g(t)$ 的幅度为 $1/2T$，周期为 T。于是 $g(t)$ 可以表示为

$$g(t) = \frac{1}{2T} \mathrm{rect}_T\left(t - \frac{T}{2}\right)$$

图的右边是 $q(t)$，它是 $g(t)$ 函数的积分函数。

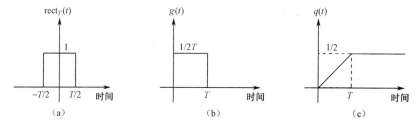

图 3.1　连续相位调制中的脉冲函数实例

于是相位调制的信号便可以表示为

$$m(t) = A_0 \cos(\varphi(t)) = A_0 \cos\left(2\pi f_0 t + 2\pi h \sum_{k=-\infty}^{+\infty} \alpha_k q(t-kT)\right) \tag{3.4}$$

其中，

$$\varphi(t) = 2\pi f_0 t + 2\pi h \sum_{k=-\infty}^{+\infty} \alpha_k q(t-kT)$$

由于相位是连续的，因此也可以将其看为频率调制信号，其瞬时频率可以表示为

$$f_\mathrm{i}(t) = \frac{1}{2\pi}\frac{\mathrm{d}\varphi}{\mathrm{d}t} = f_0 + h \sum_{k=-\infty}^{+\infty} \alpha_k g(t-kT) \tag{3.5}$$

例如，连续相位移频键控（CPFSK，Continuous Phase Frequency Shift Keying）调制就是基于如图 3.1 所示的脉冲 $g(t)$，它是一个周期为 T 的矩形函数，即

$$g(t) = \frac{1}{2T}\mathrm{rect}_T\left(t - \frac{T}{2}\right) \tag{3.6}$$

两个符号间的基本相位增量为

$$2\pi h\int_0^t g\left(\tau\right)\mathrm{d}\tau$$

代入式（3.6）后可得

$$2\pi h\int_0^t g\left(\tau\right)\mathrm{d}\tau=\begin{cases}\pi ht/T & 0\leqslant t\leqslant T\\ \pi h & t>T\\ 0 & t<0\end{cases}\qquad(3.7)$$

最小移频键控（MSK，Minimum Shift Keying）就是一种 CPFSK，其中调制指数 $h=1/2$。这就是说在两个输入符号之间，其相位改变为 $\pi/2$，如图 3.2 所示。在该实例中，实线是在当输入序列为 $(\alpha_k)=(1,1,1,-1,1,-1,-1,1)$ 时，调制后的相位变化，图中的相位 π 和 $-\pi$ 实际上都表示相同状态。

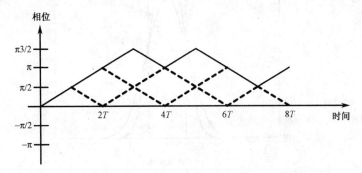

图 3.2　MSK 调制的相位变化

在 GSM 系统中使用的调制方式是 GMSK 调制方式，其实它是 MSK 调制的方式的修改，即它的脉冲函数 $g(t)$ 是矩形函数和高斯滤波 $h(t)$ 的卷积：

$$\begin{cases}g\left(t\right)=\mathrm{rect}_T\left(t-\dfrac{T}{2}\right)*h\left(t\right)\\[2mm] h\left(t\right)=\sqrt{\dfrac{2\pi}{\ln\left(2\right)}}B\exp\left(-\dfrac{2\pi^2 B^2}{\ln\left(2\right)}t^2\right)\\[2mm] \varphi\left(t\right)=2\pi h\int_0^t\displaystyle\sum_{k=-\infty}^{\infty}\alpha_k g\left(t-kT\right)\mathrm{d}\tau=\pi\sum_{k=-\infty}^{\infty}\alpha_k q\left(t-kT\right)\end{cases}\qquad(3.8)$$

在式（3.8）中，B 表示高斯滤波器的 3dB 带宽。在频域高斯滤波器中，$h(t)$ 可以定义为

$$H\left(f\right)=\exp\left(-\frac{\ln\left(2\right)f^2}{2B^2}\right)\qquad(3.9)$$

通过推导，函数 $g(t)$ 可以表示为

$$g\left(t\right)=\frac{1}{2T}\left(Q\left(2\pi B\frac{t-T/2}{\sqrt{\ln 2}}\right)-Q\left(2\pi B\frac{t+T/2}{\sqrt{\ln 2}}\right)\right)\qquad(3.10)$$

式中，$Q(t)$ 的定义参考后文式（3.16）。在 GSM 系统中，B 的选择为乘积 BT，也称为归一化带宽，等于 0.3。上述的选择是为了在调制频谱效率和接收机的 BER 性能之间实现平衡。的确，高斯滤波器减小了调制带宽，但是它也带来了接收机性能的下降。

　　图 3.3 所示为不同 BT 乘积下 $g(t)$ 的脉冲响应。当 BT 值处于无穷大时，$g(t)$ 就对应于 MSK 调制的矩形脉冲。这是因为对于给定的 T，B 会趋向无穷大，此时 $h(t)$ 就变成了 $\delta(t)$ 脉冲函数。因此 $g(t)$ 就变成了矩形信号，从而产生 MSK 调制。

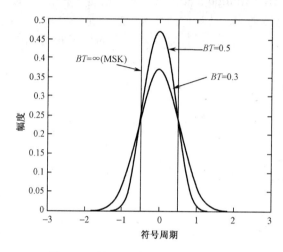

图 3.3　不同 BT 值下的 $g(t)$ 脉冲响应

　　与 MSK 相比，GMSK 调制的优势就是它改善了频谱效率。高斯滤波器的使用有效地减小了信号的旁瓣，如图 3.4 所示。在 GMSK 调制器和 RF 发射机的实现中，有很多问题会影响信号的质量。例如，数模转换过程中产生的量化噪声或合成器产生的相位噪声都会影响 GMSK 信号的质量。

　　调制信号的质量可以通过它的相位差错来衡量。调制的相位差错可以通过 RF 调制信号和理想 GMSK 信号的对比来确定。估计的步骤如图 3.5 所示。

　　① 首先将发射机的输出下变频为基带 I、Q 信号。

　　② 对该信号的相位进行估计（这是复信号 $I+j·Q$ 的参数）。如果发射机存在频率差错，那么该差错就会抑制相位信号。在数学上，纠正频率差错就意味着除去相位信号的线性分量。这种抑制是因为频率差错容忍性与相位差错是独立的。

　　③ 并行上，利用下变频信号通过解调来恢复原始比特序列。二进制序列用于再生理想的 GMSK 调制信号，该信号等于该调制信号的数学表示，即理想信号。

　　④ 通过计算可以得出接收的相位信号和理想 GMSK 相位信号之间的差别。

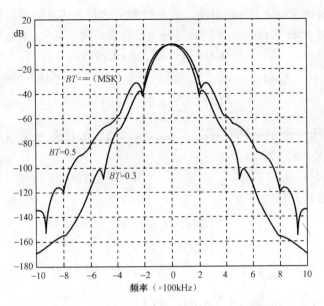

图 3.4　不同 BT 值下 GMSK 调制信号的频谱

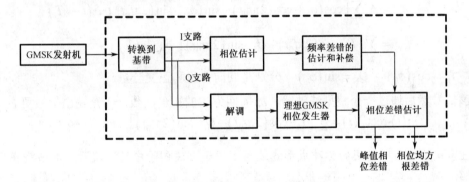

图 3.5　GMSK 发射机相位差错的估计

⑤ 这些相位差别的采样表示了瞬时相位差错信号（即发射的信号和期望信号之间的差别），该信号可以用于估计相位差错的峰值和均方根值（rms, root mean square）。

规范中说明了 rms 相位差错不应该大于 5°，突发中的最大峰值偏差应该小于 20°。

3.1.2　8PSK 调制简介

1. 调制介绍

在 EDGE 系统中，除了使用 GMSK 调制外，还新引入了 8PSK 调制。M 状态相位调制（M-PSK，M-State Phase Modulation）是一种数字调制方式，即调制信息通过载波的相位来承载。对于 M-PSK 来说，其调制信号 $m(t)$ 可以表示为

$$m(t) = A_0 \cos\left(2\pi f_0 t + \varphi(t)\right) \tag{3.11}$$

在式（3.11）中，A_0 和 f_0 分别是载波的幅度和频率，而其中的相位为

$$\varphi(t) = \sum_k \phi_k \delta(t - kT)$$

式中，$\varphi(t)$ 是用于表示调制信号的相位；T 是符号周期；ϕ_k 是第 k 个调制符号，其值可以根据 M 取不同值 $\phi_k = \theta_0 + 2m\pi/M$。

其中，$m \in [0, M-1]$；θ_0 是偏置。

$\delta(t)$ 是脉冲函数，其定义为

$$\begin{cases} \delta(t) = 1, \text{ for } t = 0 \\ \delta(t) = 0, \text{ for } t \neq 0 \end{cases}$$

在该机制下，每个符号 ϕ_k 承载 n 比特信息，其中 $n = \log_2 M$。因此可得

$$\begin{aligned} m(t) &= A_0 \cos\left(2\pi f_0 t + \sum_k \phi_k \delta(t - kT)\right) \\ &= A_0 \sum_k \left[\cos(\phi_k) \cdot \cos(2\pi f_0 t) - \sin(\phi_k) \cdot \sin(2\pi f_0 t)\right] \cdot \delta(t - kT) \\ &= \sum_k \left[I_k \cdot \cos(2\pi f_0 t) - Q_k \cdot \sin(2\pi f_0 t)\right] \cdot \delta(t - kT) \end{aligned}$$

式中，$I_k = \cos(\phi_k)$，$Q_k = \sin(\phi_k)$，分别是同向分量和正交分量。

该信号然后通过一个整型滤波器，如周期为 T 的矩形函数，于是输出信号可表示为

$$m(t) \cdot \text{rect}_T(t) = \sum_k \left[I_k \cdot \cos(2\pi f_0 t) - Q_k \cdot \sin(2\pi f_0 t)\right] \cdot \text{rect}_T(t - kT)$$

注意：EDGE 所采用的脉冲成形滤波器不同于上述例子中的滤波器，本书将在后面进行介绍。

图 3.6 在复平面上给出了 $M = 2,4,8$ 时的 PSK 调制符号。对于 8PSK 调制来说，每个符号都代表 3 个连续比特。该调制信号相位可以取 8 个值，即 $2m\pi/8$，其中 $0 \leqslant m \leqslant 7$。每个值都对应于一个符号，表示 3 比特信息。

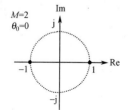 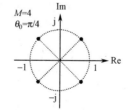 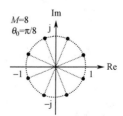

图 3.6 $M = 2$，4，8 时的 M-PSK 调制

就 EDGE 而言，其符号和 3 比特信息的对应关系如图 3.7 所示。在该图中，相邻的两个符号之间最多差 1 比特，即采用了格雷（Gray）映射，或格雷编码。采用格雷编码的目的是在符号差错率一定的情况下可以保证误比特率最小，其前提是噪声干扰所导致的误判决仅限于相邻的符号，这样即使判决错误，每个符号（包括 3 比特信息）中也仅有 1 个比特发生错误。如果不采用格雷编码，如 000 和 111 代表相邻的符号，此时一个符号的判决错误就将导致 3 比特信息错误。

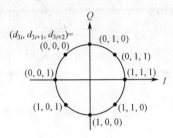

图 3.7　8PSK 符号的比特映射（格雷映射）

如图 3.8 所示为相应的矢量图，由该图可以看出符号之间的所有状态。对于 EDGE 来说，它使用的是一种修改的 8PSK 调制方式，从矢量图可以看出它的状态线不过原点（即 I 信号和 Q 信号等于零）。如果过原点的话，对终端功率放大器的要求将非常高，因为如果星座图过原点，那么会增加包络功率的变化，这样的信号通过功率放大器时将会产生信号的畸变。

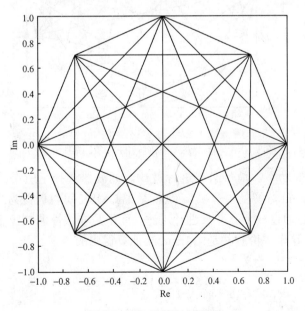

图 3.8　8PSK 调制矢量图

为了避免由于π半径偏移而导致的信号过原点，在修改的调制方式中，每个符号周期内相位的变化为 3π/8，如图 3.9 所示。如图 3.10 所示为连续偏置 3π/8 的调制矢量图。可以看出该过程中产生了 8 种新符号。相位旋转导致两个符号之间最多有 7π/8 的相位偏移，而不会出现偏移π的情况。这种调制方式称为偏置 8PSK 调制。

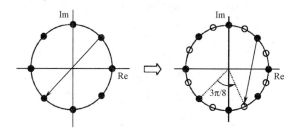

图 3.9 避免信号变化过原点而采用的 3π/8 相位旋转

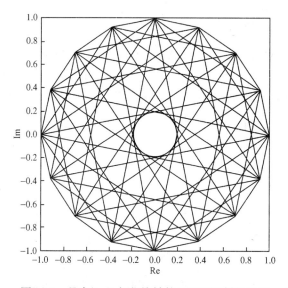

图 3.10 具有 3π/8 相位旋转的 8PSK 调制矢量图

为了衰减旁瓣的功率，信号必须进行过滤。滤波器选择了所谓的线性 GMSK 脉冲（GMSK 调制的 Laurent 分解的主分量）。这就是说 GMSK 可以近似为线性调制，即输入符号先经过旋转，然后通过一个脉冲来进行过滤，而不是非线性调制（非线性调制中是对相位信号进行过滤）。这个等价脉冲是由 Laurent 计算得出的。

该滤波器的冲击响应定义为

$$c_0(t) = \begin{cases} \prod\limits_{i=0} S(t+iT), & 0 \leqslant t \leqslant 5T \\ 0, & \text{else} \end{cases} \quad (3.12)$$

其中,

$$S(t) = \begin{cases} \sin\left(\pi\int_0^t g(t')\mathrm{d}t'\right) & , 0 < t \leqslant 4T \\ \sin\left(\dfrac{\pi}{2} - \pi\int_0^{t-4T} g(t')\mathrm{d}t'\right), & 4T < t \leqslant 8T \\ 0 & , \text{else} \end{cases} \qquad (3.13)$$

$$g(t) = \frac{1}{2\pi}\left(Q\left(2\pi\cdot0.3\frac{t-5T/2}{T\sqrt{\ln(2)}}\right) - Q\left(2\pi\cdot0.3\frac{t-3T/2}{T\sqrt{\ln(2)}}\right)\right) \qquad (3.14)$$

且有

$$Q(t) = \frac{1}{\sqrt{2\pi}}\int_t^\infty e^{-\frac{\tau^2}{2}}\mathrm{d}t \qquad (3.15)$$

该滤波器的脉冲响应如图 3.11 所示, 其对频谱的影响以及矢量图分别如图 3.12 和图 3.13 所示。

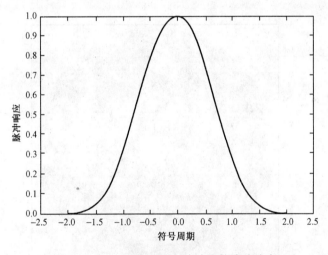

图 3.11　EDGE 脉冲成形滤波器的脉冲响应

需要注意的一点就是滤波后的 8PSK 信号会引入瞬时功率的变化。如图 3.14 所示为通过过滤器信号的功率变化情况, 从图中可以看出调制信号的包络不是恒定的。

注意: 对于给定的每符号功率, 8PSK 星座图的符号间距离要小于 GMSK 的。由于噪声干扰, 那么在接收机处 8PSK 的译符号错误概率就高于 GMSK。如果无线传播环境比较好, 那么 8PSK 可以获得更高的数据传输速率。然而当无线传播环境恶劣时, 8PSK 的性能就要劣化, 因此需要使用 GMSK 来替代。这就是为什么在 EDGE 中同时采用了 8PSK 调制和 GMSK 调制, 并且编码调制可以根据 MS 和 BTS 的测量结果由网络来进行控制。

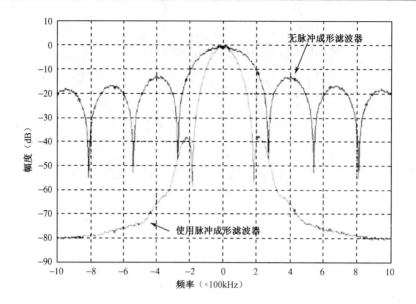

图 3.12　8PSK 信号功率谱密度

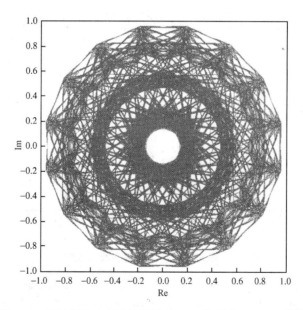

图 3.13　经过脉冲响应滤波器后的 3π/8 偏置的 8PSK 矢量图

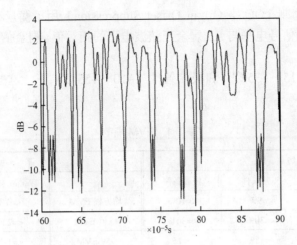

图 3.14　EDGE 中 8PSK 调制信号包络的功率变化情况

2．8PSK 调制的准确性

对于 EDGE 8PSK 调制来说，由于调制信号包封的不恒定特性，其准确性是通过差错矢量 $E(k)$ 来定义的，它表示实际传输信号 $Z(k)$ 和无差错调制信号 $S(k)$ 之差，如图 3.15 所示。差错矢量的大小称为差错矢量量（EVM，Error Vector Magnitude）。EVM 通常以差错矢量的大小与无差错矢量大小的百分比来定义。

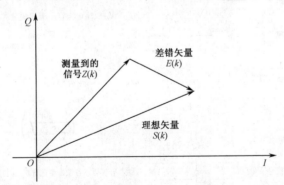

图 3.15　测量矢量、理想矢量和差错矢量的相互关系

EVM 在每个符号周期中进行计算，这样便可以计算出下列相关的性能特征：

● EVM 的均方根值。

● EVM 峰值，该值是一个突发中的差错偏差峰值。

● 95%EVM 值，即在一个符号周期内 95%的 EVM 值都低于该值。也就是说只有 5%的 EVM 值会超过该 95%EVM 点。

注意：EVM 是在突发周期内获得，不包括尾比特。

● 初始偏置抑制（OOS，Origin Offset Suppression）用于衡量载波的馈通量，该值是 RF 调制信号电平与 RF 剩余正弦波电平的相对值。剩余信号可能来自 RF 发射机的泄漏。

在额定条件（+15～+35℃）和极端条件（–10～+55℃）下，这些值的最大允许值见表 3.1。

表 3.1　EVM 规范

终　　端			基　　站		
	正常条件	极端条件		正常条件	极端条件
均方根 EVM	<=9%	<=10%	均方根 EVM	<=7%	<=8%
峰值 EVM	<=30%	<=30%	峰值 EVM	<=22%	<=22%
95%EVM	<=15%	<=15	95%EVM	<=11%	<=11%
原始偏置抑制（OOS）	>=30dB	>=30dB	原始偏置抑制（OSS）	>=35dB	>=35dB

EVM 的原理（峰值、rms 和 95%点）和 OOS 测量如图 3.16 所示。

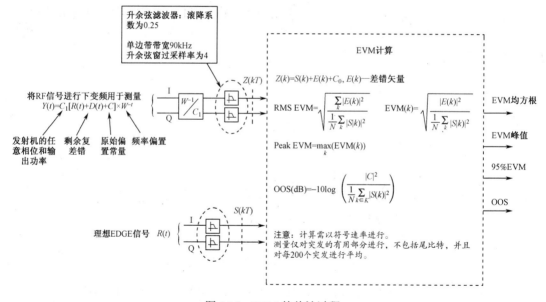

图 3.16　EVM 的估计过程

估计器的输入包括来自对理想 EDGE 调制信号 $S(k)$ 抽样的数字信号 I 和 Q 以及对实际测量信号 $Z(k)$ 抽样的数字信号 I 和 Q。在进行估计之前，信号 $Z(k)$ 的幅度进行了归一化。另外，对抽样的 $Z(k)$ 应用了恒定相位旋转，如果需要的话，应该对发射机本振（LO，Local Oscillator）初始相位造成的相位旋转进行补偿。归一化和相位旋转由图 3.16 中的复

因子 C_1 来表示。同样，发射机的频率偏差及幅度漂移也通过这个阶段来校正（复数因子 W^{-t} ）。

经过这些补偿后，信号被送入测量滤波器并以符号速率 $270.833\mathrm{kHz}$ 进行采样，从而形成信号 $Z(k) = S(k) + E(k) + C_0$，其中 C_0 是恒定的初始偏差，表示载波的馈通信号。

在每个瞬时 k 计算出差错向量 $E(k) = Z(k) - C_0 - S(k)$。EVM 的均方根可以定义为

$$\text{rms EVM} = \sqrt{\sum_k \left| E(k) \right|^2 / \sum_k \left| S(k) \right|^2} \tag{3.16}$$

符号 EVM 在 k 时刻的值可以表示为：

$$\text{EVM}(k) = \sqrt{\frac{\sum_k \left| E(k) \right|^2}{\frac{1}{N} \sum_k \left| S(k) \right|^2}} \tag{3.17}$$

其中 N 是采样数。

OOS（分贝值）可以定义为

$$\text{OOS(dB)} = -10 \log \left(\frac{\left| C_0 \right|^2}{\frac{1}{N} \sum_k \left| S(k) \right|^2} \right) \tag{3.18}$$

注意：首先需要对 C_0、C_1 和 W 进行估计从而减小每个突发的 rms EVM，随后使用这些值来计算每个符号的矢量差错 $E(k)$。

在上面的描述中，测量滤波器后需要对差错进行测量。规范中对此有详细的说明，该滤波器是一个升余弦滤波器，滚降系数为 0.25，单边带为 90kHz。其脉冲响应需要乘以一个窗口函数，该窗口定义为

$$\begin{cases} 1, & 0 \leqslant |t| \leqslant 1.5T \\ 0.5 \left(1 + \cos \left[\pi \left(|t| - 1.5T \right) / 2.25T \right] \right), & 1.5 \leqslant |t| \leqslant 3.75T \\ 0, & |t| \geqslant 3.75T \end{cases} \tag{3.19}$$

3.2　发射侧的 RF 特性

3.2.1　MS 功率分类

在 GSM 中，根据终端最大输出功率定义了多种终端类别。EDGE 终端支持 8PSK 调制，根据不同的发射功率可以分为 E1、E2 和 E3，见表 3.2。

表 3.2　8PSK 终端功率类别

功率分类	GSM400/850/900 额定最大输出功率	DCS1800 额定最大输出功率	PCS1800 额定最大输出功率
E1	33dBm	30dBm	30dBm
E2	27dBm	26dBm	26dBm
E3	23dBm	22dBm	22dBm

当然，对于 8PSK 而言也存在上行功率控制，从而根据网络发送的命令来减小 MS 的发射功率。

对于给定的移动终端而言，8PSK 和 GMSK 调制下的最大输出功率是不同的，但是在任何频带下，8PSK 的输出功率总是要等于或者小于 GMSK 的最大输出功率。

通常终端的功率为 E2 功率类，与 GSM MS 功率类相比 E2 对应的最大输出功率要低一些。在市场上大部分 GSM900 终端为 4 类终端（最大输出功率为 33dBm，即 2W）。而大部分 DCS1800 终端为 1 类（最大输出功率为 30dBm，即 1W）。最大输出功率的下降主要是由于 8PSK 实现的约束引起的。

对于 BTS 收发器（TRX，Transceiver），GMSK 的功率类同样出现在 8PSK 调制中，但是厂家可能会对于每种调制引入不同的功率类。

3.2.2　调制频谱

与 GMSK 频谱模板相比，在 400kHz 时候，8PSK 的频谱要比 GMSK 的频谱宽松 6dB，如图 3.17 所示，这是由于 EDGE 中的 8PSK 调制方式产生的。

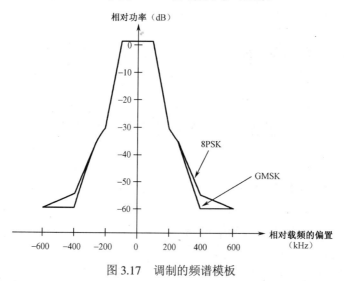

图 3.17　调制的频谱模板

3.2.3　脉冲的功率和时间

当发送 EDGE 8PSK 脉冲信号时，发送的功率与时间的关系如图 3.18 所示。与平均功率相比，在整个脉冲中最大功率变化为+4/–20dB。这是因为 8PSK 的非恒定包络特征引起的。

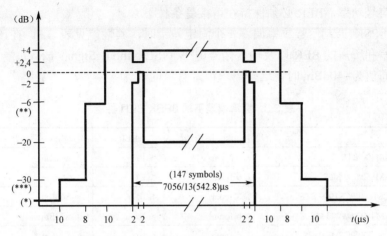

图 3.18　8PSK 调制下正常突发的功率与时间关系

3.3　接收侧的 RF 特性

3.3.1　EDGE 的灵敏度和干扰性能

与 GPRS 相比，EDGE 要满足的性能标准是块差错率（BLER，Block Error Rate）。它包括所有的差错解码数据块，包括任何调制的错误检测和偷标志（Stealing Flag）、包头数据以及奇偶校验比特的错误译码。

对于 PDTCH 而言，其 BLER 是指 RLC 数据块。因此，对于 EDGE MCS-7、MCS-8 和 MCS-9 无线块而言，它们承载两个 RLC 数据块，因此在每个 20ms 的无线帧块中可能出现两个差错块。

对于 PDCH 来说，参考的 BLER 为 10%，少数情况下其需求为 30%。

EDGE 的灵敏度和干扰性能与 GPRS 类似，这里不再详述。

3.3.2　8PSK 的额定差错率

灵敏度是指在 BLER 为 10%时，所需要的最小接收信号电平。但是本文没有说明接收机能正常解调的最大信号电平。

这就是定义 NER 的目的。它对应于一个净 BER 限，在静态信道条件下，其说明如下：

- 对于 BTS 来说，当信号功率高于−84dBm（对于 MS 是，当信号功率高于−82dBm），直到−40dBm 时，其 BER 都应该小于 10^{-4}。
- 对于输入电平为−26dBm 时，MS 和 BTS 都要维持 BER 达到 10^{-3}（对于较高的接收信号功率，BER 必须保持在可接受条件下）。
- 当 8PSK 调制信号频率偏差一个固定差错时，其性能见表 3.3。在该表中，频谱偏差和所需的 BER 以及输入信号电平（ISL，Input Signal Level）一同给出。在最高值为−40dBm 时，这些需求都是有效的。

表 3.3　频率偏差下的 8PSK BER 性能

	频 率 偏 置	BER	输入信号电平
GSM400 BTS	0.2ppm	$\leqslant 10^{-4}$	$\geqslant -84\text{dBm}$
GSM850/900 BTS	0.1ppm	$\leqslant 10^{-4}$	$\geqslant -85\text{dBm}$
DCS1800/PCS1900 BTS	0.1ppm	$\leqslant 10^{-4}$	$\geqslant -86\text{dBm}$
GSM400/850/900 MS	0.1ppm	$\leqslant 10^{-4}$	$\geqslant -82\text{dBm}$
DCS1800/PCS1900 MS	0.1ppm	$\leqslant 10^{-3}$	$\geqslant -82\text{dBm}$

3.3.3　调制检测

在 EDGE 中，上行、下行中特定数据块所使用的调制方式对于接收机来说没有必要提前预知。为了能够在 GMSK 和 8PSK 之间进行快速切换，从而使调制方式能够跟随无线环境的变化而变化，必须避免通过上层消息来通知调制方式的改变。这同样也是为了减小信令的开销。因此，接收机必须有一种机制，即在进行均衡之前便可以判定发射端采用的是 GMSK 调制还是 8PSK 调制。该机制称为调制的盲检测。本节就来介绍盲检测是如何进行的。

1. 8PSK 正常突发格式（NB，Normal Burst）

在 GSMK 和 8PSK 调制中都定义了 NB。8PSK 调制的 NB 如图 3.19 所示，除了每个符号承载 3 比特信息而非 GMSK 的 1 比特信息外，它与 GMSK 的 NB 非常相似。

2. 8PSK 训练序列码（TSC，Training Sequence Codes）

对于 8PSK 调制来说，总共有 8 种训练序列，编号分别为 0～7，这与 GMSK 一致。对于 8PSK，给定的 TSC 的比特序列可以通过相应的 GSMK TSC 比特来获得，即将 1 用

001 来代替，0 用 111 来代替。在图 3.7 中，比特序列 001 对应于 8PSK 星座图中的−1，而 111 则对应于+1。从符号的角度来看，8PSK 和 GMSK 的训练序列是一致的。尽管 8PSK 比较复杂，但是它也只用到了符号+1 和−1。该特性的目的就是为了实现调制的盲检测。

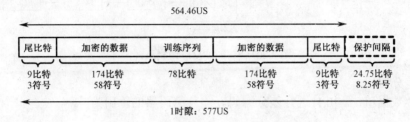

图 3.19　8PSK 的正常突发（NB）结构

在 EDGE 系统中，训练序列不仅用于信道估计和时间同步，而且用于在无线链路上确定 GMSK 和 8PSK。

3．调制的盲检测

在 8PSK 的 NB 中，比特序列（001）和（111）作为训练序列输入到 EDGE 的 8PSK 调制器中，随后步骤如下：

● 　将这些比特映射成星座图中的符号，−1 和+1；

● 　对于生成的符号再旋转 $3\pi/8$；

● 　该符号通过高斯脉冲进行滤波。

该信号与 GSMK 非常类似，即+1 符号的相位为 $3\pi/8$，−1 符号的相位为 $-3\pi/8$，而在 GSMK 调制中 ±1 的相位非别是 $\pm\pi/2$。

接收机可以利用两种调制信号的差别来进行调制的盲检测。例如，接收机可以通过将符号的相位旋转 $\pi/2$ 或 $3\pi/8$ 来进行估计。根据两个估计结果选择由接收机决定使用的调制的方式。判定标准可以采用信噪比（SNR，Signal-to-Noise Ratio）。

当然，由于无线块包括 4 个突发，每个突发都采用相同调制方式，因此在接收机判定所采用的调制方式之前，需要进行 4 个不同的盲检测（这取决于具体的实现方式）。

3.4　EDGE 物理层所涉及的问题

3.4.1　差分 GMSK 信号的产生

本节将介绍 GMSK 调制中产生 I 和 Q 矢量信号的不同步骤。下面的操作可以用于 GMSK 调制器中，如图 3.20 所示。

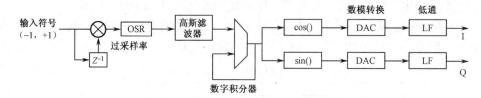

图 3.20　差分 GSMK 调制原理图

（1）差分编码

对每个数据值 $d_i = [0,1]$ 进行差分编码。差分编码器的输出为

$$\hat{d}_i = d_i \oplus d_{i-1} \qquad (d_i \in \{0,1\})$$

其中，$\oplus$ 表示模 2 加。

将获得的数据映射成+1 和−1 符号，从而形成调制数据值 α_i，它表示为

$$\alpha_i = 1 - 2\hat{d}_i \qquad (\alpha_i \in \{-1, +1\})$$

（2）输入比特序列经高斯滤波器进行过滤

高斯滤波器由其 3dB 带宽 B 来定义，该滤波器满足 $BT = 0.3$，其中 T 是符号周期。$T = 48/13\mu s$，因此滤波器的带宽为 81.25kHz。理论上，高斯滤波器脉冲响应具有有限周期。在实际实现中，该冲击响应在三到五个符号周期后进行了截尾。因此该信号实际上是理想 GMSK 信号的近似。

输入信号的滤波可以通过与 FIR 系数（该系数满足截尾的高斯脉冲响应）进行卷积来实现。一种比较可行的方法就是通过查找表来实现卷积。由于高斯滤波器对 N 个符号进行截尾，所以在滤波器的输出总共有 2^N 种不同的序列，这主要取决于 N 个输入比特。因此对于任何 N 个输入比特，通过查找存储在表中的结果来实现卷积是可行的。如图 3.21 所示为查找表的一个实例，该高斯脉冲的截尾为四个符号周期。每个输出滤波器矢量的长度为 $4 \times OSR$，其中 OSR 是高斯脉冲滤波器的过采样率。采用过采样是为了准确地对调制信号进行计算。

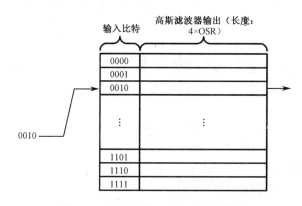

图 3.21　通过查找表实现高斯滤波器

其他设计主要关注脉冲系数量化比特精度和滤波器乘法、加法精度的折中。

● 高斯滤波器的积分输出。该积分可以通过数字累加器来实现。

● I 和 Q 信号的产生。积分器的输出是 GMSK 相位信号 $\varphi(t)$。I 和 Q 信号可以通过计算 $\cos\varphi(t)$ 和 $\sin\varphi(t)$ 来获得。当然这些计算也可以通过查找表的方式来实现。

● 数模转换。I 和 Q 信号转换成连续的电压信号。同样，这里需要考虑转换器精度所需的比特数。转换通常需要通过一个低通滤波器。该滤波器的带宽和群延时畸变会对调制器的性能产生一定的影响。

当然，采用其他方法也可以实现 GMSK 的基带调制。例如，相位信号可以通过查找表的方式来实现。采用这种方式可以避免使用对瞬时频率进行积分的累加块。对于这些不同步骤所讨论的参数（长度，OSR 和高斯冲击响应的精度，加法、乘法的精度，余弦表和 DAC 的精度，低通模拟滤波器的引入所带来的畸变）对调制器的相位差错性能以及对由于调制和宽带噪声所产生的频谱都会有影响。

调制器的输出就是 I 路和 Q 路信号，通过上变频转换成 RF 信号并通过 RF 发射机发射出去。

3.4.2　8PSK 信号的产生

前面已经介绍过，调制信号的产生要经过几个步骤：通过 Gray 映射将 3 比特字映射成复调制符号，每个符号进行 $3\pi/8$ 的旋转，由符号速率为 $1/T$ 的 Dirac 脉冲所表示的复符号通过线性 GMSK 脉冲 $c_0(t)$ 来进行滤波。

8PSK I/Q 数字调制信号的产生如图 3.22 所示。为了在不同的设计约束之间进行平衡，应该考虑 EVM 和 OOS 性能标准、调制所产生的频谱以及不同时刻的功率模板。

劣化调制器调整性能的因素如下：

● 数字调制正/余弦表的精度；

● 使用的抽样率；

● 滤波器脉冲响应的周期；

● 滤波过程中乘法、积分的精度；

● 滤波器系数的精度；

● DAC 精度与噪声；

● 模拟低通滤波器幅度和群延时畸变。

注意：上述滤波器可以通过有限冲击响应（FIR，Finite Impulse Response）滤波器结构或者查找表的方式来实现。

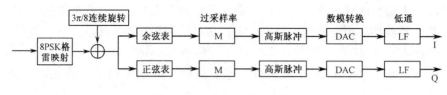

图 3.22　8PSK 调制器结构图

3.4.3　EDGE 发射机的 RF 约束

GSM/GPRS 通常采用的发射机在结构上主要有以下不同：

- 中频（IF，Intermediate Frequency）：即基带信号先转换成中频信号，然后再由中频信号转换成射频信号。
- 零中频或直接变频：即从基带信号到射频信号只有一步变频。
- 锁相环（PLL，Phase Locked Loop）偏置：或者转换环，在 PLL 系统中该环是基于输入的相位调制信号。

除了锁相环只用于连续相位调制外，其他的两个结构也可以用于 8PSK 调制。

发射机的不同结构实现需要考虑发射机的相关规范：最大输出功率、EVM 和 OOS、由于调制和宽带噪声所产生的频谱、不同时间对应的功率。图 3.23 所示为零中频发射机的结构，这种 RF 结构的主要不足为：

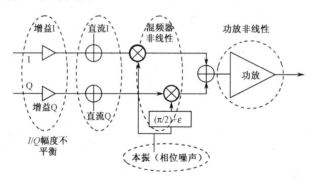

图 3.23　零中频结构所存在的缺陷

- 对于 I/Q 基带信号而言，由于 ADC 和其他模拟功能会存在一个直流偏置。
- 幅度（I 信号和 Q 信号的增益是不同的）和相位（两个信道的相位偏置不必准确地为 $\pi/2$，可以是 $(\pi/2)\pm\varepsilon$）的不匹配。
- 由于合成器而产生的相位噪声。
- 在 8PSK 中 PA 是一个重要的功能。与 GMSK 不同，8PSK 中 RF 信号的包络是变化的。因此，PA 的任何饱和都会影响调制质量。在 GMSK 中就没有这种情况，它没有幅度畸变问题，因为其信息是由载波的相位来承载的，当 PA 处于饱和区时其效率也是不错的。然而对于 8PSK 而言，其线性的约束会对 MS 的功耗产生非常大的影响，这就是为什么 8PSK 的最大输出功率要低于 GMSK 的原因。

除了 IF 和零 IF 结构外，目前开发的极环系统也是比较看好的一个趋势。

极环系统的思想就是使用调制信号的极坐标来代替 I/Q 信号的矢量坐标。

该系统可以分为三个不同部分，如图 3.24 所示。

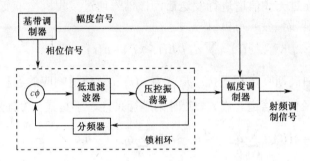

图 3.24 EDGE 8PSK 调制的环状结构

● 基带处理功能，用于生成调制信号以及执行必要的数字纠错。调制信号被分为相位信号和幅度信号。

● 相位信号用于 PLL 系统的输入（如转换环结构或者任何该结构的适当改善），用于 RF 信号的相位调制。

● 在 VCO 的输出端，PLL 只能提供恒定包络的信号。因此，在 8PSK 调制中还需要引入必要的第三部分，其功能是产生在 RF 输出端产生幅度调制信号。

为了产生准确的调制信号，该系统需要在相位信号和幅度信号之间实现严格的同步。

与零 IF 结构和 IF 结构的发射机相比，该结构的优点是成本优势，因为它不需要任何庞大的滤波器。由于低通滤波器对锁相环的影响，PLL 系统输出的噪声非常低。另外，PA 功能在幅度调制上也会获得较好的效率。

3.4.4 GMSK 解调

在移动通信环境中由于多径效应，无线信道会发生畸变，从而在接收时会引起符号间（ISI，Intersymbol Interference）干扰。为了消除符号间干扰，可以使用不同的均衡器。GSM 标准中只就接收机的性能给出了要求，但是并没有规定专门的解调机制。因此，对于 GSM 来说可以采用多种方式来进行解调。使用最多的就是均衡器，因为其实现成本较低，其最优的性能是基于维特比译码的最大似然序列估计（MLSE，Maximum Likelihood Sequence Estimator）。该算法也可以用于卷积码的译码。

首先介绍一下 GMSK 调制信号的线性化。尽管 GMSK 是非线性调制，但是它可以通过线性来表示。$\{a_k\}$ 表示要发送的符号（ $a_k = 1$ 或者 $a_k = -1$ ），于是基带调制器输出的复

GMSK 信号可以写为

$$S(t) = \sum_k j^k a_k p(t - kT) \tag{3.20}$$

式中，$p(t)$ 是实脉冲；T 是符号周期。这就说明差分 GMSK 调制器等价为 ±1 被旋转 $\pi/2$ 后进行滤波。

转换成 RF 并通过无线信道进行发送后，该信号通过接收机被下变频成基带信号并进行了滤波。接收到基带信号 $r(t)$ 可以写为

$$r(t) = \sum_k a_k j^k h(t - kT) + n(t) \tag{3.21}$$

式中，$n(t)$ 是加性白高斯噪声和干扰；$h(t)$ 为 $p(t)$ 和总信道响应的卷积，该总信道响应包括发送滤波器和多径传播信道。在 $t = iT$ 时刻进行采样，于是式（3.21）便可以写为

$$r_i = r(it) = \sum_{k=0}^{+\infty} a_{i-k} j^{i-k} h_k + n_i = \sum_{k=0}^{+\infty} a_{i-k} j^{i-k} h_k e^{j(i-k)\frac{\pi}{2}} + n_i \tag{3.22}$$

在实际中，信道冲击响应（CIR，Channel Impulse Response）假设是有限的，因此一个给定的符号会受到其前面 $L-1$ 个符号的影响，从而有：

$$r_i = \sum_{k=0}^{L-1} a_{i-k} j^{i-k} h_k + n_i \tag{3.23}$$

如图 3.25 所示为 GMSK 解调器的工作步骤。对于接收到的信号首先要进行 $\pi/2$ 相位的逆旋转，于是有

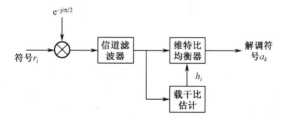

图 3.25　GMSK 的解调原理

$$r_i' = r_i \cdot j^{-i} = \sum_{k=0}^{L-1} a_{i-k} \left(j^{-k} h_k \right) + \left(j^{-i} n_i \right) \tag{3.24}$$

所以，有

$$r_i' = \sum_{k=0}^{L-1} a_{i-k} h_k' + n_i' \tag{3.25}$$

式中，$n_i' = n_i \cdot j^{-i}$；$h_k' = h_k \cdot j^{-k}$。

在解调之前，信道滤波器需要滤除接收机本身和相邻信道所产生的噪声。随后，进行 CIR 估计，从而为均衡器提供表示传播信道的抽头系数。均衡器利用该信息可以删除由于信道（多径无线环境、发射机/接收机中的滤波器）而产生的 ISI，从而提供解调符号。

式（3.26）给出的 GMSK 信号的线性表示可以用于计算 CIR 系数。在 GSM 突发中，中间导频比特也可以用于该目的。

CIR 估计通常采用的方法是基于接收到的中间导频序列和已知训练序列的相关性。接收机对接收到的信号与已知的训练序列符号进行互相关性计算。如果用 $(a_0, a_1, \cdots, a_{N-1})$，$N = 16$ 来表示中间导频符号，用 $(r_0, r_1, \cdots, r_{N-1})$ 表示接收到的符号，于是可以计算出下列相关性：

$$R_l = \frac{1}{N} \sum_{N=0}^{N-1} r'_{n+l} a_n \approx \frac{1}{N} \sum_{n=0}^{N-1} \sum_{k=0}^{L-1} a_n a_{n+l-k} h'_k \tag{3.26}$$

因此 R_l 是 $\{k'_k\}$ 和 $A_l = \frac{1}{N} \sum_{n=0}^{N-1} a_n a_{n+l}$ 的相关。训练序列是专门选择的，具有以下性质：

$$A_l = \begin{cases} 1 & \text{for } l = 0 \\ 0 & \text{for } l \neq 0, |l| \leqslant 5 \end{cases} \tag{3.27}$$

这样 16 个中心比特的自相关值就为 1，而该中心比特向左向右偏差 5 比特的互相关值都为 0。这样的序列称为恒定幅度零自相关（CAZAC，Constant Amplitude Zero Autocorrelation）。该训练序列的一个实例就是 ($\underline{0,1,0,0,0}$,**0,1,1,1,0**,1,1,1,0,1,0,$\underline{0,1,0,0,0}$,**0,1,1,1,0**)。注意，该序列是部分周期的：左边 5 比特对应于中心 16 比特序列的最后比特（用下画线标识），右边的 5 比特对应于中心 16 比特序列的开始（黑体）。

因此，可以得出下列等式：

$$R_l = \sum_{k=0}^{L-1} h'_k A_{l-k} = h'_l \tag{3.28}$$

这样，通过计算不同 l 值的 R_l，接收机便可以对 CIR 系数进行估计（用 h'_k 表示），该值通常在 5 或 6 个符号处进行截尾。在该方法中，忽略了采样噪声 $\{n_k\}$。在 CIR 系数估计中，通常会有 5 个到 6 个连续估计窗口，从而可以集中更多的能量，估计的结果会更加准确。

接收符号和已知训练序列的相关也可以使接收机获得同步。接收机可以通过相关获得的峰值来实现同步。

注意： 对于信道估计也可以采用其他方法。

3.4.5　8PSK 解调

对于 8PSK 而言，解调问题更加复杂。在 8PSK 情况下，MLSE 算法的经典维特比实现需要更多的处理能力。这是因为对于 M 进制调制，对于具有 L 系数的 CIR 来说，在 trellis 状态图中其状态数量为 M^{L-1}。例如，对于 $L = 5$ 个抽头来说，在 GMSK 情况下，状态数量为 16；而对于 8PSK 来说，其状态数量为 4096。因为 8PSK 有 8 种不同的发射值，而

GMSK 只有 2 种不同发射值。

除了维特比算法，也可以采用众多的次优技术。这里不再详细介绍。

由于 8PSK 较差的性能和较大的敏感性，在设计 EDGE 解调器时，需要考虑下列问题：

- 接收信道滤波器引入的畸变会对性能产生重要影响，因此与 GMSK 相比它需要更高的截止频率。
- 接收机频率差错估计必须可以克服频率变化带来的影响。
- 在零 IF 接收机结构中，RF 接收机会产生直流偏置，这对接收机性能的影响会很大。因此需要增强的直流估计技术。

参考文献

[1]　3GPP TS 45.001 V6.7.0 Physical layer on the radio path; General description.

[2]　3GPP TS 45.002 V6.12.0 Multiplexing and multiple access on the radio path.

[3]　3GPP TS 45.003 V6.9.0 Channel coding.

[4]　3GPP TS 45.004 V6.0.0 Modulation.

[5]　Seurre, E. P. Savelli, and P. J. Pietri, GPRS for Mobile Internet, Artech House, 2003.

[6]　3GPP TS 05.05 Radio Transmission and Reception (R99).

[7]　Kawas Kaleh, G., "Differentially Coherent Detection of Binary Partial Response Continuous Phase Modulation with Index 0.5," IEEE Trans. on Communications, Vol. 39, No. 9, September 1991.

[8]　Benelli, G., A. Garzelli, and F. Salvi, "Simplified Viterbi Processors for the GSM Pan-European Cellular Communication System," IEEE Trans. on Vehicular Technology, Vol.43, No. 4, November 1994, pp. 870–877.

[9]　Gerstacker, W. H., and R. Schober, "Equalization Concepts for EDGE," IEEE Trans. On Wireless Communications, Vol. 1, No. 1, January 2002.

[10]　Krakovsky, C. W. Xu, and F. von Bergen, "Joint Channel and DC Offset Estimation and Synchronization with Reduced Computational Complexity for an EDGE Receiver,"VTC Conference, 2001.

第 4 章　EDGE 的链路适应技术

本章要点

- EDGE 信道编码机制

- EDGE 链路质量控制机制

- 一些场景下的链路适应技术

本章导读

本章将介绍 EDGE 中用于链路质量控制管理的一些概念。这些概念主要涉及物理层和 RLC 层。实际上，这些概念有的相互重叠，所以不能把它们割裂开来进行解释。本章首先介绍 MCS 族中的编码；然后将介绍链路适应（LA，Link Adaptation）机制、增加冗余（IR，Increase Redundancy）机制等；最后介绍几个与链路自适应机制相关的实际案例。

4.1　信道编码机制

前面已经介绍过，EDGE 中采用了 9 种不同的 MCS 用于承载数据。其中的 4 种（MCS-1～MCS-4）与 GMSK 调制有关；而其他的几种（MCS-5～MCS-9）则与 8PSK 调制有关。基于 GMSK 的 EDGE CS 与 GPRS CS 是不同的。在 EDGE 模式下，数据在 PDTCH 信道上传送，且使用 MCS 机制；而 GPRS CS 则根本不使用 MCS。但是对于信令信道，EDGE 使用与 GPRS 相同的编码机制 CS-1。

4.1.1　EDGE 的 PDTCH 信道编码

EDGE 在空中接口中是通过 RLC/MAC 块来进行数据传输的。一个 EDGE RLC/MAC 块通过一个无线块来承载，该无线块在四个 TDMA 帧的给定 PDCH 上通过四个连续突发进行发送。

EDGE RLC/MAC 块由一个包头和一个或两个数据部分组成。包头格式已经进行了规范，取决于使用的 MCS。与 GPRS 不同的是，其包头和数据部分采用不同等级的保护机制。GPRS 通过偷标志（Stealing Flag）来检测上行、下行无线块所使用的 CS。而对于 EDGE 来说，要对无线块进行解码则需要更多的信息：哪种调制方式、哪种 MCS 以及使用的什么凿孔方式（对于给定的 MCS 可以有多种凿孔方式）。

接收机必须首先对调制方式（8PSK 或 GMSK）进行盲检测，随后根据 Stealing Flag 来识别包头类型，最后对包头进行解码，包头中包含无线块中剩余的信息（MCS 号和凿孔方式）。

MCS-1 到，MCS-9 可分为三组：MCS-1～MCS-4，MCS-5 和 MCS-6，MCS-7～MCS-9。每组都有共同的数据包头。这些数据包头的类型由 Stealing Flag 来标志，见表 4.1。

表 4.1　数据包头与 stealing flag 间的映射

包头类型	Stealing Flag	调　　制
MCS-1，MCS-2 MCS-3，MCS-4	00010110	GMSK
MCS-5，MCS-6	00000000	8PSK
MCS-7，MCS-8，MCS-9	11100111	8PSK

对于 GMSK MCS 而言，还有一个额外的 Stealing Flag（即 0000）用于未来的包头标志（即在未来引入 MCS-1、MCS-2、MCS-3、MCS-4 以外的其他 CS）。

数据包头总是由强壮的编码机制来进行编码，这样可以保证在任何无线环境下都具有较高的译码成功率。要对数据进行解码和执行 IR 都必须先对包头进行正确解码。

注意：由于采用不同的包头格式，给定的 MCS 在上行和下行是不同的。在本章中，主要关注下行的 MCS。

1. 调制编码机制：MCS-1 到 MCS-4

设计 EDGE 系统的一个主要需求就是上行、下行方向在相同的 PDCH 上复用 GPRS 和 EDGE 用户。这就是说，当网络要给一个仅支持 GPRS 的终端分配上行时隙时，该终端应该可以对 EDGE 终端的下行块中的 USF 进行正确解码；另一方面，EDGE 终端也应该可以正确地译出发给 GPRS 终端或 EDGE 终端的无线块中的 USF。

当下行使用 8PSK 调制向一个 EDGE 终端发送数据时，只支持 GPRS 的终端肯定无法对 USF 进行译码。此时要给 GPRS 用户分配上行时隙的唯一办法就是采用 GMSK 调制方式在下行块中传输 USF。因此，对于采用 GMSK 调制（即 MCS-1 到 MCS-4）的无线块发送来说，它采用了与 GPRS 相同的 USF 编码机制。

在 GPRS 中，USF 的编码根据使用的 CS 的不同而不同。对于 CS-1～CS-3，USF 先通过分组码来进行预编码，随后与数据一起进行卷积编码。对于 CS-4，USF 只通过一个分组码来进行预编码，因此它的译码非常简单。尽管 CS-2、CS-3、CS-4 使用了不同的编码机制，但是编码后获得的 USF 图样是相同的。在采用 GMSK 调制的 EDGE 无线块中，也使用与 CS-2、CS-3 和 CS-4 相同的 USF 编码机制。这就决定了要选择与 CS-4 相同的 Stealing Flag 来标志 MCS-1 到 MCS-4。传统的 GPRS 终端将首先检测 Stealing Flag，然后对 USF 进行译码。如果采用的是其他 MCS 的编码机制，那么它对数据部分的译码将不会成功。通过该机制可以实现 EDGE 和 GPRS 在上行方向的复用。

如图 4.1 所示为 MCS-1～MCS-4 的编码原理。在图的底部，给出了组成无线块的 4 个 NB，每个都通过 4 个连续 TDMA 帧来进行发送。NB 包括位于中间的训练序列（TS，Training Sequence），TS 两侧分别有 Stealing 比特和数据序列。此外，还可以有额外的 4

个 Stealing 比特用于扩展突发。

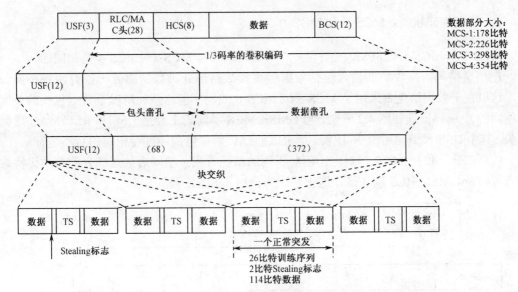

图 4.1　从 MCS-1 到 MCS-4 的编码原理（下行方向）

采用 MCS-1～MCS-4 进行编码的输入包括 RLC/MAC 数据包头和数据部分。包头的大小与其他 GMSK MCS 相同，而数据部分的大小随着 MCS 号的增加而增加。8 比特的头校验序列（HCS，Header Check Sequence）位于数据包头之前，12 比特的 BCS 位于数据部分。奇偶校验比特用于纠错。

所有的 MCS 编码原理基本是一样的。第一步（就下行而言）是对 USF 进行预编码（3 比特信息增加到 12 个编码比特）；第二步是利用码率 1/3 的卷积码对数据包头进行编码（包括 HCS），该编码用于纠错；第三步是对数据包头进行轻微的凿孔。

数据（包括 BCS）部分增加 6 个尾比特后利用前面所述的卷积码（1/3 码率）来进行编码。该卷积码的广义多项式为

$$G_4 = D^6 + D^5 + D^3 + D^2 + 1$$
$$G_5 = D^6 + D^4 + D + 1$$
$$G_7 = D^6 + D^3 + D^2 + D + 1$$

数据部分的凿孔是可变的，这取决于使用的 MCS。即使是相同的 MCS 也可以有多种凿孔方式。

实际上，对于 MCS-1 和 MCS-2，有两种凿孔机制。对于 MCS-3 和 MCS-4，有三种凿孔方式。相同 MCS 中不同凿孔方式的使用将在后面进行详细的介绍。使用的是哪种 MCS、哪种凿孔方式，在 RLC/MAC 数据包头的 CPS 域中都有明确的指示。

不管使用的是哪种 MCS，凿孔后都只保留 452 比特。最后一步是对这 452 比特（加

上 8 比特 Stealing Flag 和 4 比特额外 Stealing Flag）信息在 4 个正常突发中进行交织。

2. 调制编码机制：MCS-5 和 MCS-6

MCS-5 和 MCS-6 与 8PSK 调制有关，其编码原理与 MCS-1～MCS-4 是相同的。

在信道编码前接收到的输入包括数据包头和数据部分。数据部分可以有两种不同长度，这取决于数据块是否采用了 MCS-5 或 MCS-6 编码（但这两种情况下数据包头的长度是相同的）。编码原理如图 4.2 所示。与 GMSK MCS 不同的主要是 USF 和 RLC/MAC 数据包头。其中 USF 预编码后为 36 比特，而 RLC/MAC 数据包头经过卷积编码后不进行凿孔。对于数据部分，每种 MCS 都对应于两种不同的凿孔方式。编码后数据部分的有效比特数最高可以是 GMSK MCS 的 3 倍，这正是因为使用了 8PSK 调制。

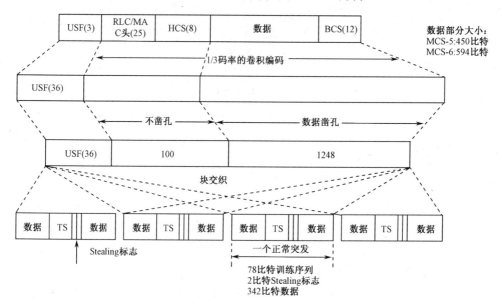

图 4.2　MCS-5 和 MCS-6（下行方向）的编码原理

随后经过编码的数据在四个突发中进行交织。

对于 8PSK 调制，其每个星座点代表 3 比特信息。但是如果观察一下比特的分布，会发现每个符号前 2 比特错误的概率要远小于第 3 比特错误的概率。这是因为假设发送用 "000" 标识的符号，从前两位来看，整个星座图的半个平面星座点都译码为 0，但是对于第 3 比特来说，平面分成了 4 个区域，因此其错误概率要高于前者。对于其他符号也是这个道理。

由于第 3 比特有较高的错误概率，而且要对数据部分进行译码必须对包头进行正确译码，所以应该避免将数据包头比特放置在第 3 个位置上。交织机制其中的一个任务就是将包头比特分散到前两个位置上。这样就增加了 RLC/MAC 包头译码的健壮性。这也正是为什么 Stealing 比特仅位于 TS 一侧（GPRS 是两侧）的原因，而且它们也只使用符号的前两个位置。

3．调制编码机制：MCS-7、MCS-8 和 MCS-9

MCS-7、MCS-8 和 MCS-9 可以在一个无线块中包括两部分数据，如图 4.3 所示。对于这些 MCS，其输入包括 RLC/MAC 数据包头，第一个 RLC 数据块的数据部分以及第二个 RLC 数据块的数据部分。随后对不同的部分加入奇偶校验（包头加 8 比特而数据部分加 12 比特）。接着包头和数据部分通过码率 1/3 的卷积码进行编码，然后进行凿孔。

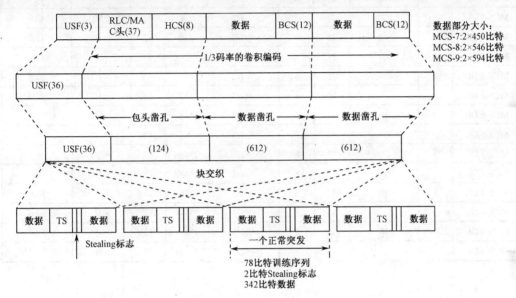

图 4.3　MCS-7、MCS-8 和 MCS-9（下行方向）的编码方式

每一部分数据都可以使用三种不同的凿孔机制。MCS 和两部分数据所使用的相关的凿孔机制在它的包头中有说明。

获得的 1384 比特（加 8 个 Stealing 比特）通过四个突发进行交织。对于 MCS-7，每个数据部分都通过四个突发来进行交织。而对于 MCS-8 和 MCS-9，每个数据部分只通过两个突发来进行交织。在接收到采用 MCS 进行编码的一个无线块后，可能会发生第一个数据部分可以译码而第二部分却无法译码的情况。

4．不同编码参数的比较

表 4.2 详细列出了上行、下行方向 MCS 的不同参数。

表 4.2　上行、下行方向不同的 MCS 参数

MCS	USF	预编码 USF	包头	HCS	包头码率	数据	BCS	数据码率	数据传输速率（kbps）
MCS-1 DL	3	12	28	8	≈1/2	178	12	≈1/2	8.9
MCS-1 UL			31	8	≈1/2	178	12	≈1/2	8.9
MCS-2 DL	3	12	28	8	≈1/2	226	12	0.64	11.3
MCS-2 UL			31	8	≈1/2	226	12	0.64	11.3
MCS-3 DL	3	12	28	8	≈1/2	298	12	0.83	14.9
MCS-3 UL			31	8	≈1/2	298	12	0.83	14.9
MCS-4 DL	3	12	28	8	≈1/2	354	12	≈1	17.7
MCS-4 UL			31	8	≈1/2	354	12	≈1	17.7
MCS-5 DL	3	36	25	8	≈1/3	450	12	≈1/3	22.5
MCS-5 UL			37	8	≈1/3	450	12	≈1/3	22.5
MCS-6 DL	3	36	25	8	≈1/3	594	12	≈1/2	29.7
MCS-6 UL			37	8	≈1/3	594	12	≈1/2	29.7
MCS-7 DL	3	36	37	8	≈1/3	2*450	12	≈3/4	45
MCS-7 UL			46	8	≈1/3	2*450	12	≈3/4	45
MCS-8 DL	3	36	37	8	≈1/3	2*546	12	0.9	54.6
MCS-8 UL			46	8	≈1/3	2*594	12	0.9	54.6
MCS-9 DL	3	36	37	8	≈1/3	2*594	12	≈1	59.4
MCS-9 UL			46	8	≈1/3	2*594	12	≈1	59.4

4.1.2　其他信道的信道编码

为了在信令上保持与 GPRS 系统的兼容性，除了 PDTCH 信道外，EDGE 中的其他信道也使用与 GPRS 信道相同的信道编码机制。在 PACCH、PBCCH、PCCCH 上的信令都使用 GPRS 定义的 CS-1 编码机制。RACH 和 PRACH 使用相同的信道编码，但是为 EDGE 终端定义了两种新训练序列。

4.2　链路质量控制机制

链路质量控制机制用于在空中接口中对无线块传输的编码选择进行管理。它是基于质量测量来对无线环境进行评估并根据该结果选择适当的信道编码。与 GPRS 相比，EDGE 增加了几种链路管理机制，因此该机制得到了增强。

第一种改进主要是关注质量测量和它们的平均值。GPRS 的测量并不能很好地适应分

组传输和不同的 CS。而且当接收 CS-4 时，终端无须再执行质量测量。而在 EDGE 中，链路自适应算法是通过使用新的测量机制来选择上行、下行传输的 MCS。链路自适应算法被终端和网络所共享。

第二个改进是在 RLC 确认模式下引入了 IR（也称为第二类混合 ARQ），该机制在管理 MCS 上提供了更大的灵活性和安全性。

4.2.1　链路质量控制测量

为了提供可靠的链路质量估计，规范中引入了新的度量，即 BEP，该估计是在信道译码前基于每个突发进行的。BEP 用于导出两个统计参数，这两个统计参数由链路质量控制算法在网络侧来使用，称为 MEAN_BEP 和 CV_BEP。

注意：移动台在下行方向只根据无线块来考虑质量测量（数据包头必须要正确的译码）。

1. MEAN_BEP 的计算

BEP 的计算是基于每个突发进行的，然后在一个无线块基础上来进行平均（四个突发），获得一个平均值。该平均值称为平均 BEP（MEAN_BEP）。

$$\mathrm{mean}(\mathrm{BEP}) = \frac{1}{4} \cdot \sum_{i=1}^{4} \mathrm{BEP}_i \tag{4.1}$$

在 MS 中，平均 BEP 值是基于调制和每个时隙来计算的（MEAN_BEP_TS）。根据下行链路使用的不同调制，即使是相同的 BEP 也不能说明是相同的链路质量。这样在每个时隙终端都必须维护两个 MEAN_BEP_TS 值，一个用于 GMSK，另一个用于 8PSK。

对于给定的调制，MEAN_BEP 值通过对所有分配的下行时隙的 MEAN_BEP 值取平均值来获得。根据网络报告命令，MS 报告两个 MEAN_BEP 值（每种调制各一个），或者为每个分配时隙报告两个 MEAN_BEP 值和两个 MEAN_BEP_TS 值。表 4.3 列出了 MEAN_BEP 值和报告值之间的映射。

表 4.3　参数 MEAN_BEP 和 MEAN_BEP_TS 的范围

报告的 MEAN_BEP	实际 BEP 范围（对数值）	报告的 MEAN_BEP	实际 BEP 范围（对数值）
MEAN_BEP_0	>−0.6	MEAN_BEP_16	−2.2～−2.1
MEAN_BEP_1	−0.7～−0.6	MEAN_BEP_17	−2.3～−2.2
MEAN_BEP_2	−0.8～−0.7	MEAN_BEP_18	−2.4～−2.3
MEAN_BEP_3	−0.9～−0.8	MEAN_BEP_19	−2.5～−2.4
MEAN_BEP_4	−1.0～−0.9	MEAN_BEP_20	−2.6～−2.5
MEAN_BEP_5	−1.1～−1.0	MEAN_BEP_21	−2.7～−2.6
MEAN_BEP_6	−1.2～−1.1	MEAN_BEP_22	−2.8～−2.7
MEAN_BEP_7	−1.3～−1.2	MEAN_BEP_23	−2.9～−2.8

报告的 MEAN_BEP	实际 BEP 范围（对数值）	报告的 MEAN_BEP	实际 BEP 范围（对数值）
MEAN_BEP_8	−1.4～−1.3	MEAN_BEP_24	−3.0～−2.9
MEAN_BEP_9	−1.5～−1.4	MEAN_BEP_25	−3.1～−3.0
MEAN_BEP_10	−1.6～−1.5	MEAN_BEP_26	−3.2～−3.1
MEAN_BEP_11	−1.7～−1.6	MEAN_BEP_27	−3.3～−3.2
MEAN_BEP_12	−1.8～−1.7	MEAN_BEP_28	−3.4～−3.3
MEAN_BEP_13	−1.9～−1.8	MEAN_BEP_29	−3.5～−3.4
MEAN_BEP_14	−2.0～−1.9	MEAN_BEP_30	−3.6～−3.5
MEAN_BEP_15	−2.1～−2.0	MEAN_BEP_31	<−3.6

MEAN_BEP_TS 可通过平均滤波器来进行平均：

$$\mathrm{MEAN\_BEP\_TS}_n = \big[1-a(t)\big]\cdot \mathrm{MEAN\_BEP\_TS}_{n-1} + a(t)\cdot \mathrm{mean}(\mathrm{BEP})_n \tag{4.2}$$

式中，n 是迭代指数；$a(t)$ 是忘记因子。可以看出该忘记因子取决于两个无线接收块之间的时间。由于多个终端可以复用到相同的时隙中，因此在多个块周期内，网络有可能不会向特定 MS 发送任何无线块。平均过程考虑了这种情况。当向同一个终端发送的数据间隔增加时，最后测量的权重就会增加，因为它更能反映实际的无线信道质量。$a(t)$ 的准确计算可以参考相关的规范。

那么 MEAN_BEP 便可以通过下式来计算（与具体的调制无关）：

$$\mathrm{MEAN\_BEP} = \frac{\sum_{TS} b(t)_{TS}\cdot \mathrm{MEAN\_BEP\_TS}}{\sum_{TS} b(t)_{TS}} \tag{4.3}$$

式中，$b(t)_{TS}$ 是一定的权重因子。在网络侧对 BEP 的平均没有特定的需求，任何平均过程都可行。

2. CV_BEP 的计算

MS 和网络基于每个块来评估信道质量 CV(BEP)的变化系数。CV(BEP)可以通过平均 BEP 导出：

$$\mathrm{CV}(\mathrm{BEP}) = \frac{\mathrm{std}(\mathrm{BEP})}{\mathrm{mean}(\mathrm{BEP})} \tag{4.4}$$

式中，std（BEP）是一个无线块中四个 BEP 估计的标准方差。

$$\mathrm{std}(\mathrm{BEP}) = \sqrt{\frac{1}{3}\cdot \sum_{i=1}^{4}\big(\mathrm{BEP}_i - \mathrm{mean}(\mathrm{BEP})\big)^2} \tag{4.5}$$

在终端侧，CV（BEP）是基于时隙和调制方式来进行平均计算的。向网络报告的 CV_BEP 是对所有分配时隙的平均。表 4.4 列出了 CV_BEP 值与不同报告值 CV_BEP_X 的映射。终端执行 CV_BEP 值的两个计算，一个用于 GMSK，另一个用于 8PSK。

表 4.4　报告的 CV_BEP 所对应的实际值范围

报告的 CV_BEP	CV_BEP 的实际值
CV_BEP_0	2.0～1.75
CV_BEP_1	1.75～15
CV_BEP_2	1.5～1.25
CV_BEP_3	1.25～1.00
CV_BEP_4	1.0～0.75
CV_BEP_5	0.75～0.5
CV_BEP_6	0.5～0.25
CV_BEP_7	0.25～0.0

CV_BEP_TS 可通过下面的平均滤波器来进行平均：

$$\text{CV\_BEP\_TS}_n = \left[1-a(t)\right]\text{CV\_BEP\_TS}_{n-1} + a(t)\cdot\text{CV}(\text{BEP})_n \tag{4.6}$$

式中，n 是迭代指数；$a(t)$ 是忘记因子。

CV_BEP 通过式（4.7）计算：

$$\text{CV\_BEP} = \frac{\sum\limits_{TS} b(t)_{TS}\cdot\text{CV\_BEP\_TS}}{\sum\limits_{TS} b(t)_{TS}} \tag{4.7}$$

网络侧不需要对 CV_BEP 值进行平均。

第一个参数 MEAN_BEP 说明了接收 C/I、时间畸变和速度的影响。第二个参数 CV_BEP 描述了信道质量在突发与突发之间是如何变化的，因此它可以用于反映速度和跳频（FH，Frequency Hopping）引起的交织增益或损失。

4.2.2　增加冗余机制

增加冗余（IR，Incremental Redundancy）机制就是在数据块未被正确译码之前发送 n 次相同的数据块，直到该数据块被正确地解码。在解码时可以使用前面未成功发送的软信息。每次传输过程中编码码率都降低，这样便可以增加成功译码的概率。IR 允许在重传相同数据块时降低编码码率。该机制只用于确认模式下的 RLC 协议操作。

1. 增加冗余原理

IR 的原理非常简单。它重用了相同数据块以前所发送的信息，所以可以增加成功译码的概率。数据块发送后，如果接收机没有正确地译码，那么它会将解调器输出的软信息存储起来，以便在重传过程中重用该信息。当发射机重新发送该数据块时，它可以使用不同的凿孔方式，这样第二次发送的比特承载的信息与第一次发送承载的信息是不同的。如果第一个数据块的凿孔方式与第二个完全不同，那么此时编码的码率就下降 50%。在第三次重传后，码率下降为原来的 1/3。因此每次重传，数据块成功译码的概率都会增加。

注意：如果凿孔方式是相关的，对应于相同比特的软值将增加。虽然编码码率没有改变，但是判决平均可靠性增加了：组合后，相同符号的幅度增加了，因此译码成功率也将增加。

图 4.4 分别从发射侧和接收侧的角度来说明 IR 是如何工作的。假设要通过空中接口发送的数据块包括 n 个信息比特。数据块通过码率为 1/3 的卷积码进行编码。这样就产生了 $3n$ 个编码比特。为了增加编码码率，必须对编码数据进行凿孔。假设通过凿孔方式有 2/3 的比特被凿掉了，这样就剩下了 n 比特，此时码率为 1。

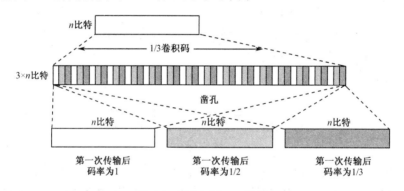

图 4.4　增加冗余 IR 原理

为了保证没有相同比特，规范中定义了三种凿孔方式。第一次数据传输采用图中的白色框标识的方式，第二次传输采用图中第二部分浅灰色标识的方式，而第三次传输则采用图中第三部分深灰色标识的方式。每次传输都有 n 比特编码信息通过空中接口进行发送。

在第一次接收后，接收机知道凿孔的位置并用 0 进行填补。如果接收机可以正确地进行译码，那么此时传输采用的码率就是 1；如果不能正确地译码，那么接收机就将这些接收到的比特以软信息的方式存储在其内存中。

在第二次接收后，接收机将凿孔的一半填 0，另外一半用第一次传输获得的软信息来填充。无论该数据块是否可以被正确地译码，此时传输的码率就变为了 1/2：通过发送 $2n$ 个比特来传送 n 个信息比特。

第三次接收后，接收机将所有凿孔位置都用前面接收到的软信息来填充。此时的码率就变成了 1/3。该迭代过程一直持续到该数据块被正确地译码。但是当所有的比特都通过不同的凿孔方式发送后，下一次传输所带来的增益就很有限了。

IR 的最大的问题就是存储软信息所需的内存。每次迭代后，软信息都要进行存储。每次传输后，存储的软信息都增加了所需内存的大小。为了尽可能降低终端成本，就必须对 IR 使用的内存大小进行限制。因此需要在业务质量和内存大小之间进行平衡。本书将在后面章节进行相关讨论。

2．增加冗余的管理

IR 对 BTS 来说是可选的，对 MS 来说则是必需的。对于 EDGE 来说，IR 可通过每种 MCS 定义的凿孔方式来实现。每种 MCS 都定义了两种或三种不同的凿孔方式。表 4.5 列出了每种 MCS 定义的凿孔方式。虽然所有的 MCS 都使用了相同的凿孔方式名称，但是每种 MCS 的凿孔方式是不同的。

表 4.5　各种 MCS 的凿孔方式

调制编码方式（MCS）	凿 孔 方 式
MCS-1	P1，P2
MCS-2	P1，P2
MCS-3	P1，P2，P3
MCS-4	P1，P2，P3
MCS-5	P1，P2
MCS-6	P1，P2
MCS-7	P1，P2，P3
MCS-8	P1，P2，P3
MCS-9	P1，P2，P3

发射机工作原理很简单：相同数据块发送完成后，便改变使用的凿孔方式。例如，第一次使用 P1，随后使用 P2，最后是 P3，如果没有 P3 就使用 P1。使用的 MCS 和凿孔方式在无线块的 RLC/MAC 包头中的 CPS 域中有说明。

若从接收机的角度来看则会复杂些。接收机必须管理并存储没有成功译码的无线块。如果数据块的数据包头没有被正确地解码，那么终端将无法识别该数据块是发送给它的还是发送给其他终端的，此时 IR 是没有增益的，这些软信息也无法使用。而且，若要获知采用的 MCS 和凿孔方式，对包头的译码是必需的，这就是为什么数据包头要采用具有较高保护能力的编码的原因。只有这样才能不管在什么无线环境下能保证较高的译码成功率。

接收机首先对数据包头进行译码。一旦译码成功，TFI 和 BSN 便可以标识 RLC 数据块。如果接收到的 RLC 数据块是重传的数据块，接收机就会对该重传数据块和以前的软信息进行合并。随后便可以进行信道译码。

对于 MCS-7、MCS-8 和 MCS-9，每个无线块都包括两个 RLC 数据部分。但是，它们是单独进行编码的。从 IR 的角度来看，它们的管理就像来自两个不同的无线块一样。

表 4.6 列出了使用新凿孔方式的新传输产生的编码码率。需要注意的是，凿孔方式不总是不相关的。例如，在使用 MCS-1 进行了第一次传输后，码率变成了 1/2，经过第二次传输后码率下降为 1/3。如果两种凿孔机制是不相关的，那么在两次传输后码率应该变为 1/4。

表 4.6　不同 MCS 下相同数据块 n 次传输后的码率

调制编码方式（MCS）	第一次传输的码率	第二次传输的码率	第三次传输的码率
MCS-1	1/2	1/3	
MCS-2	0.64	1/3	
MCS-3	0.83	0.42	1/3
MCS-4	1	1/2	1/3
MCS-5	0.32	1/3	
MCS-6	1/2	1/3	
MCS-7	3/4	3/8	1/3
MCS-8	0.9	0.45	1/3
MCS-9	1	1/2	1/3

4.2.3　链路自适应机制

链路自适应的原理就是使调制和 CS 适应无线环境的变化。当无线环境恶劣时，系统选择较低码率的 MCS，从而导致吞吐量的下降。当无线环境较好时，系统选择较高码率的 MCS，这样系统的吞吐量就会增加。在数据传输过程中，网络会估计传输的链路质量，并根据链路质量来决定使用哪种 MCS。

EDGE 会根据无线环境使用不同的机制，从而实现更加有效的自适应方式。在 RLC/MAC 确认模式下传输 RLC 数据块，可以通过在一个 TBF 中选择类型 I ARQ 机制或选择类型 II ARQ 机制来进行控制。本章介绍的 LA 机制仅对 RLC 确认模式有效。链路自适应机制用到了 MCS 族概念，前面已有相关的介绍。

1. 分段机制

如果 EDGE MCS 的 RLC 数据块以高码率的方式传输失败了，那么它将以较低的码率进行重传。MCS 分成三个族，使用给定 MCS 进行编码的无线块所承载的数据净荷长度是该族基本数据单元的整数倍。当一个无线块承载的多个基本数据单元不能进行正确译码时，一个净荷数据单元可以在另一个无线块中进行重传，但是要使用该族中具有较低码率的另一种 MCS。

MCS-7、MCS-8 和 MCS-9 承载两个 RLC 数据部分，分别由一个无线块中的两个 BSN 来标识。每个 RLC 数据部分由一个 BSN 来标识，可以在一个无线块中进行重传。图 4.5 说明了采用 MCS-9 进行传输的两个数据块，重传时采用了两个 MCS-6 的无线块。

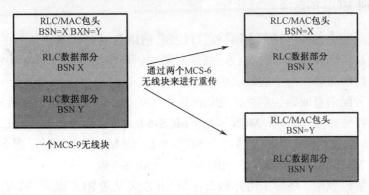

图 4.5 RLC 数据块重传

前面的原理说明了两个不同的 RLC 数据块是分别在两个不同的无线块中进行重传，尽管它们第一次是在一个无线块中进行传输。其实将一个 RLC 数据块分成两部分并在两个不同的无线块中进行传输是完全可以的，这种方式被称为分段机制。MCS-4、MCS-5 和 MCS-6 编码的 RLC 数据块可以分别通过两个 MCS-1、MCS-2、MCS-3 无线块来进行重传。在该情况下，由于最初块的 RLC 数据部分被分到了两个无线块中，因此这两个无线块中的包头会包含相同的 BSN。为了标识哪个无线块包含 RLC 数据部分的第一段，发射端在包头中使用了 SPB 域。图 4.6 所示即为这种分段机制。

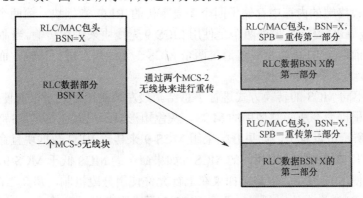

图 4.6 MCS-5 到 MCS-2 的分段机制

在上行 TBF 建立过程中，网络会通知移动台在上行方向是否允许使用分段机制。当上行方向使用 IR 时，就没有必要再使用分段机制了。事实上，经过两到三次传输（取决于使用的 MCS），就可以获得卷积码的码率（如 1/3）。与 IR 获得码率相比，分段机制没有增益。但是，由于 IR 在网络侧不是必选，所以当没有 IR 时，分段机制还是有用的。

在下行方向，BTS 可以在任何需要的时候使用分段机制。尤其是当终端内存容量受限再无法进行 IR 操作时，BTS 可以采用该方式来降低码率。

2. 重传时 MCS 的选择

链路自适应的上行和下行都由网络进行控制。网络会根据 BTS 对上行的测量和终端对下行的测量来决定选择使用哪种 MCS。终端对新编码命令的反应时间为两个块时长。在接收到命令后，终端应该在两个块时间后使用新的 MCS。

网络通过分配消息或确认消息来通知所需使用的 MCS。编码命令包括九种 MCS 的任何一种或两种特殊命令。例如，MCS-5-7 或 MCS-6-9。对于初始传输，RLC 数据块使用最后命令的 MCS 来进行发送。当发送命令 MCS-5-7（或 MCS-6-9）时，那么第一次传输会采用 MCS-5（MCS-6），后续重传则采用 MCS-7（MCS-9）。

在上行传输过程中，终端采用开始命令的 MCS 来发送 RLC 数据块。有可能网络对这些 RLC 数据块中的一些数据无法译码并且在重传前下发了新的编码命令。终端此时要根据命令选择 MCS 来重传这些 RLC 数据块。如果命令的 MCS 跟第一次传输一样，没有改变，那么重传 RLC 数据块时便使用相同的 MCS 编码方式。如果命令的 MCS 改变了，那么终端必须使用相同族内相同的 MCS 或其他 MCS，具体规则如下：

- 如果命令的 MCS 具有更高的码率，那么终端必须使用相同族内相同码率或比该码率小且接近该码率的 MCS。
- 如果命令的 MCS 具有更低的码率，那么终端必须使用相同族内比该码率小但最接近该码率的 MCS。

例如，假设终端的内存中存储了四个需要重传的 RLC 数据块。前两个开始是使用一个 MCS-7 无线块进行传输，另外两个是使用 MCS-9 无线块来进行传输。当命令采用 MCS-6 进行重传时，前两个 RLC 数据块将通过两个 MCS-5 无线块来进行传输，而另外两个将通过两个 MCS-6 无线块来进行传输。

图 4.7 对不同 MCS 的转换方式进行了总结。最左边的矩形表示以前使用的 MCS，右边的矩形表示根据命令所必须使用的 MCS。灰色矩形表示只有在终端支持分段时才有效。

从图 4.7 所示可以看出，如果开始采用 MCS-9 来传输 RLC 数据块且命令使用相同的 MCS，那么重传该块时将使用相同的 MCS。如果命令的 MCS 低于 MCS-9，那么 RLC 数据块重传时将使用 MCS-6。但是，如果在上行允许使用分段机制，那么当命令的 MCS 小于 MCS-6 时，RLC 数据块必须通过两个 MCS-3 无线块来进行重传。

从 BTS 的角度来看，由于其本身就管理 MCS 的选择，所以重传数据块时 BTS 会从相同族内选择一个 MCS 进行传输。

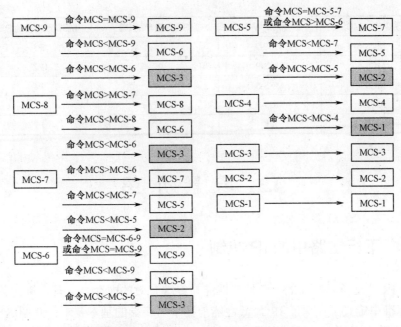

图 4.7　不同 MCS 之间的转换规则

3. 重传时凿孔方式的选择

RLC 数据块第一次采用的是 MCS 的 P1 机制来进行凿孔。在随后的块传输过程中，采用的则是 MCS 中下一种凿孔机制，依此类推。

但是，当 RLC 数据块通过一种 MCS 进行第一次传输后，由于环境的变化，网络可能命令改变编码方式，这样在重传时便需要使用另一种 MCS 机制。在该情况下，要求接收机可以在这两种传输之间进行联合译码。MCS-6 和 MCS-9，以及 MCS-5 和 MCS-7 就属于这种情况。例如，第一次块传输采用的是 MCS-9 方式，重传时采用的是 MCS-6，那么接收机必须在这两种传输之间进行联合译码（如 IR）。

在这些特定情况下，EDGE 对凿孔方式的管理进行了明确的定义，从而增加了译码的成功概率。表 4.7 详细说明了这些严格的规则。例如，如果一个 RLC 数据块的最后传输采用的是 MCS-9 和 P2 凿孔方式，随后网络命令采用 MCS-6 方式，那么此时的重传将采用 MCS-6 和 P2 方式。

表 4.7　新 MCS 方式下的 RLC 数据块重传

改变前的 MCS	改变后的 MCS	MSC 改变前的 PS	MSC 改变后的 PS
MCS-9	MCS-6	P1 或者 P3	P1
MCS-9	MCS-6	P2	P2

改变前的 MCS	改变后的 MCS	MSC 改变前的 PS	MSC 改变后的 PS
MCS-6	MCS-9	P1	P3
MCS-6	MCS-9	P2	P2
MCS-7	MCS-5	ANY	P1
MCS-5	MCS-7	ANY	P2
其他	其他	ANY	P1

4.3　场景介绍

4.3.1　下行链路中的 IR 机制

终端对 IR 的支持是必需的。但是其性能与终端有效的内存容量有直接的关系。因此，在 EDGE 标准中定义了在保证 IR 最低性能前提下对终端的基本要求。介绍这些场景的目的就是为了解释用于验证该需求的测试环境以及分析不同参数对内存大小的影响。要正确地分析内存大小，对测试环境的理解是非常重要的。

1. IR 测试

IR 测试包括使用 MCS-9 方式向终端发送 RLC 数据块，同时测量每时隙获得的吞吐量。分配的时隙等于在 EDGE 模式下终端支持的最大数量。传播环境定义为静态环境（没有多径衰落），且输入电平为 –97dBm。终端所需的吞吐量为每时隙 20kbps。测量是在 RLC/MAC 和 LLC 层之间进行。

除了这些测试条件外，EDGE 还定义了 RLC 参数。根据终端支持的多时隙类型，RLC 窗口等于最高值。轮询周期为 32RLC 块，该周期对应于发射机发送两个请求消息之间所发送的 RLC 数据块数。

往返延时为 120ms。该时间定义为发射机发射确认请求消息与测试侧收到应答之间时间，它对性能会产生一定的影响。一旦测试侧收到终端发来的应答，那么它将开始重传未确认的 RLC 数据块。图 4.8 和图 4.9 所示为两个轮询过程实例，分别考虑了单时隙终端和一个 12 类（最多支持 4 个 RX 时隙）终端的测试需求。

测试侧按顺序开始发送 RLC 数据块。在 32 个数据块中（测试中采用 MCS-9 方式，每个无线块包括 2 个数据块），测试侧请求发送下行确认消息。由于往返延时的影响，测试侧可能在其发送请求后 n 个无线块（或 $2n$ 个 RLC 数据块）时接收到该消息。

参数 n 直接与往返延时及终端支持的 RX 时隙数相关。正如图 4.8 和图 4.9 所示，对于单时隙终端来说，接收的无线块数等于 120ms/20ms＝6 或 12 个 RLC 数据块，对于支持

4 个 RX 时隙的 12 类终端来说，接收的 RLC 数据块数为 48。

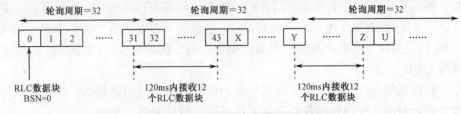

图 4.8　单时隙移动终端轮询过程

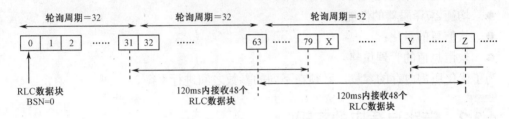

图 4.9　分配 4 个下行时隙的 12 类终端轮询过程

当测试侧从终端接收到确认消息后，它将开始重传那些终端没有确认的 RLC 数据块。对于单时隙终端，这将从发送的第 44 个 RLC 数据块开始。对于 12 类终端来说，将从 80 个 RLC 数据块开始。这样，在图 4.9 中，X 可能表示第一个重传数据块的 BSN。因此，对于 IR 来说，不同终端类别对于所需内存的需求是不同的，且所需的内存会随着支持时隙数的增加而增加。

2．不同参数对 IR 内存的影响

对于 IR 所需的内存来说，最大的问题是受下列参数的限制。

（1）首先是 8PSK 均衡器/译码器的性能。8PSK 均衡器/译码器的性能越高，IR 所需的内存就越小。当均衡器的性能增加时，对 RLC 数据块的成功译码的概率就会增加，这样 IR 所需的内存大小就会减小。因此，在实际中必须提高均衡器和译码器的性能。

（2）均衡器/译码器性能的改善同时也依赖于表示软信息值所用的比特数。所用的比特数越少，其性能就越差。另一方面，比特数的增加也会增加所需的内存容量。

因此，软信息值的量化必须在 IR 所需的内存容量和均衡器/译码器性能之间进行平衡。但是均衡器/译码器的复杂性不应过高，否则会消耗掉大量的处理能力，这样就会降低终端所能支持的时隙数。

为了减小所用的内存，一种可行的办法就是在均衡后再增加一个量化步骤，也就是说均衡时采用了 x 比特，而在存储时则采用 y 比特，其中 $y<x$。这样便不会影响均衡器的性能，但是会影响译码器的性能。

（3）另一个重要的问题就是对内存中不同块的软信息值的管理。关键就是相同块的重

传次数必须保存在终端的内存中。

例如，终端可以在内存中存储不同传输的所有软信息，直到该 RLC 数据块被正确地解码。对于一个采用 MCS-9 进行编码的数据块，接收机可以在内存中存储对应于凿孔 P1、P2、P3、P1 以及后续迭代所产生的软信息。所以，对于同样的 RLC 数据块，所需的内存容量是非常大的。

但是，从性能的角度来看，对多次重传后的组合所带来的增益是很小的。所以为了有效地管理内存，对于不同的传输机制应该采用不同的软信息管理策略。

因此，影响 IR 的参数可以归纳如下：

● 均衡器/译码器的性能；

● 软信息的量化；

● 软信息值的管理策略。

为了优化所需内存的容量，必须在不同的参数之间进行平衡。

4.3.2　链路自适应的实现

研究该情况的目的主要是解释在 EDGE 的 RLC 确认模式下如何实现链路自适应。通过解释可以看出 EDGE 已经进行了一些较大的改进。这些改进主要与 IR 的引入和新测量尺度 BEP 有关。

链路自适应功能的目的与 GPRS 的功能是一致的，即根据无线环境选择 MCS，从而带来最高的吞吐量。如图 4.10 所示为在 TU3 理想跳频情况下不同 MCS、C/I 所产生的不同吞吐量。

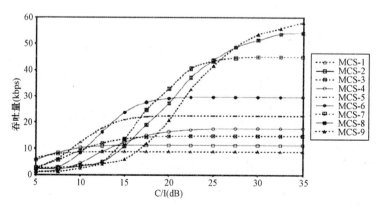

图 4.10　没有 IR 时，不同 C/I、MCS 所对应的吞吐量

图 4.10 所示并没有考虑 IR 机制。为了评估该机制的增益，应采用新的仿真。这些仿真包括给定 C/I、采用 MCS-9 发送无线块。如果接收机没有正确译码该数据块，那么将重发，直到该数据块被正确地译码。

如图 4.11 所示为不同 MCS 和 MCS-9+IR 在不同 C/I 下的吞吐量。

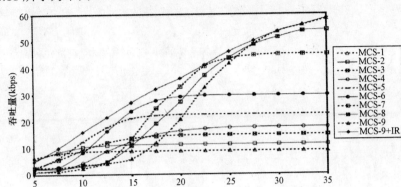

图 4.11　不同 MCS 和 MCS-9+IR 在不同 C/I 下产生的吞吐量

可以看出在几乎所有 C/I 值下，MCS-9+IR 机制都可以获得最高的吞吐量。因此，在多数情况下都建议采用 MCS-9+IR 方式。

如果网络在任何时候都使用 MCS-9+IR，就没有必要要求终端进行链路测量了。但是不同 MCS+IR 机制的切换会带来一定的增益，因此估计链路质量是非常必要的。即使链路质量估计不够准确，无论使用哪种 MCS，IR 机制也都可以保证最大的吞吐量。

对于 GPRS 来说，链路自适应的一个主要问题就是链路质量的估计。链路质量的估计取决于无线环境、是否使用 FH 以及终端的移动速度。

但是，随着基于 BEP 的新测量机制的引入，对链路质量的估计就可以不再依赖信道类型了。事实上，平均 BEP 与系数变化的组合便可以实现对信道质量的准确估计。因此从每个组合（CV_BEP、MEAN_BEP）中便可以推导出所需的"理想" MCS。一种实现方式就是生成一张理想 MCS 与每种组合（MEAN_BEP，CV_BEP）的对应表。该表的进一步说明可以参阅相关规范。

参考文献

[1]　3GPP TS 05.08: Radio Subsystem Link Control (R99).

[2]　3GPP TS 04.60: Radio Link Control/Medium Access Control (RLC/MAC) Protocol (R99).

[3]　3GPP TS 03.64 Overall Description of the GPRS Radio Interface, Stage 2 (R99).

[4]　3GPP TS 04.18 Radio Resource Control Protocol (R99).

[5]　3GPP TS 45.004 V6.0.0 Modulation.

[6]　Seurre, E. P. Savelli, and P. J. Pietri, GPRS for Mobile Internet, Artech House, 2003.

第5章　EDGE 中的 RLC 和 MAC 层技术

本章要点

- 与 TBF 建立相关的新 RLC/MAC 的过程
- RLC 数据块的传输
- EDGE 与 GPRS 的复用

本章导读

本章将详细介绍终端和网络在 EDGE 模式下通过 RLC/MAC 层传输数据的过程。这些过程中很多与 GPRS 相同，所以本章将只介绍 EDGE 专有的过程。EDGE 的引入带来了 TBF 管理的改善和增强。本章先介绍这些改进；然后介绍用于支持高吞吐量的增强 RLC 协议：窗口大小的增加、新的轮询机制以及用于确认报告的位图压缩；最后将对 EDGE 与 GPRS 的复用进行详细的介绍。

5.1　与 TBF 建立相关的新 RLC/MAC 的过程

本节将介绍 EDGE 的引入对 TBF 管理的影响，主要涉及建立过程和竞争解决过程。

5.1.1　上行 TBF 的建立

在 EDGE 模式下，上行 TBF 是通过 PCCCH 来建立的，如果小区没有 PCCCH 信道，那么上行 TBF 将通过 CCCH 信道来建立。但是，由于 TBF 是在 EDGE 模式下建立的，因此与 GPRS 相比，在建立阶段需要交换更多的信息，而且使用的过程也与 GPRS 稍有不同。

1. RACH/PRACH 过程

在 EDGE 模式下，终端是通过发送接入消息来请求建立 TBF 的。如果小区中存在 PRACH，那么终端将通过该信道发送上述请求消息，否则终端会通过 RACH 发送该请求消息。只有在支持 EDGE 的小区中才能在 EDGE 模式下请求 TBF。该信息会通过小区中的 BCCH 或 PBCCH 进行广播。

在接入过程中，为了在 EDGE 模式下请求 TBF，系统引入了专门用于 EDGE TBF 建立的新消息，即 EGPRS PACKET CHANNEL REQUEST（EGPRS 分组信道请求消息）。在 EDGE 模式下，终端通过在 RACH 或 PRACH 信道上发送该消息来建立 TBF。但是 BTS 对该消息的支持是可选的，这在广播信息中有说明。

该消息与 11bit 的 PACKET CHANNEL REQUEST（分组信道请求消息）消息具有相同的格式，并提供相同的信息，但是发送该消息时使用了新的训练序列。除了旧的训练序列外，EDGE 在接入突发中又引入了两种新的训练序列。每种训练序列都可以提供终端的 EDGE 能力信息。

实际上，一个在上行、下行支持 8PSK 的 EDGE 终端可通过发送一个带有预定义训练序列的 EGPRS PACKET CHANNEL REQUEST 消息来说明它的能力。一个仅在下行方向支持 8PSK 的 EDGE 终端则可以使用第二种预定义训练序列来说明它的能力。两种新训练序列可以与旧训练序列并行使用，因此如果支持的话便可以在 RACH 和 PRACH 上同时使用。这样网络便可以区分 EGPRS PACKET CHANNEL REQUEST、CHANNEL REQUEST 或 PACKET CHANNEL REQUST 消息。有了这种新消息，便可以在 EDGE 模式下通过一步接入来建立 TBF。

如果 BTS 不支持该消息，终端可以通过在 RACH 信道上发送 CHANNEL REQUEST 消息或在 PRACH 信道上发送 PACKET CHANNEL REQUEST 消息使用两步接入来建立 TBF。终端将在第二步接入过程中向网络通知它的 EDGE 能力。

如果终端想以 RLC 非确认模式建立 TBF，那么必须请求两步接入。实际上，一步接入过程默认的 RLC 模式是 RLC 确认模式。两步接入可以通过使用 CHANNEL REQUEST、PACKET CHANNEL REQUEST 或 EGPRS PACKET CHANNEL REQUEST 消息来请求。要注意的是，在 EGPRS PACKET CHANNEL REQUEST 中请求的建立原因与 PACKET CHANNEL REQUEST 消息中的原因是相同的。

2. 在 EDGE 模式下通过一步接入建立上行 TBF

只有当小区支持 EDGE 并且网络可以检测出 EGPRS PACKET CHANNEL REQUEST 消息时，该过程才能执行。

（1）在 CCCH 信道上通过一步接入建立上行 TBF

CCCH 信道的一步接入过程如图 5.1 所示。EDGE 终端通过在 RACH 上发送 EGPRS PACKET CHANNEL REQUEST 消息来触发该过程。该消息承载下列信息：终端的 EDGE 能力、在上行是否支持 8PSK 调制，以及终端的 EDGE 多时隙类型。EDGE 多时隙类型可以与 GPRS 的不同。

要注意的是，由于 IMMEDIATE ASSIGNMENT 消息长度的限制，在一个分配消息中网络无法分配多个时隙。TBF 建立后，发送 PACKET UPLINK ASSIGNMENT 消息便可以对移动分配（MA，Mobile Allocation）进行扩展。

EGPRS PACKET CHANNEL REQUEST 消息包括建立原因和一个随机值，该随机值主要用于减小两个 MS 在相同 RACH 或 PRACH 上发送完全相同信息来建立 TBF 的可能性。

注意： 网络不一定必须支持终端的一步接入请求，它可以支持两步接入过程。

接收到 EGPRS PACKET CHANNEL REQUEST 消息后，BSS 就可在 AGCH 信道上发送 IMMEDIATE ASSIGNMENT 消息来为 EGPRS 终端分配资源。

IMMEDIATE ASSIGNMENT 消息包括下列信息。

- EDGE 分组请求参考：包括 EGPRS PACKET CHANNEL REQUEST 消息的内容（建立原因和随机值）和接收到的帧号（FN，Frame Number）。
- 时间提前 TA 参数：包括初始的 TA 和 TA 指数，如果网络使用的是连续的 TA 过程，那么还应包括 TA 时隙号。

图 5.1　在 CCCH 信道上的一步接入过程

- EDGE 信道编码命令：该参数用于指示终端上行数据传输所使用的 MCS。
- 分组信道描述：用于指示分配的时隙号、训练序列和频率参数。
- TLLI 块信道编码：用于说明在连接阶段数据传输所采用的 MCS。该值可以是 MCS-1 或前面的 EDGE 信道编码命令。
- 媒体接入参数：在动态分配模式下给出 USF 值，在静态分配模式下给出固定分配的位图。
- 上行临时流标识（TFI，Temporary Flow Identity）：该参数用于标识上行 TBF。
- 功率控制参数：用于指示下行功率控制模式和上行功率控制参数。
- EDGE 窗口大小：用于指示 RLC 协议所使用的窗口大小。
- 重分段比特：用于指示终端是否进行重分段。
- 接入技术请求：网络可以在不同的频带上请求 MS 特性。在接入技术请求中，网络会给出它发送请求信息所使用的频带。如果部分信息已包含在 PACKET UPLINK ASSIGNMENT 消息中，那么终端将通过发送 PACKET RESOURCE REQUEST 消息来进行应答，并且如果请求的信息无法置入一个消息中，那么还可以发送 ADDITIONAL MS RADIO ACCESS CAPABILITIES 消息。这两个消息都是在 TBF 开始时发送。BSS 可以利用该信息来对终端进行移动性管理，尤其是为了进行负载平衡，网络很可能需要将这些终端分配到不同的频带上。

注意：如果由于拥塞的原因，网络无法向终端提供 EDGE 资源，那么网络可以向终端分配 GPRS 资源。实际上，小区中的收发机不都具有 EDGE 能力。当小区中已没有额外的 EDGE 收发机时，网络便只能向终端分配其 GPRS 资源。

分配过程结束后，终端便进入了竞争过程。

（2）在 PCCCH 信道上通过一步接入建立上行 TBF

如图 5.2 所示为 EDGE 模式下在 PCCCH 信道上通过一步接入来建立上行 TBF 的过程。

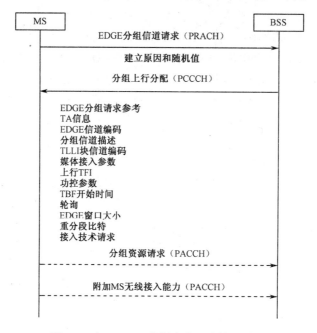

图 5.2　在 PCCCH 信道上的一步接入过程

为了在 EDGE 模式下使用一步接入来建立 TBF，移动终端会通过在 PRACH 上发送 EGPRS PACKET CHANNEL REQUEST 消息来说明下列接入类型：一步接入、短接入、寻呼响应、小区更新或 MM 过程。

在接收到请求信息后，网络会在 PCCCH 上发送 PACKET UPLINK ASSIGNMENT 消息。该消息包括的参数与前面介绍的相同，只不过媒体接入参数可以包括多时隙分配。媒体接入参数包括的信息如下：

● 在动态分配或扩展的动态分配条件下反映不同分配时隙的 USF 值；

● 在固定分配条件下分配的时隙以及下行控制时隙和位图参数。

需要注意的是，分配的时隙数量与移动终端的 EDGE 多时隙类有关。如果无法分配 EDGE 资源，那么网络将分配 GPRS 资源。但是因为网络不知道终端的 GPRS 多时隙类型，因此将基于 EDGE 多时隙类型来分配时隙。移动终端接收到 PACKET UPLINK ASSIGNMENT 消息后，便进入了传输模式和竞争过程。

3. EDGE 模式下通过两步接入建立上行 TBF

当 BTS 不支持 EGPRS PACKET CHANNEL REQUEST 消息时，在 EDGE 模式下将通过两步接入过程来建立 TBF。而当 BTS 支持 EGPRS PACKET CHANNEL REQUEST 消息时，终端将通过两步接入过程在 RLC 非确认模式下建立 TBF。因此根据是否支持 EGPRS PACKET CHANNEL REQUEST 消息，相关的过程是不同的。

（1）当 EGPRS PACKET CHANNEL REQUEST 不支持时的两步接入过程

在小区不支持 EGPRS PACKET CHANNEL REQUEST 的情况下，当终端想在 EDGE RLC 确认或非确认模式下建立 TBF 时便会发起该两步接入过程。

在建立过程的第一步，网络并不知道请求建立 TBF 的终端的 EDGE 能力，会把它视为 GPRS 终端。因此，两步接入过程中的第一步与 GPRS 模式下的 TBF 建立是完全相同的。

终端通过在 RACH 信道上发送 CHANNEL REQUEST 消息或者在 PRACH 信道上发送 PACKET CHANNEL REQUEST 消息来请求建立 TBF。随后网络会在 CCCH 信道通过 IMMEDIATE ASSIGNMENT 消息或者在 PCCCH 信道上通过 PACKET UPLINK ASSIGNMENT 消息来分配上行块。随后终端将通过分配上行块在 PACKET RESOURCE REQUEST 消息中提供它的能力。接收到该消息后，网络会了解终端的 EDGE 能力，接着便会在 EDGE 模式下通过发送 PACKET UPLINK ASSIGNMENT 消息来分配资源。

（2）通过 EGPRS PACKET CHANNEL REQUEST 完成两步接入过程

在小区支持 EGPRS PACKET CHANNEL REQUET 的情况下，当终端在 RLC 非确认模式下建立 EDGE TBF 时便会发起该两步接入过程。该过程在 CCCH 信道上和在 PCCCH 信道上是基本相同的。如图 5.3 所示为在 PCCCH 信道上建立该过程的情况。

终端通过在 RACH 或 PRACH 信道上发送 EGPRS PACKET CHANNEL REQUEST 消息分两步来完成 TBF 的建立。为了接收终端在不同频段上的能力，网络可以分配一个或两个上行资源，并通过 IMMEDIATE ASSIGNMENT 或 PACKET UPLINK ASSIGNMENT 消息来分配这些资源。在这些消息中还说明了在哪些频段上请求了终端的能力。在第一个分配的上行块中，移动终端会发送 PACKET RESOURCE REQUEST 消息。如果有第二个上行块，那么在第二个上行块中会发送 ADDITIONAL MS RADIO ACCESS CAPABILITIES 消息。

PACKET RESOURCE REQUEST 消息包括下列信息。

- TLLI：用于标识终端。
- 接入类型：用于说明 MS 请求接入的原因。
- 信道请求描述：用于说明 LLC PDU 的 PDP 上下文的峰值吞吐量、无线优先级、RLC 模式、第一个 LLC PDU 的类型以及请求 TBF 的 RLC 数据字节数。
- MS 无线接入能力：用于说明终端在多时隙、RF 功率方面的能力。终端通过其支持的不同频段来通知报告该能力。如果该信息不能完全放在 PACKET

RESOURCE REQUEST 消息中且分配了两个上行资源，那么剩余内容将放在 ADDITIONAL MS RADIO ACCESS CAPABILITIES 消息中。

图 5.3　在 PCCCH 上的两步接入过程

网络通过发送 PACKET UPLINK ASSIGNMENT 消息来分配 EDGE 资源。

注意：如果在建立的第一步网络分配了两个上行块，而且由于恶劣的无线环境而导致 ADDITIONAL MS RADIO ACCESS CAPABILITIES 消息不能被正确地译码，那么终端可以通过发送 PACKET UPLINK ASSIGNMENT 消息来要求重传。该请求可以通过附加 MS 无线接入能力（ARAC，Additional MS Radio Access Capabilities）重传请求标记来进行指示。

4. 在下行 TBF 过程中建立上行 TBF

在下行传输过程中通过 PACKET DOWNLINK ACKNOWLEDGEMENT 消息来建立上行 TBF 的过程与 GPRS 是基本相同的。唯一的区别就是在分配消息中会发送 EDGE 专用参数。这些参数是 EDGE 信道编码命令、EDGE 窗口大小和重分段指示。

5. 竞争过程中特殊的需求

在 TBF 建立后，当终端开始传输时，每个 RLC 数据块中都将包括它的 TLLI，直到竞争结束。对于竞争过程的详细说明请参考相关规范。如果 EDGE 终端所采用的 MCS 在一个无线块中包括两个 RLC 数据块，那么这两个 RLC 数据块中必须都包括 TLLI，因为属于相同无线块的两个数据块是独立进行编码的。

5.1.2　下行 TBF 的建立

在 EDGE 模式下，下行 TBF 的建立与在 GPRS 中是基本相同的，唯一的区别就是在 CCCH 上发送的 IMMEDIATE ASSIGNMENT 消息和在 PCCCH 信道上发送的 PACKET DOWNLINK ASSIGNMENT 消息中所包含的附加参数是专用于 EDGE 模式下的 TBF。这些参数如下所述。

- EDGE 窗口大小：该参数说明了下行方向传输 RLC 数据块的 RLC 协议所使用的窗口大小。
- 链路质量测量模式：该参数用于说明终端是基于时隙还是 TBF 来报告质量测量，以及说明是否需要报告干扰测量。

5.2　RLC 数据块的传输

EDGE 模式下的 RLC 数据块传输重用了 GPRS 中的相同概念。RLC 数据块顺序发送并通过滑动窗口机制来进行流量控制。RLC 协议可以工作在确认模式或非确认模式。当工作在 RLC 确认模式下时，在上行传输中确认指示包含在 PACKET UPLINK ACK/NACK 消息中。而在下行传输中则要确认指示包含在 EGPRS PACKET DOWNLINK ACK/NACK 消息中。

唯一的不同是两个 RLC 数据块可以在一个单无线块中每 20ms 发送一次。因此，EDGE 模式下的 RLC 数据块传输量是 GPRS 的两倍。为了防止 RLC 协议的阻塞，EDGE 对 RLC 协议中部分进行了增强。

第一个改进就是 RLC 窗口大小。但是，它的修改需要对确认报告机制进行适当修改。此外，改变还包括报告位图处理方式及轮询机制。下面分别进行介绍。

5.2.1　RLC 窗口大小

为了增强 RLC 协议并能够支持高达两倍的 RLC 数据块吞吐量，EDGE 规范中引入了更加灵活的 RLC 窗口管理机制。该机制允许使用可变的 RLC 窗口大小。

在 TBF 的建立过程中，网络会选择窗口的大小。它的范围是 64～1024，步长为 64。但是，RLC 窗口的大小取决于网络分配给终端的时隙数。EDGE 规范对每个分配时隙数的最大窗口都是有定义的。对于给定的时隙数，窗口大小应低于预定的最大值。对应于它的多时隙能力，终端必须可以支持最大的窗口大小。根据分配的时隙数，表 5.1 列出了 RLC 窗口的大小范围。

注意： 最小的窗口大小总是 64。

表 5.1　不同分配时隙数所对应的 RLC 窗口大小

	分配的时隙数							
	1	2	3	4	5	6	7	8
最小窗口大小	64	64	64	64	64	64	64	64
最大窗口大小	192	256	384	512	640	768	896	1024

RLC 窗口大小对于上行、下行 TBF 来说是独立的。在 TBF 过程中可以对其进行修改，但是不能减小。实际上，如果窗口减小，那么在窗口内的一些 RLC 数据块的状态信息就会丢失，在该方式下 RLC 协议的可靠传输就无法得到保证。例如，如果最大窗口由 128 减小到 64，那么窗口内 64 个 RLC 数据块的状态就会丢失。RLC 数据块以 2048 为模进行编号。

注意： 窗口大小对存储在终端或网络内部存储器中的 RLC 数据块的最大数量会有直接影响。窗口越大，RLC 数据块管理所需的内存就越大。

5.2.2　确认位图的压缩

当工作在 RLC 确认模式时，接收机会向发射机报告哪些 RLC 数据块已经成功地接收，而哪些数据块需要重传。接收机使用位图（0 或 1）来说明 RLC 数据块是否被正确译码。

但是，RLC 窗口最大可以设置为 1024，这是由位图的大小所决定的。因为信令使用 CS-1 机制，所以在这样的数据块中不能发送超过 23 字节的信息。

为了尽可能多地将确认信息放入 CS-1 编码的消息中，EDGE 中使用了压缩机制。该压缩机制既可以用于上行也可以用于下行，它与 ITU-TT.4 几乎相同，非常简单，是通过预定的码子来表示 0 序列或 1 序列的长度。因为 0 序列和 1 序列总是交替出现的，所以接收机在对这些消息译码时需要知道初始序列是 0 还是 1。

例如，假设接收机需要对下列确认位图进行编码：

00000000000000000111111111011111111111111111111111110000111111111111111111111111111

码子对应的序列如下。

17 个 "0" 对应的码子：0000011000；

9 个 "1" 对应的码子：10100；

1 个 "0" 对应的码子：0000110111；

24 个 "1" 对应的码子：0101000；

4 个 "0" 对应的码子：011；

27 个 "1" 对应的码子：0100100。

于是上面的位图信息经过压缩后便可以转换为

00000110001010000011011101010000110100100

发射侧必须说明说明第一个序列是 0 还是 1。这可以通过确认消息中压缩位图的开始色码来表示。当 ACK/NACK 消息中的位图报告的有效比特数小于实际窗口大小并且有压缩增益时才进行压缩。

5.2.3　下行确认报告的扩展轮询机制

尽管报告位图引入了压缩机制，但是还是有可能无法在一个确认消息中报告所有窗口状态。因此，接收机就无法报告窗口中所接收到的全部 RLC 数据块的状态。

为了解决该问题，EDGE 对轮询机制进行了改进。其主要原理与 GPRS 是一致的。在下行 TBF 过程中，当需要时，网络会在一个无线块内轮询移动终端，请求它们发送下行确认消息。N 帧后，该消息由接收机发送，其中 N 是从 RLC/MAC 包头的 RRBP 域导出的。

EDGE 对轮询机制的改进在于网络可以指示窗口的一部分来报告其相关信息。报告位图的有效比特数还取决于网络是否请求终端的下行测量报告。在 EDGE 模式下可以采用较低速率的测量报告，因为 EDGE 中使用了 IR。IR 不需要对链路质量进行非常精确的估计，但仍能保证可靠的传输。

通过 RLC 包头中的 ES/P 域，网络使用轮询可以请求下列信息。

● 发送 PACKET DOWNLINK ACK/NACK 消息无测量报告，报告位图从最早被确认的 BSN 开始。这部分位图称为第一部分位图（FPB，First Partial Bitmap）。

● 发送 PACKET DOWNLINK ACK/NACK 消息无测量报告，报告的位图从以前确认消息中报告的最高的 BSN 开始。该位图称为下一部分位图（NPB，Next Partial Bitmap）。

● 发送的 PACKET DOWNLINK ACK/NACK 消息包括测量报告，其位图从以前确认消息中报告的最高 BSN 开始。

通过该轮询机制，网络便可以获得整个窗口内所有 RLC 数据块的状态。如图 5.4 所示为扩展轮询机制下报告管理的一个实例。

在该实例中，网络请求从窗口的起点（FBP）发送报告。终端报告位图的终点为 BSN1。在第二次轮询中，网络请求从下一部分位图（NPB）开始发送报告。终端从 BSN1 开始发送位图，在 BSN3 结束。第三次轮询请求还是 NPB，该 NPB 从 BSN3 开始，在该窗口的最后结束。

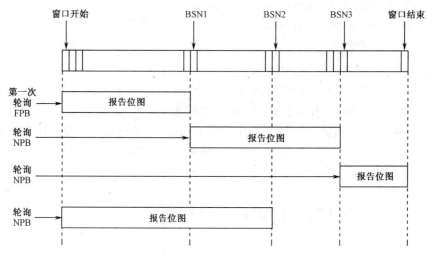

图 5.4　EDGE 中使用的轮询机制

5.3　GPRS 和 EDGE 的复用

　　实现 EDGE 系统的一个重要需求就是能够将 GPRS 和 EDGE 用户复用到相同的物理信道上。该约束主要影响上行复用机制，在下行方向则没有问题，因为 GPRS 终端只能对 GPRS CS 进行译码，而 EDGE 既可以对 GPRS CS 进行译码，也可以对 EDGE CS 进行译码。当一个无线块使用 EDGE MCS 编码在下行方向发送时，仅支持 GPRS 的终端是无法译码的。

　　复用问题主要存在于使用动态分配的上行方向。在固定分配的情况下，实现 GPRS 和 EDGE 用户的复用没有问题，因为分配位图是通过专门的信息发送给相应的终端。但是在动态分配的情况下，网络是通过先前下行无线块中的 USF 来分配上行资源的。因此，如果网络想使用 8PSK 向 EDGE 用户发送无线块，就不能使用 USF 向 GPRS 终端分配相应的上行资源。当 GPRS 终端必须要进行上行发送时，USF 复用要求每个下行块的发送都使用 GMSK 调制。

　　网络的上行、下行资源分配机制必须是相关的，这样才能为上行 GPRS 用户分配资源。如果分配上行资源的是 EDGE 用户，那么对上行无线块没有要求。但是，如果分配上行资源的是 GPRS 用户，那么报告该信息的下行无线块必须采用 GMSK 调制。

　　假设在一条 PDCH 相反方向有属于两个不同用户的 TBF，下行 TBF 是 EDGE 模式，而上行 TBF 是 GPRS 模式。在该情况下，上行不会有 EDGE 传输，因为所有上行资源都分配给了 GPRS 用户。同时，它不会在下行使用 8PSK 调制，此时的吞吐量也会很低。为了解决该问题，可以使用粒度为 1 的 USF 复用。由图 5.5 所示可以看出网络使用的调制方式取决于上行是 GPRS 用户还是 EDGE 用户。

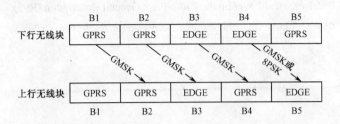

图 5.5　上行 USF 粒度为 1 的 GPRS 和 EDGE 用户复用

　　另外一种解决方案就是使用粒度为 4 的 USF 复用。使用该机制时，发送给特定用户的 USF 会在 4 个连续上行块中一直保持。因此当一个 GPRS 用户要上行发送数据时（GPRS 用户可以检测出 USF，即使是无线块使用 MCS-1～MCS-4 编码），相关的 4 个下行块必须采用 GMSK 调制，此时吞吐量也很低。如果要使 GPRS 和 EDGE 用户在上行复用，那么一种可行的方式就是通过 USF 粒度 4 为 GPRS 用户分配上行 TBF，而通过 USF 粒度 1 为 EDGE 用户分配 TBF。图 5.6 所示为利用 USF 粒度 4 和粒度 1 为 GPRS 用户和 EDGE 用户分配 TBF。

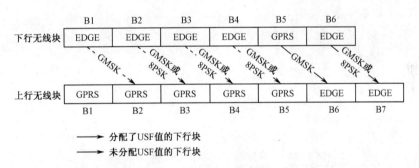

图 5.6　通过 USF 粒度 1 和粒度 4 实现 GPRS 和 EDGE 用户复用

　　两种不同的机制都可以实现 GPRS 和 EDGE 用户在相同物理信道上的动态复用。而粒度为 4 的动态分配比粒度为 1 的分配更为高效。但是，该复用需要上行、下行资源调度器实现同步，这样当 GPRS 用户使用上行时便可以强制在下行使用 GMSK 调制。

参考文献

[1]　Seurre, E., P. Savelli, and P. J. Pietri, GPRS for Mobile Internet, Norwood, MA: Artech House, 2003.

[2]　3GPP TS 04.60 Radio Link Control/Medium Access Control (RLC/MAC) Protocol (R99).

[3]　3GPP TS 03.64 Overall Description of the GPRS Radio Interface, Stage 2 (R99).

[4]　3GPP TS 04.18 Radio Resource Control Protocol (R99).

[5]　3GPP TS 05.01 Physical Layer on the Radio Path; General Description (R99).

[6]　3GPP TS 05.02 Multiplexing and Multiple Access on the Radio Path (R99).

第 6 章　EDGE 的部署规划和优化

本章要点

- EDGE 的部署策略
- EDGE 的网络规划
- EDGE 的网络优化
- EDGE 的性能提升

本章导读

　　EDGE 技术由于具有速率高、升级成本低、覆盖范围广等优点，已在很多国家实现了商用。本章先对 EDGE 网络的部署策略进行简单的介绍；然后详细介绍 EDGE 网络的规划，其中包括 EDGE 的无线网络规划、传输网规划和核心网规划，而无线网络规划又包括覆盖规划、容量规划及 EDGE 的参数规划等；接着对 EDGE 的网络优化进行详尽的说明，主要包括无线网络优化、传输网络优化、小区重选优化、容量优化和干扰优化等；最后对 EDGE 的性能提升进行分析。

6.1　EDGE 的网络部署策略

6.1.1　GSM 运营商的 EDGE 部署策略

　　所有的 GSM 运营商都可以部署 EDGE，其部署频段为 850/900/1800/1900MHz，从而使已有的移动网络资源利用率达到最大。GSM 运营商在升级 EDGE 以前必须部署 GPRS，而且应注意一些旧型号的 GSM/GPRS 接入网设备可能不支持升级到 EDGE 的功能。所以如果一个老的 GSM 运营商希望其网络升级到 EDGE，每线的成本将高于 1～2 美元，因为必须更换部分 GSM 基站。在 EDGE 网络中，电路交换设施仍继续用于处理语音，没有改变。

　　GSM 运营商在部署 EDGE 的时候必须首先考虑到 EDGE 的商用策略。尽管 EDGE 具有比 GPRS 更先进的能力，而且升级的成本也相对较低，但是希望从 GPRS 一步升级到 EDGE 也是不现实的。美国 AT&T Wireless 被美国 Cingular Wireless 高价并购，正是由于在美国进行从 TDMA 运营商向 EDGE 的转变过于激进（投资过大），以及激烈的市场竞争环境（收益降低）最终导致资金链条断裂，最终落得被收购的命运。相比之下，虽然 Cingular Wireless 也在做类似的事情，但是要稳健得多，它是逐步地从 TDMA 运营商向 EDGE 运营商转变。我国香港特别行政区的运营商 CSL 采取的就是这样一种稳健的策略，其 EDGE 目前主要的覆盖区域是商业区、机场和高速公路附近。CSL 表示：只有当需求扩大以后才会考虑进一步扩展 EDGE 网络覆盖的问题。EDGE 的升级应该是分步骤进行的，对于最终有能力建设 3G 网络的运营商，EDGE 最佳的部署策略如图 6.1 所示。

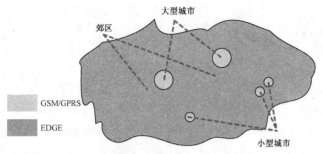

（a）步骤一：在人口密集的区域实现覆盖

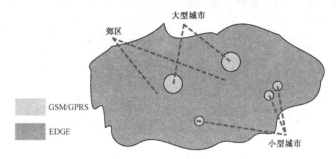

（b）步骤二：由人口密集的区域扩展到覆盖全国

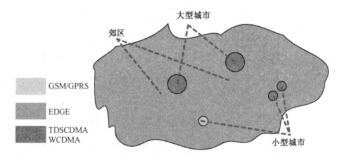

（c）步骤三：帮助TD-SCDMA或WCDMA实现早期覆盖

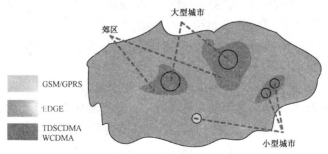

（d）步骤四：EDGE与TD-SCDMA或WCDMA实现互补覆盖

图 6.1　EDGE 的部署策略

　　需要注意的是，在实际的 EDGE 网络部署中并不需要严格地按照这四个步骤进行部署。一般来说，步骤一和步骤二是可以按照顺序来部署的，如果运营商有条件也可以直接从第三步开始部署。这里需要说明的是步骤四，EDGE 与 TD-SCDMA 或 WCDMA 互补覆盖，也就是在乡村用 EDGE 实现覆盖，而在城市或高需求的郊区用 TD-SCDMA 或 WCDMA 覆盖。这种模式的优势在于 EDGE 与 TD-SCDMA 或 WCDMA 一同部署，以实现覆盖最大化，充分降低运营商的设备投资成本和运营成本。实际上乡村和城市对于移动网络数据能力的需求是不同的，所以建设全新的 TD-SCDMA 或 WCDMA 网络对于乡村来说实际上是不合算的，即便最后 TD-SCDMA 或 WCDMA 的设备价格能够降到很低，但还需要考虑到运营商存在使既有设备投资利用最大化的需求。另外就是从频谱资源的角度来考虑，在欧洲国家，一般都有两家主要的运营商占领 80% 的 2G 市场，使用的频谱为 30MHz（900MHz 和 1800MHz），再加上 3G 的 10MHz，共 40MHz。从资源上来看，分配给 2G 的有 30MHz，而 3G 只有 10MHz。如果不充分利用现有的 2G 频谱资源，无疑将造成巨大的浪费。而 EDGE 的出现恰恰保证了 2G 频谱资源不被浪费，而且可以得到高效利用。

　　如果仅用 GPRS 和 TD-SCDMA 或 WCDMA 实现互补覆盖，是否能够解决 GSM 投资再利用的问题呢？我们知道，GPRS 与 TD-SCDMA 或 WCDMA 存在速率鸿沟，目前已经投入商业运营的 TD-SCDMA 或 WCDMA 网络的速率最高是 384kbps，而 GPRS 只能达到其 15% 左右，很明显用户在使用数据业务的时候就会存在巨大的落差。例如，下载一张容量比较大的 MMS 图片，用 TD-SCDMA 或 WCDMA 很快就能下载下来，但是如果进入了 GPRS 覆盖的区域下载就要等待很长的时间。这时候如果采用的是 EDGE 与 TD-SCDMA 或 WCDMA 互补覆盖，用户的感觉可能就不会这样明显，因为 EDGE 的平均速率已经达到了 200kbps，和 TD-SCDMA/WCDMA 提供的网络速率具有可比性。因此采用 EDGE 与 TD-SCDMA/WCDMA 互补覆盖的解决方案能使业务具有连续性，优于 GPRS 与 WCDMA 互补覆盖的解决方案。

　　现在这种观点正在被欧洲的一些移动运营商所接受，如意大利的运营商 TIM 就已经表示：EDGE 是 3G 的绝佳补充，能够以高质量在短时间和最广泛的区域内提供 3G 业务。在 TIM 看来，EDGE 能提供 GPRS 所无法达到的速率；能够在 3G 还没有就位的地区提供高速数据业务；能够深入挖掘 GSM 频段的数据潜力，使频谱的利用效率最高；能够使接入多媒体应用更快捷，提高用户的使用量；能刺激数据业务流量的增长，提高增值业务收益。

　　根据 TIM 的规划，在 3G 部署的早期，应主要部署在高流量区域，EDGE 则可以用于覆盖城郊和乡村地区，这样在 3G 无法覆盖的区域也能够保障高质量的服务。目前，TIM 在不同的 EDGE 设备商的实验室中进行了相关的测试，特别是对吞吐量进行了深入细致的分析。TIM 还在米兰与 Siemens 和 TILab 进行 EDGE 的测试。在 2003 年年底，TIM 已经开始了 EDGE 的部署，并在 2004 年中期开通了 EDGE，覆盖了意大利的主要城市，预计将逐步取代 GPRS 在全国实现覆盖。

6.1.2　TDMA 运营商的 EDGE 部署策略

模拟运营商和 TDMA 运营商（主要位于美洲地区）在由 GSM 向 3G 演进的过程中，可以选择在部署 GSM/GPRS 的同时升级 EDGE（一站式）；或者在部分地区（如主要城市）直接建设 GSM/GPRS/EDGE，然后在市场条件成熟和商业计划需要的时候再逐步升级其他区域的 GSM/GPRS 网络（分阶段进行）。

TDMA 运营商在部署 GSM/GPRS/EDGE 的时候可以选择覆盖在 850MHz 还是在 1900 MHz 的 TDMA 网络上，或者二者均有；而模拟运营商则只能选择 850MHz。当然，最有吸引力的还是 850MHz 的频谱段，因为这一频谱具有良好的传播特性，特别是基站覆盖的区域较大，可以降低部署基站的成本。运行在此频段的 EDGE 更适于在乡村地区部署。

现在运营商最为关注的问题是，如果他们的网络已经具备了一定的容量，是不是有足够的频谱资源来部署第二个网络，特别是在附加频谱没有办法提供，或者附加频谱特别昂贵的情况下。解决的方案是要加强现有网络对于频谱资源的利用，释放 50%到 90%的网络频谱资源，这样释放的频谱就能够应用到 GSM/GPRS/EDGE 网络中。考虑到 GSM/GPRS 相对于模拟和 TDMA 有更高的频谱利用效率，在相同的频谱资源条件下 GSM 可以多支持七倍于模拟的语音呼叫和两倍于 TDMA 的语音呼叫能力。

尽管 EDGE 仅仅是一种数据增强的技术，但由于它能够大大提高 GPRS 处理数据的能力，所以运营商能够将富余的带宽用于语音，从而提升网络处理语音呼叫的能力；另外，随着 EDGE 利用同一频谱传送更多的数据，如果将语音也转换为数据传送，则能够将原有的语音容量提升 15%～20%。

美洲 TDMA 运营商转型为 GSM/GPRS/EDGE 运营商的代表是 AT&T Wireless 和 Cingular Wireless。吸引他们转型的原因除了考虑未来移动系统演进和提高频谱利用率以外，还有来自设备投资成本和运营成本的比较。据 AT&T Wireless 估算，每个 GSM 基站的设备成本比 TDMA 的低近 51%，而每个 GSM 基站的运营成本要比 TDMA 的低近 11%。最后还需要指出的是，美洲的 TDMA 运营商还面临 CDMA 运营商的激烈竞争。以美国为例，Verizon Wireless 和 Sprint PCS 等 CDMA 运营商凭借网络覆盖完善和服务质量较高获得了美国用户的青睐。在这种情况下，如果不完迅速成转型，TDMA 运营商最终会被 CDMA 运营商吞噬。

6.2　EDGE 的网络规划

EDGE 的网络规划过程与 GSM 和 GPRS 的规划过程类似。但是由于 EDGE 在硬件、软件都进行了少许的改动，因此这将导致网络性能和规划参数的一些改变。与 GPRS 相比，EDGE 最重要的改变就是空中接口中传输速率的提高，主要在传输规划中引入了动态 Abis

接口概念。而 EDGE 核心网的规划实际上与 GPRS 核心网的规划是完全相同的。

6.2.1　EDGE 的无线网络规划

1. EDGE 的调制编码机制

EDGE 系统中引入了 9 种不同的调制编码机制（MCS-1 到 MCS-9），其每时隙的吞吐量见表 6.1。MCS-1 到 MCS-4 仍然采用 GMSK 调制，而 MCS-5 到 MCS-9 采用的调制方式则是 8PSK。

表 6.1　EGPRS 系统中不同 MCS 的单时隙吞吐量

调制编码机制（MCS）	调　　制	用户速率（kbps）
MCS-1	GMSK	8.8
MCS-2	GMSK	11.2
MCS-3	GMSK	14.8
MCS-4	GMSK	17.6
MCS-5	8PSK	22.4
MCS-6	8PSK	29.6
MCS-7	8PSK	44.8
MCS-8	8PSK	54.4
MCS-9	8PSK	59.2

因此采用 EDGE 时，在 MCS-9 调制编码机制下，其最高速率可达 473kbps（8×59kpbs）。尽管 GMSK 是比较健壮的调制技术，但是采用 8PSK 调制则可以获得更高速率的吞吐量。当然吞吐量的增加是以牺牲网络的敏感性为代价的，这会对网络的规划产生一定影响。

EDGE 系统的另一个改进就是可以在不同的调制编码机制中进行切换，而 GPRS 则无法做到这一点。在 GPRS 中，当采用一种调制编码机制进行传输时，如果传输失败，那么重传时仍将采用与失败前相同的调制编码机制。而在 EDGE 中则可以改变调制编码机制，也就是说，当数据进行重传时，系统可以选择比失败前更具有保护性的调制编码机制。这种技术也称为链路自适应技术（LA，Link Adaptation）。

我们知道，在无线环境中传播条件是实时变化的，因此信号的质量也会随时间的变化而改变。正因为如此，调制编码机制才需要实时地进行调整。链路自适应技术就是系统根据链路实时质量来选择适当的调制编码机制，从而保证每条信道的吞吐量达到最大。因此 EDGE 系统是一个比较高效的系统。链路自适应是依靠基于对比特差错概率（BEP，Bit Error Probability）的测量的链路自适应算法来实现的。

增加冗余（IR，Incremental Redundancy）也是 EDGE 中引入的新技术。它是在重传中改变冗余信息来增加传输的可靠性，进而改善吞吐量。该技术主要是通过两种机制来实现的：一种是自动重传请求（ARQ，Automatic Repeat Request），另一种就是前向纠错编码（FEC，Forward Error Correction）。在 GPRS 系统中，当检测出 RLC 中有错误时，便进行数据重传，直到正确数据到达接收端。FEC 可以对用户信息进行冗余保护，从而使接收机可以对接收到的数据进行纠错以还原用户的原始数据。但是，在 EDGE 系统中，不是所有的冗余信息都会立即发送。第一次通常只发送一部分冗余信息。如果可以成功地译码，那么便可以节省一部分容量。当然，如果译码失败，便要进行重传，LA 算法会为每次重传选择不同的冗余方式，该过程可以减小重传的次数和延时。EDGE 系统中的重传机制要比 GPRS 系统的更加有效。

另外，在 EDGE 中还引入了 QoS 的概念，LLC 层和 RLC 层的数据包可基于客户优先级和应用（时延敏感和时延不敏感）来进行调度，QoS 分为四个不同的等级。EDGE 网络可提供多种速率、不同 QoS 的数据业务，在带宽上已经可支持 CS16、CS64、PS64、PS128、PS384 等多项 3G 业务。

2．EDGE 的信道分配

在 EDGE 系统中，信道分配与 GPRS 系统几乎是相同的。BCCH、PCH、RACH、AGCH 是信令信道；当分配了物理资源后，PACCH 是唯一的伴随信令信道。信道分配算法主要用于向移动终端分配信道。EDGE 终端应该可以与现存的 GSM 基站同步，这样便可以最大限度地利用基站，因为这样基站只需配置一个扇区即可，而无须配置两个扇区，从而只需配置一条 BCCH 信道。而且对于给定的业务和应用，由于传输速率的增加，对信令的需求也会增加。

6.2.2　EDGE 的无线网络规划过程

EDGE 系统的无线网络规划过程与 GPRS 系统基本相同。但是由于它对调制编码机制进行了修改，因此 EDGE 系统在覆盖、容量和参数规划上与 GPRS 系统略有不同。

1．EDGE 的覆盖规划

链路预算对覆盖有直接的影响。由于 EDGE 系统主要用于 PS 数据业务，因此延时容忍度是定义系统质量等级的一个重要因素。下面分别对影响 EDGE 系统链路预算的一些因素进行介绍。

（1）增加冗余机制（IR）

IR 与 LA 协作使用不但可以改善重传效率，而且可以优化系统的性能，使所需的载干比（C/I，Carrier to Interference）降低 3dB。对于特定的 BLER，需要在给定的调制编码机制下计算链路预算。BLER 值会对 IR 增益产生直接影响。实际上，BLER 越高，IR 的增益就会越高。

（2）身体衰耗

当移动终端接近人体时，信号会迅速衰减，这种衰减称为身体衰耗。在 GSM 900 系统中，该衰耗的典型值为 3dB。在 EDGE 网络中，数据业务身体衰耗可以不予考虑。

（3）分集效应

分集技术的使用可以大大改善链路性能，可以增加每个站址的覆盖范围。上行、下行链路都可以实现分集技术。在上行分集中，使用多根天线接收可以减小噪声相关性的影响。噪声的减小又可以实现信号的增益。在下行方向，可以使用两根天线来发送数据，由于两条传输路径不相关，所以可以实现信号增益。这样与 GSM 和 GPRS 相比，EDGE 无线网络中的链路性能和覆盖区域都可以得到改善。

（4）接收信号强度

在无线网络中，信号强度可以用与干扰信号的比例来表示，通常有三种表示方式：E_b/N_0、E_s/N_0 和 C/N。E_s/N_0 和 C/N 都可以通过 E_b/N_0 表示，E_b/N_0 是每比特能量与噪声功率谱密度的比。E_s/N_0 是每符号能力与噪声功率谱密度的比。对于 GPRS 来说，E_s/N_0 的值等于 E_b/N_0；而对于 EDGE 来说，由于一个符号是 3 比特信息（采用 8PSK 调制），所以 E_s/N_0 的值等于 E_b/N_0 加上差值 4.77dB。C/N 是总接收信号功率与总噪声的比。它们的具体关系如下：

$$E_b / N_0 (dB) = E_s / N_0 - 4.77 \qquad (6.1)$$

$$C / N (dB) = E_b / N_0 + 6.07 \qquad (6.2)$$

链路预算可以通过 MCS 和 BLER 来进行计算。但是对于接收信号强度的计算，还必须考虑特定的速率。E_s/N_0 可以用于计算每时隙的吞吐量。根据一般的规划原则，接收信号强度取决于发射信号强度、衰耗、天线高度和增益以及终端和发射机之间的距离。根据信号强度的衰耗可以得出小区的覆盖范围。这样，便可以得到 E_s/N_0 与小区覆盖范围的关系曲线，再通过链路仿真便可以得出每种编码调制下每时隙的吞吐量。

2．EDGE 的射频规划案例

（1）EDGE 射频规划的目的

EDGE 射频规划设计的目的在于对 EDGE 的无线性能进行科学分析，预测出每个时隙的吞吐量、MCS/BLER 的分布情况，从而为 PDTCH 的配置和 Abis 接口的设计起到指导作用，本章以北电的设备为实例进行介绍。

（2）EDGE 射频规划设计

EDGE 并不是单独组网，它是附着在 GSM 网络上的，所以 GSM 网络的无线设计是 EDGE 性能预测的条件和基础。

（3）确定 EDGE 小区覆盖范围

小区最大覆盖范围的计算分为上行覆盖范围和下行覆盖范围。对于上行覆盖范围，需要知道 MS 的最大发射功率、基站的接收机灵敏度（Sensitivity，单位 dBm）以及设计采用的无线链路传播模型等主要参数。对于下行覆盖范围，需要知道基站的发射功率、MS 的接收机灵敏度以及无线传播模型等关键参数。

灵敏度的计算公式为

$$\text{Sensitivity(dBm)} = -119.7 + \frac{C}{N} + \text{NF} \tag{6.3}$$

$$\frac{E_b}{N_0} = \frac{C}{N} - 10 \times \log(M) \tag{6.4}$$

式中，−119.7 为热噪声功率；C/N 为信噪比；NF 是噪声系数（基站噪声系数为 3dB，MS 其噪声系数为 8dB）；在 GMSK 调制方式下 $M=1$，而在 8PSK 调制方式下 $M=3$。

对于上行而言，基站解码所需的最小 E_b/N_0 为 2.7dB；而对于下行而言，MS 可以正常解码所需的最小 E_b/N_0 为 7.7dB。所以根据上面的公式便可以计算出灵敏度。

根据计算所得的灵敏度和基站、MS 的最大发射功率便可以分别计算出上行、下行的最大路径衰耗（Path Loss），最后根据所使用的传播模型便可以分别计算出上行、下行的覆盖范围。

整个链路预算的计算结果见表 6.2。

表 6.2　EDGE 无线覆盖的链路预算

上行链路预算		下行链路预算	
频率（MHz）	900	频率（MHz）	900
热噪声（dBm）	−119.7	热噪声（dBm）	−119.7
UE 最大发射功率（dBm）	33	BS 最大发射功率（dBm）	44.8
UE 天线增益（dBi）	0	BS 天线增益（dBi）	18
UE 的 EIRP（dBm）	33	BS 的 EIRP（dBm）	62.8
BS 接收机噪声系数（dB）	3	UE 接收机噪声系数（dB）	8
BS 接收机 E_b/N_0（dB）	2.7	UE 接收机 E_b/N_0（dB）	7.7
BS 接收机灵敏度（dBm）	−114	UE 接收机灵敏度（dBm）	−104
BS 接收机天线增益（dBi）	18	UE 接收机天线增益（dBi）	0
倾斜衰耗（dB）	1.5	倾斜衰耗（dB）	1.5
BS 电缆连接器衰耗（dB）	3	BS 电缆连接器衰耗（dB）	4.4
最大允许的路径衰耗（dB）	160.5	最大允许的路径衰耗（dB）	160.9
区域可靠性	90%	区域可靠性	90%
边界可靠性	84.43%	边界可靠性	84.43%
标准方差（dB）	7	标准方差（dB）	7
阴影衰落余量（dB）	3.4	阴影衰落余量（dB）	3.4
建筑物穿透因子（dB）	15	建筑物穿透因子（dB）	15
身体衰耗（dB）	3	身体衰耗（dB）	3

续表

上行链路预算		下行链路预算	
接收机所需全部余量（dB）	21.4	接收机所需全部余量（dB）	21.4
有效的后向链路预算（dB）	139.1	有效的前向链路预算（dB）	139.5
站址天线高度（m）	30	站址天线高度（m）	30
传播系数	3.52	传播系数	3.52
1km 路径衰耗（dB）	126.42	1km 路径衰耗（dB）	126.42
最大覆盖范围（km）	2.29	最大覆盖范围（km）	2.35

通过以上的链路预算，便可以计算出小区的覆盖范围。从上表的计算结果可以看出上行链路的覆盖范围约为 2.29km，而下行链路的覆盖范围则约为 2.35km。

（4）确定小区中 C/N 与 C/I 的分布

通过前面的分析，可以粗略地估算出小区的覆盖半径 R，在理想情况下其覆盖是一个圆形。然而在实际的规划设计中，还需要了解该小区内 C/N 与 C/I 的分布情况，以及不同位置的 C/(I+N) 值。下面就来简单地分析一下在实际工程中如何来估算这些值在小区内的分布情况。

第一步，需要将覆盖圆划分成不同半径 r 的同心圆，如图 6.2 所示。

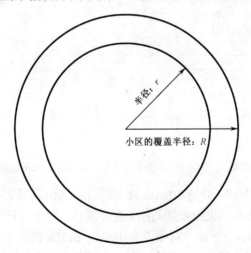

图 6.2　小区的覆盖半径图

第二步，在进行频率规划时可以知道在小区边缘（即小区半径 *R*）处的载干比 C/I，即保证业务所需要的最小载干比。

第三步，在前一节中已经知道在小区边缘处所需的最小 E_b/N_0 值。

第四步，利用公式 $E_b / N_0 = C / N - 10 \times \log(M)$，便可以计算出在小区边缘的信噪比 C/N。其中，GMSK 调制时，$M=1$；8PSK 调制时，$M=3$。

第五步，根据以下公式，便可以求出小区内半径为 r 处的 C/N 和 C/I：

$$\frac{C}{N}(r)(\text{dB}) = \frac{C}{N}(R)(\text{dB}) - 10 \times \alpha \times \log(r/R) \qquad (6.5)$$

$$\frac{C}{I}(r)(\text{dB}) = \frac{C}{I}(R)(\text{dB}) - 10 \times \alpha \times \log(r/R) \qquad (6.6)$$

第六步，根据以上得出的信息，可以轻松计算出小区内任意半径 r 时的 C/(I+N)：

$$\frac{C}{I+N} = \left(\frac{I}{C} + \frac{N}{C}\right)^{-1} \qquad (6.7)$$

其中，α 是传播系数，在密集都市、都市、市郊环境中的值一般为 3.522，而在农村环境下一般取 3.44。

（5）确定不同 MCS 机制下的 BLER 和 BLER 分布

要确定不同 MCS 机制下的 BLER 和 BLER 分布，最关键的就是要确定不同的 MCS 机制在不同的 C/(I+N) 下的 BLER 值。

在这种情况下，可以通过实验室仿真来得到相应的结果，如图 6.3 所示。

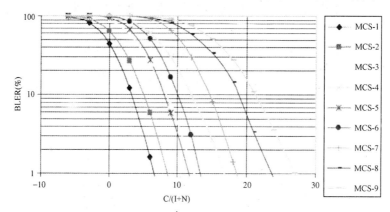

图 6.3　不同 MCS 在不同 C/(N+I) 时的 BLER 性能

如图 6.3 所示是在 TU50（时速 50km/h）、频率 1900MHz、无跳频无 IR 技术下通过仿真所获得的结果。图中反映的结果跟预期的结果是一样的，对于同样的 BLER 性能，高的调制编码机制所需要的 C/(N+I) 会更高。例如，在 10% 的 BLER 情况下，MCS-9 需要的 C/(N+I) 要比 MCS-1 需要的 C/(N+I) 高 18dB 左右。但是在该仿真条件下，MCS-3 和 MCS-4 的性能区别不大。

（6）确定每时隙平均吞吐量

在对 EDGE 无线射频进行规划设计时，一个重要的衡量指标就是整个 EDGE 覆盖小区的平均每时隙吞吐量。

如图 6.4 所示是采用了链路自适应算法后在不同 C/I 条件下 EDGE 系统的吞吐量，从图中可以清楚地看到采用了 LA 算法后，在一些转折点上，LA 算法会自动对更高的调制编码机制进行选择。

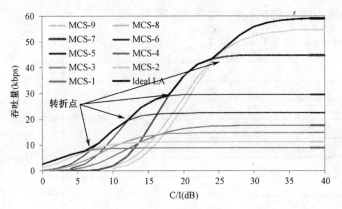

图 6.4　在 LA 算法下 EDGE 系统的吞吐量与 C/I 的关系

根据图 6.4 所示可以得到在不同的转折点所对应的 C/I，利用该 C/I 可以得到该点距离小区中心的半径 r，同时根据图 6.3 所示还能得出在该 C/I 下 EDGE 系统的 BLER 性能。然后根据以下公式，便能计算出在各个转折点处所对应的有效吞吐量：

$$\text{Effective\_Throughput} = \text{Max\_Throughput} \times (1 - \text{BLER}) \tag{6.8}$$

根据上面的分析，便可以得到如图 6.5 所示的小区吞吐量分布图。

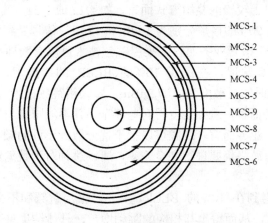

图 6.5　小区吞吐量分布图

根据这个小区吞吐量分布图，便可以计算出整个小区的平均吞吐量。其计算公式为

$$\text{Mean\_Through} = \frac{\sum \left(\text{Effective\_Throughput}_i \times S_i\right)}{\sum S_i} \tag{6.9}$$

式中，S_i 是各个 MCS 机制所占的环面积；$\text{Effective\_Throughput}_i$ 是该环内的有效吞吐量。

（7）频率规划策略

① 频率复用方式。EDGE 小区的频率复用类似于 GSM 中的频率复用，可以采用 1/1，

1/3、2/6、3/9、4/12、7/21 等不同形式的频率复用方式。与 GSM 类似，不同的频率复用方式在边界处会导致不同的 C/I 分布，如图 6.6 所示。

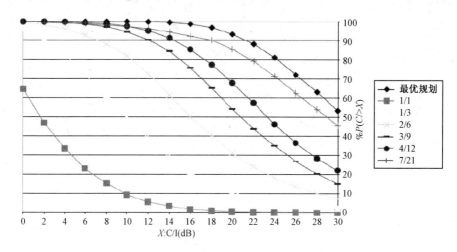

图 6.6　不同频率复用方式在小区边界的 C/I 分布

图 6.6 反映了在小区边缘，实际的 C/I 大于特定 X 值的概率情况。从图中可以清楚地看出，对于紧复用方式，如 1/1、1/3 等，在小区边界 C/I 将非常低，也就是说这种复用方式的干扰比较大。而对于较松的复用方式而言，如 4/12 或 7/21，其小区边缘的 C/I 会比较理想，对应的 C/I 值有 90% 的概率分别为 14dB 和 18dB，信号受到的干扰非常小。

② 跳频技术。对于语音业务而言，采用跳频技术可以有效地抵抗衰落，提高语音质量。通过实验室的仿真发现，在保证 10% 的 BLER 的前提下，采用跳频的灵敏度为 −111.3dBm，而不跳频时的灵敏度为 −107.3dBm，即采用跳频技术可以获得 4dB 的增益。

然而对于数据业务而言，跳频会变得有些复杂，并不能带来与语音业务类似的增益效果。这是因为对于语音业务而言，跳频可以把干扰分散到不同的频率上；而对于数据业务而言，分散的错误比特最终仍要进行完全恢复，所以跳频对于数据业务的增益与编码方式有着非常大的关系。

根据仿真，可以得到在 10% 的 BLER、TU3、采用跳频和不采用跳频条件下，不同 MCS 机制所需的 E_b/N_0，从而得出其相应的跳频增益，具体结果见表 6.3。

表 6.3　跳频对数据业务的影响

MCS	E_b/N_0（跳频）（dB）	E_b/N_0（无跳频）（dB）	增益（dB）
MCS-1	6.2	9.4	3.2
MCS-2	8.8	10.7	1.9
MCS-3	12.6	12.5	−0.1
MCS-4	17.1	15	−2.1

续表

MCS	E_b/N_0（跳频）（dB）	E_b/N_0（无跳频）（dB）	增益（dB）
MCS-5	8.2	12	3.8
MCS-6	10.8	14	3.2
MCS-7	15.8	17.2	1.4
MCS-8	20.3	19.6	−0.7
MCS-9	22	20.8	−1.2

从上面表中的数据中可以清楚地看出，对于 MCS-3、MCS-4、MCS-8 和 MCS-9，采用跳频后的增益为负值，即采用跳频后的结果还不如不使用跳频技术。出现这种情况的主要原因是这四种调制编码方式采用的信道编码码率较高，所以纠错能力较差，因此不适合采用跳频技术，尤其是 MCS-4 和 MCS-9 方式。

根据实际的测试，对于语音业务而言，其频率负荷（频率负荷＝载波数/频率数）为 16%时，采用跳频的性能与不采用跳频的性能接近。而对于数据业务而言，要达到与非跳频相同的性能，其频率负荷应该采用以下公式来进行计算：

$$FL(\%) = \frac{16\%}{10^{(FH\_Gain\_Speech - FH\_Gain\_MCSi)/10}} \tag{6.10}$$

相应的结果见表 6.4。

表 6.4　跳频和无跳频获得相同性能时的频率负荷

MCS	MCS-1	MCS-2	MCS-3	MCS-4	MCS-5	MCS-6	MCS-7	MCS-8	MCS-9
FL	13.30%	9.90%	6.20%	3.90%	15.30%	13.30%	8.80%	5.40%	4.80%

下面将给出采用 4/12 复用方式，在都市中带有 5TRX 的小区，50%配置 BCCH 的条件下，跳频（33%的频率负荷）与无跳频的性能比较情况。其下行性能如图 6.7 所示。

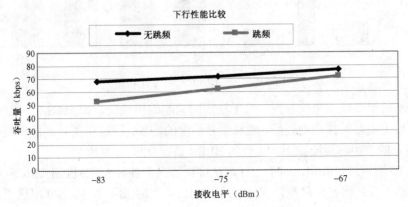

图 6.7　有无跳频时下行性能的比较

从图 6.7 所示可以清楚地看出，不采用跳频可以获得更好的性能，尤其在低接收电平时，不采用跳频的性能会提高接近 25%。上行的性能如图 6.8 所示。

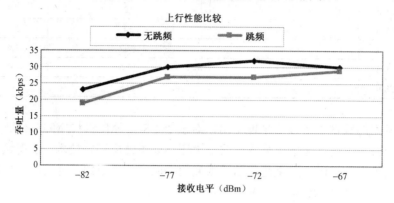

图 6.8　有无跳频时上行性能的比较

从图 6.8 所示也可以清楚地看出，上行时无跳频的吞吐量要高于采用跳频的吞吐量，当接收信号电平较低时性能差距明显，性能差异可达 10%。然而随着接收信号强度的增加，二者性能将变得非常接近。

下面再看一下在接收电平为−75dBm 时候，二者的 BLER 情况。下行的 BLER 情况如图 6.9 所示。

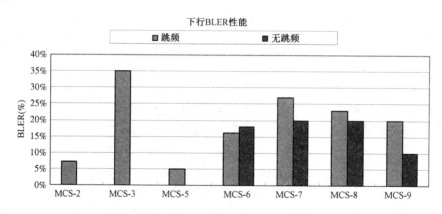

图 6.9　下行 BLER 的性能比较

从图 6.9 所示可以清楚地看到，对于较低的调制编码机制，如 MCS-3，此时跳频的性能非常差，而无跳频的性能则较好。随着信号强度的增加，即选用了较高的调制编码机制，二者在性能上的差距将逐渐减小。上行的 BLER 情况如图 6.10 所示。

从图 6.10 所示可以看出，对于上行，在跳频情况下各种 MCS 机制（MCS-3 除外）的 BLER 性能都不好；而在无跳频情况下，只有 MCS-7、MCS-8 和 MCS-9 出现了误块情况，但是其 BLER 要低于跳频条件下的 BLER。

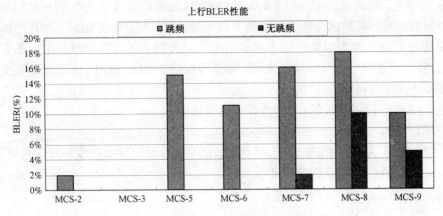

图 6.10　上行 BLER 的性能比较

根据上面的结果，可以看到在跳频模式下，应用层吞吐量在上行最大会降低 10%，在下行最大会下降 25%。当无线环境变化时，跳频模式下较高的 MCS 更容易受到影响。当无线环境变差时，跳频模式下所有 MCS 的 BLER 都会比无跳频的 BLER 高。

3．EDGE 的容量规划

EDGE 系统的容量规划与 GPRS 网络的容量规划非常相似，但是由于在 EDGE 系统中每时隙吞吐量有明显的增加，所以其规划也稍有变化。下面就简单介绍一下相关概念以及它们对每时隙吞吐量的影响。

在 EDGE 系统中，分组区域（Territory）是指专门应用 PS 业务的区域，而电路区域则是指专门应用 CS 业务的区域。在 EDGE 系统中，这些区域的时隙数可以根据系统的负荷进行动态的调整。

EDGE 系统中的频率重用概念与 GPRS 系统中的一样。频率重用因子 3/9 表示在一个簇（3 个基站，每个基站 3 个扇区）中每个频率只使用一次。而 1/3 的频率重用因子与 3/9 的重用方式相比会具有更高的干扰，从而导致每个时隙吞吐量的下降。因此，采用较高的频率重用因子会带来较高的吞吐量和低时延，但是又会导致较低的频谱效率。与 GPRS 无线网络相比，在 EDGE 系统中每时隙容量具有更大的动态范围。当小区时隙数小于用户数时，就意味着多个用户共享同一时隙，从而导致每个用户吞吐量的下降和传输延时的增加。因此，用户越多每个用户的吞吐量就越少，延时就越大。在 EDGE 中使用跳频技术并不会对 EDGE 无线网络的性能和容量有明显的改善，尤其是在无线环境比较恶劣时。

容量规划需要输入与小区配置和业务行为相关的数据，主要包括收发机数量、EDGE 中业务区域的定义、CS 业务和 PS 业务情况等。容量规划的输出主要包括 PS 业务量、平均 PS 业务负荷的最大值和最小值、CS 业务有效的时隙数、阻塞率等。容量规划通常以小区为单位进行，从而保证除信令外 CS 和 PS 业务所需的容量。业务类型决定所需的信令。

在 GPRS 网络中，短消息会增加对 PRACH/PAGCH 信道的需求，而在 EDGE 网络中则不存在这种问题，因为其数据传输速率得到了很大的提高。但是，在 EDGE 网络中所需的信令会明显增加。这是因为如果有越来越多的用户附着到小区相同的时隙中，那么在一个 TBF 中 TCH 的利用就会下降。反过来说，如果要保持 TCH 的利用，那么便需要更多的信道信令来减小用户与网络的连接。

总之，EDGE 无线网络的规划的步骤可以概括如下。

（1）规划的输入信息

● CS 和 PS 区域的标识。对于 PS 区域，需要对默认时隙数和专用时隙数进行定义。

● 定义包括 CS 和 PS 的全部业务负荷。

● 了解延时与负荷因子的关系。

● 计算速率减小因子/参数。

● 计算支持业务所需的 TRX 数量。

（2）规划的输出信息

● 语音业务所需的时隙数。

● 数据业务所需的时隙数。

● 默认和专用区域的时隙数。

● 平均和最大 PS 负荷。

● 用户吞吐量的平均值和最小值。

● 支持上述参数所需的 TRX 数。

下面介绍一种实际中广泛使用得容量估算方法。

① 步骤 1：设定每种数据业务 GPRS 用户最小带宽需求和 EDGE 用户最小带宽需求。

② 步骤 2：区分 GPRS 传输方式和 EDGE 传输方式，获取每种数据业务传输的用户数据量，折算成平均传输速率。

③ 步骤 3：将步骤 2 中得到的每种数据业务平均传输速率除以步骤 1 中对应的用户最小带宽需求，从而获得忙时每种分组数据业务的业务量 E_i。

④ 步骤 4：获取小区中 CS-1～CS-4 和 MCS-1～MCS-9 编码方式的使用比例，并计算信道带宽。

⑤ 步骤 5：将步骤 1 中每种业务的用户最小带宽需求数值除以步骤 4 得到的信道带宽，获得每种分组数据业务的业务资源强度 A_i。

⑥ 步骤 6：根据 Campbell 理论（参考后面内容小节），计算小区的虚拟业务的业务资源强度 A_x 和用户的虚拟业务量 E_x。

$$A_x = \frac{\sum_i A_i^2 E_i}{\sum_i A_i E_i}, \quad E_x = \frac{\left(\sum_i A_i E_i\right)^2}{\sum_i A_i^2 E_i} \tag{6.11}$$

⑦ 步骤 7：计算小区的虚拟业务量 E'_x，E'_x=[小区传输数据量/（所有业务传输数据量之和）]× E_x，使用 Erlang B 公式的连续拟合函数，计算小区需要配置的 EDGE 和 GPRS 混合需要的虚拟信道数。

⑧ 步骤 8：依照无线信道数=虚拟信道× A_x，将虚拟信道数转换为无线信道数并向上取整。

⑨ 步骤 9：将步骤 8 中得到的无线信道数记做"无线信道总"，重复步骤 6～8，但是在步骤 6 和步骤 7 中考虑的业务类型只包括 EDGE 传输方式，不包括 GPRS 传输方式；在步骤 7 中计算小区虚拟业务量时也只考虑 EDGE 传输数据量，则步骤 8 中得到的无线信道数为"无线信道 EDGE"。

⑩ 步骤 10：在小区中需要配置的 EDGE 信道数为"无线信道 EDGE"；而需要配置的 GPRS 信道数：无线信道 GPRS=无线信道总−无线信道 EDGE。

4．基于 Campbell 理论的估算方法

Campbell 容量估算方法是在混合业务容量规划中提出的。该方法的本质是将不同业务对系统负荷产生的影响等效为多个语音业务信道对系统负荷产生的影响，可以计算出混合业务条件下小区复合信道数和复合爱尔兰数，并在此基础上进行容量规模估算。该方法由于是基于 Campbell 理论得到，因此也称为 Campbell 容量估算方法。

（1）Campbell 方法基本原理

Campbell 方法的基本原理是将所以业务按一定原则等效成一种虚拟的业务，并计算出该虚拟业务的总话务量（爱尔兰，erl），然后计算出满足该话务量所需的虚拟信道数，从而折算出满足网络容量的实际信道数。通过将不同业务对系统负荷所产生的影响等效为多个语音信道对系统负荷产生的影响，可以计算出混合业务条件下单小区的复合信道数和复合爱尔兰数，并在此基础上进行容量规模估算。Campbell 模型的等效原理如下：

$$c = \frac{v}{\alpha} = \frac{\sum_i \text{erl}_i \alpha_i^2}{\sum_i \text{erl}_i \alpha_i} \tag{6.12}$$

$$\text{OfferedTraffic} = \frac{\alpha}{c} \tag{6.13}$$

$$\text{Capacity} = \frac{C_i - \alpha_i}{c} \tag{6.14}$$

式中，c 是容量因子；v 是混合业务方差；α 是混合业务均值；α_i 是业务 i 的等效强度（或称业务 i 的幅度因子）；C_i 是业务 i 需要的信道数；OfferedTraffic 是虚拟业务的业务量；Capacity 是满足虚拟业务量需要的虚拟信道数。

各地区每种业务的总业务量已由话务模型导出，根据 Campbell 理论，可以求得在特定话务模型下满足地区容量所需的基站数，计算步骤如下：

① 首先得到规划区域各种业务总业务强度 erl。

② 根据各种业务占用的信道资源，确定业务的幅度因子 amplitude。

③ 计算混合业务的业务量均值：$\text{mean} = \sum \text{erl} \cdot \text{amplitude}$。

④ 计算混合业务的业务量方差：$\text{variance} = \sum \text{erl} \cdot \text{amplitude}^2$。

⑤ 计算容量因子：$c = \text{variance} / \text{mean}$。

⑥ 计算规划区域内总的复合业务量：$\text{composite erl} = \text{mean} / c$。

⑦ 通过载波数、时隙分配方式、单时隙用户数来确定单小区可以提供的语音信道数，运用公式 $\text{composite capacity} = (\text{requirement} - \text{amplitude}) / c$ 得到单小区可以提供的复合信道数，通过查找爱尔兰 B 表得到单小区的复合业务量。

⑧ 用总的复合业务量除以单小区可提供的复合业务量，得到小区数。

（2）Campbell 方法估算实例

假设网络提供业务 A 和业务 B。其中，业务 A 每个连接占用 1 个信道资源，共有 12 erl 的业务量；业务 B 每个连接占用 3 个信道资源，共有 6 erl 的业务量，那么业务 A 的等效强度为 $a_1 = 1$，而业务 B 的等效强度为 $a_2 = 3$。

混合业务均值为：$\alpha = \sum_i \text{erl}_i \cdot a_i = 12 \times 1 + 6 \times 3 = 30$

混合业务方差为：$v = \sum_i \text{erl}_i \cdot a_i^2 = 12 \times 1^2 + 6 \times 3^2 = 66$

容量因子为：$c = \dfrac{v}{\alpha} = \dfrac{66}{30} = 2.2$

虚拟业务量为：$\text{OfferedTraffic} = \dfrac{\alpha}{c} = \dfrac{30}{2.2} = 13.6$

在 2% 的阻塞率情况下，通过查阅爱尔兰 B 表可知，满足虚拟业务量总共需要 21 个虚拟信道资源。对于不同的业务所需的信道数为

业务 A：$C_1 = (21 \times 2.2) + 1 = 47$

业务 B：$C_2 = (21 \times 2.2) + 3 = 49$

从上述分析可以看出，Campbell 方法的计算结果比 Equivalent Erlang 方法和 Post Erlang-B 方法更为可信，是一种更为合理的混合业务容量估算方法。根据 Campbell 方法，在相同的业务等级（GoS，Grade of Service）要求下，不同业务所需的信道资源略有不同。或者说在相同的信道资源下，不同业务所得到服务等级不同。因此从这一点可以看出 Campbell 方法是比较合理的。

（3）Campbell 方法的局限性

Campbell 方法是将所有业务统一作为电路业务进行等效，并运用 Erlang-B 模型进行分析计算。但实际上，分组数据业务的特性和电路业务截然不同，而且也不符合 Erlang-B 模型成立的条件，因此这种等效方法本身就存在缺陷，主要体现在以下两方面：

- 没有考虑各业务阻塞率的差别，而是认为所有业务的阻塞率都相同；
- 虚拟业务与各业务之间的等效关系不够明确。

事实上，Campbell 方法对于电路域的数据业务和语音业务混合系统的估算是合适的，而对于分组域的数据业务则不合适。从定性的分析来看，分组域数据业务通常对时延的要求比较宽，在网络负荷较大时会传得很慢，这样计算出来的单用户虚拟业务话务量和系统提供的虚拟信道数都会同比例增大，从而使估算出现偏差。

当然随着网络带宽的不断提高，这种负荷重的情况一般不会出现。Campbell 的计算比较简单，而且估算相对准确，因此在 EDGE 容量规划中还是被广泛地应用。

5．EDGE 的参数规划

EDGE 的参数规划与 GPRS 也非常相似，在 EDGE 系统中只有几个额外参数需要考虑。最重要的参数就是与链路自适应和增加冗余相关的参数。

一旦使用 EDGE，就要选择初始调制编码机制。无论是初始传输还是重传，LA 参数都取决于调制编码方式的选择。尽管 MCS 的选择将基于 BTS 的相关参数，通常是基于 BLER，但是无论是初始传输还是重传其 MCS 的选择，都还会受到移动终端内存容量的影响。

与多 TBF 和公共 BCCH 相关的参数在 EDGE 无线网络中也非常重要。前面提到，一个扇区中的 GPRS 收发机和 EDGE 收发机可以配置一条 BCCH 信道。TBF 参数的设置可以使 GPRS 和 EDGE 的 TBF 在一个时隙中进行复用。但是，这种场景应该尽量避免，因为在这种情况下上行、下行的容量都会受到一定的影响。

另外，由于用户期望通过 EDGE 系统获得较高的数据传输速率，因此与延时和吞吐量相关的参数也需要进行认真考虑。

下面介绍一下 EDGE 规划过程中需要考虑的一些重要参数。

（1）小区选项参数

① NMO
- 参数含义：NMO 代表网络运行模式，有 3 种选择。
- 取值范围：0，1，2，3。
- 通常配置为网络操作模式 II，即 "1"。

② T3192
- 参数含义：定时器 T3192 用于设定 MS 在完成接收最后一个数据块后，等待 TBF 释放的时间。当 MS 接收完 RLC 数据块后，启动定时器 T3192，如果 T3192 超时，MS 将释放 TBF 并开始监听寻呼信道。
- 取值范围：0ms, 80ms, 120ms, 160ms, 200ms, 500ms, 1000ms, 1500ms。
- 通常配置为 "500ms"。

③ T3168

- 参数含义：定时器 T3168 用于设定 MS 等待分组上行指配消息的时长。MS 在发送分组资源请求消息后，开始等待分组上行指配消息，由 T3168 决定何时停止等待分组上行指配消息。表 6.5 列出了不同无线环境下 T3168 的建议取值。
- 取值范围：500ms, 1000ms, 1500ms, …, 4000ms。
- 通常配置为"1000ms"。

表 6.5　不同无线环境下 T3168 的建议取值

无线环境	信令块误码率（BLER）	T3168 建议取值（ms）
很好	BLER<2%	500
较好	2%<BLER<5%	1000
恶劣	5%<BLER<10%	2000

④ DRX_TIMER_MAX

- 参数含义：DRX 持续时间的最大值。
- 取值范围：no, 1s, 2s, 4s, …, 32s, 64s。
- 通常配置为"4s"。

⑤ ACCESS_BRST_TYPE

- 参数含义：接入脉冲类型设定 MS 在 PRACH、PTCCH/U 和分组控制确认消息中使用的接入脉冲类型。
- 取值范围：8bit, 11bit。
- 通常配置为"8bit"。

⑥ CONTROL_ACK_TYPE

- 参数含义：控制确认消息类型设定 MS 在控制确认消息中采用的格式。参数值"0"代表 4 个接入脉冲，参数值"1"代表 RLC/MAC 控制块。
- 取值范围：0, 1。
- 通常配置为"0"。

⑦ BS_CV_MAX

- 参数含义：BS_CV_MAX 参数用于确定手机侧的定时器 T3198，T3198 的值为 BS_CV_MAX 个块周期。
- 取值范围：0～15。
- 通常配置为"10"。

⑧ PAN

- PAN_DEC：设定 MS 的 N3102 计数器使用的一个参数 PAN_DEC 的值，取值范围是 0～7，"nouse"。通常配置为"2"。

- PAN_INC：设定 MS 的 N3102 计数器的增加步长，取值范围是 0～7，"nouse"。通常配置为 2×PAN_DEC。
- PAN_MAX：设定 MS 的 N3102 计数器的最大值，取值范围是 4, 8, …, 32, "nouse"。通常配置为 "12"。

⑨ T3172

- 参数含义：无论是在一阶段还是二阶段的分组接入过程中，只要系统没有相应的资源，网络都将向移动台发送 "分组接入拒绝" 消息。该消息中包含定时参数 T3172，MS 在收到 "分组接入拒绝" 消息后将启动定时器，必须经过 T3172 指示的等待时间后才能发起新的呼叫。
- 取值范围：0～255，取值单位由 "WAIT_INDICATION_SIZE"（等待时间尺寸）来决定。当该参数为 "0" 时，T3172 以 s 为单位；当该参数为 "1" 时，T3172 以 20ms 为单位。
- 设置影响：T3172 设置过大，会影响网络的总体接入性能，使用户的满意度下降；若设置得短，则会在无线信道负荷较大时容易引起信道进一步阻塞。

（2）功率控制参数

① ALPHA（手机上行功控参数）

- 参数含义：ALPHA 参数是由 MS 用于计算其上行 PDCH 的输出功率值 PCH。
- 对于开环功率控制，应设为 "1.0"。

② GAMMA

- 参数含义：GAMMA 参数是在使用手机 GPRS 动态功率控制时，BTS 端预期的接受信号强度。
- 取值范围：0 到 62dB，默认值为 "14"。

③ T_AVG_W

- 参数含义：T_AVG_W 参数是 MS 在分组空闲模式下的信号强度过滤周期。
- 取值范围：0, 1, 2, …, 25。

④ T_AVG_T

- 参数含义：T_AVG_T 参数是 MS 在分组传输模式下的信号强度过滤周期。
- 取值范围：0, 1, 2, …, 25。

⑤ N_AVG_I

- 参数含义：N_AVG_I 参数是设定功率控制的冲突信号强度过滤常量。
- 取值范围：0, 1, 2, …, 15。

⑥ Pb

- 参数含义：Pb 参数是 BTS 上在 PBCCH 块上的功率衰减值，在小区没有配置 PBCCH 时，该参数不使用。
- 取值范围：0, 1, 2, …, 25。

⑦ PC_MEAS_CHAN

- 参数含义：PC_MEAS_CHAN 参数用于设定 MS 在哪个信道上测量接收功率等级，进行上行链路功率控制。设置为 BCCH，表明下行功控测量在 BCCH 上实现；设置为 PDCH，表明下行功控测量在 PDCH 上实现。
- 取值范围：BCCH，PDCH。

⑧ INT_MEAS_CHANNEL_LIST

- 参数含义：INT_MEAS_CHANNEL_LIST 参数用于标识小区是否广播可选的 PSI4 消息。
- 取值范围：yes，no。

（3）移动性管理参数

① 周期性路由区更新定时器（T3312）

- 参数含义：该参数是指网络规定移动台周期进行路由区更新的频度。
- 取值范围：0～255，1 表示 6min，以此类推，255 表示 25h 30min，0 表示本小区无周期性路由区更新。
- 其影响类似 GSM 周期位置更新定时器。

② 就绪定时器（T3314）

- 参数含义：在手机和 SGSN 中都有此参数，当手机转发 LLC PDU 时，手机中的 READY 定时器开始计时；当 SGSN 正确接收到 LLC PDU 时，SGSN 中的 READY 定时器开始计时，当定时器超时时，手机和 SGSN 中的 GMM 上下文返回 STANDBY 状态。当移动台处于就绪状态时，网络通过此参数来控制移动台的小区更新，当就绪定时器运行时，移动台在每次小区重选后，都应执行小区更新。
- 取值范围：0～∞。
- 如果该值设置过大，会导致小区更新程序频繁，大大加重网络的信令负荷，但另一方面会减轻网络的寻呼负荷。

（4）小区测量报告控制参数

小区测量报告控制相关参数见表 6.6。

表 6.6　小区测量报告控制相关参数

参数	定　义	说　明		
		MS 是否向网络侧发送测量报告	适用 MS 状态	小区重选模式
NC0	一般 MS 控制模式	否	Ready & Standby	MS 自动执行
NC1	伴有测量报告的 MS 控制模式	是	Only Ready	MS 自动执行
NC2	网络控制模式	是	Only Ready	接受网络控制

（5）小区接入控制参数

PRIORITY_ACCESS_THR

- 参数含义：PRIORITY_ACCESS_THR 参数用于设定小区允许接入的 MS 优先级别，分为 1 到 4 级。
- 参数范围：0～6，0 表示不允许分组接入；3 表示允许优先级为 1 的分组接入；4 表示允许优先级为 1～2 的分组接入；5 表示允许优先级为 1～3 的分组接入，6 表示允许优先级为 1～4 的分组接入。
- 默认配置为"6"。

（6）信道控制参数

① 单信道复用用户数相关参数

- MaxUlHighLd：本小区中每个 PDCH 所能支持的最大上行 TBF 数目，取值范围是 1～7。
- MaxDlHighLd：本小区中每个 PDCH 所能支持的最大下行 TBF 数目，取值范围是 1～8。
- MaxUlLowLd：在有多的能够申请的 PDCH 信道时，本小区中每个 PDCH 所能支持的最大上行 TBF 数目，取值范围是 1～7。
- MaxDlLowLd：在有多的能够申请的 PDCH 信道时，本小区中每个 PDCH 所能支持的最大下行 TBF 数目，取值范围是 1～8。

② 分组优先级参数：PSPrecedence

- 参数含义：在分组/电路业务都需要信道资源时，根据该参数设定的优先级判断哪种业务优先使用信道资源。
- 取值范围：0 表示将被占用的动态 PDCH 无条件转换为 TCH；1 表示将被占用的动态非控制 PDCH 转换为 TCH，控制 PDCH 保留；2 表示将被占用的动态 PDCH 都保留。
- 默认值为"0"。

③ LCNo：逻辑小区号，取值范围是 0～65534。

④ LQCMode：LQC 模式，取值范围是"IR"、"LA"。系统初始默认支持 LA。

⑤ BepPeriod：BEP Period，取值范围是 0～15。默认配置为"10"。

⑥ Egprs11bitChanReq

- 参数含义：该参数表示是否支持 11bit EDGE 接入。
- 取值范围："yes"、"no"。目前版本已经支持 11bit EGPRS 接入。

⑦ UpFixMcs

- 参数含义：该参数表示上行 EDGE TBF 固定采用的 MCS 类型。
- 取值范围："MCS-1"～"MCS-9"、"UNFIXED"。默认值为"UNFIXED"。

⑧ UpDefaultMcs

- 参数含义：该参数表示上行 EDGE TBF 默认采用的 MCS 类型。
- 取值范围："MCS-1"～"MCS-9"。默认值为"MCS-2"。

⑨ DnFixMcs

- 参数含义：该参数表示下行 EDGE TBF 固定采用的 MCS 类型。
- 取值范围："MCS-1"～"MCS-9"、"UNFIXED"。默认值为"UNFIXED"。

⑩ DnDefaultMcs

- 参数含义：该参数表示下行 EDGE TBF 默认采用的 MCS 类型。
- 取值范围："MCS-1"～"MCS-9"。默认值为"MCS-6"。

6.2.3　EDGE 的传输网络规划

由于 EDGE 系统具有较高的数据传输速率，系统引入了称为"动态 Abis"的概念。在设计 EGPRS 传输网络时，以下概念是需要特别考虑的。

- 动态 Abis
- 动态 Abis 的计算
- PCU/BSC 的计算

1．EDGE 的动态 Abis 功能

如图 6.11 所示，Abis 接口是 BSC 和 BTS 之间的接口。在 GSM/GPRS 系统中，该接口是静态的。也就是说在 GSM/GPRS 网络中，收发机信道映射到 Abis 的 PCM 时隙。每个 TCH 使用 PCM 帧中的 2 比特，这 2 比特称为 PCM 子时隙。这里的静态是指每个 TRX 收发机在 Abis 接口是满容量配置的，而不管在该接口上是否有激活用户。这与 EDGE 系统的 Abis 接口是有明显区别的。

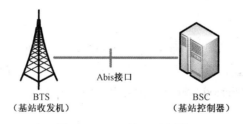

Abis接口

BTS
（基站收发机）

BSC
（基站控制器）

图 6.11　Abis 接口示意图

EDGE 中使用的 8PSK 调制方式可以使每时隙的速率从 8.8kbps 提高到 59.2kpbs。但是语音信号仍然通过 16kpbs 的 Abis 信道来承载，因此当采用高于 MSC-2 的调制编码机制时该速率就显得不够用了。为了在空中接口传输高于 16kbps 的数据传输速率，系统需要高于 16kbps 的 Abis 信道，可以是 32kbps、48kbps、64kbps 或 80kpbs。但是这些数据业务不是实时都在使用，因此便有了动态 Abis 的概念。如图 6.12 所示为静态 Abis 和动态 Abis

的一个实例。

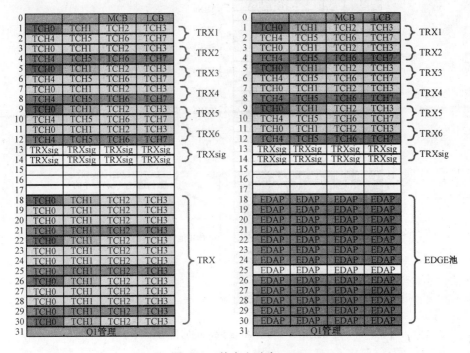

图 6.12　静态和动态 Abis

一组动态的 Abis 信道被称为动态 Abis 池（DAP，Dynamic Abis Pool）。DAP 在一个 PCM 中至少包括一个子时隙，在一个 PCM 中包括的最大子时隙数要根据系统的容量来确定。对于 EDGE 收发机，当选择 MSC-3 或更高的调制编码机制时，BSC 会从 EDGE 动态池中为用户数据传输分配 Abis 容量。

2．动态 Abis 中的时隙分配

在 EDGE 系统中，Abis 接口的时隙分配与 GSM/GPRS 系统类似，语音仍然占用 16kbps 的子时隙；而对于高于 16kbps 的数据传输速率，则可以选择一个主子时隙，同时可以从 DAP 中最多选择 4 个从子时隙，如图 6.13 所示。所需的信令信道与 GPRS 是一致的。用于同步的导频比特可以放在 TS0 或 TS31。

3．动态 Abis 中的计算

Abis 接口的动态特性使得 GSM/GPRS 网络中静态的容量计算方法不再适用。对于 GSM/GPRS 来说，针对使用的收发机，网络在 Abis 接口上分配了其全部容量。这种方式使容量的计算非常简单，因为 TRX 的数量是已知的，信令的速率也是已知的，于是便可以确定在 Abis 接口上所需的容量。

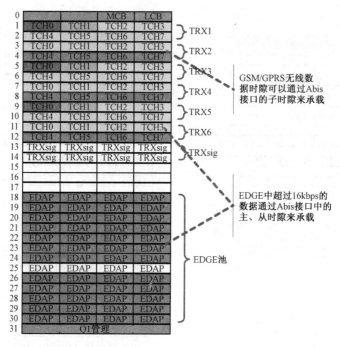

图 6.13　动态 Abis 接口的时隙分配

在考虑 DAP 计算之前，需要注意只有在 MCS 机制大于 2 时才会使用 DAP。不同的编码机制所需的业务信道数也是不同的，即从 MSC-1 的一条到 MCS-8/9 的四条，如图 6.14 所示。在 Abis 池中使用的信道称为从信道。

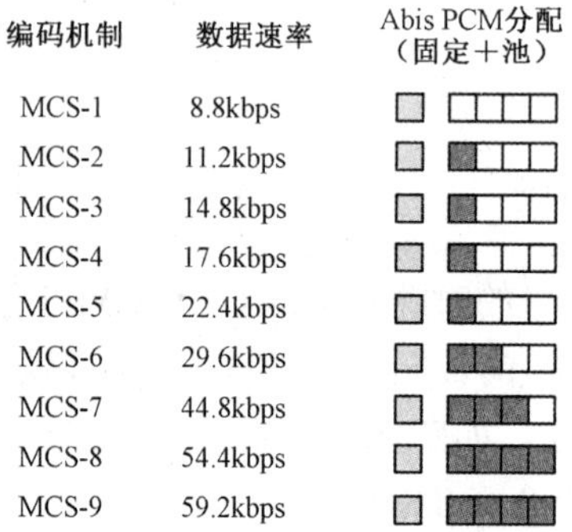

编码机制	数据速率	Abis PCM分配（固定＋池）
MCS-1	8.8kbps	
MCS-2	11.2kbps	
MCS-3	14.8kbps	
MCS-4	17.6kbps	
MCS-5	22.4kbps	
MCS-6	29.6kbps	
MCS-7	44.8kbps	
MCS-8	54.4kbps	
MCS-9	59.2kbps	

图 6.14　EDGE 的 Abis 接口中不同编码机制所需的传输资源

根据移动用户的需求，可以将 Abis 池中的子时隙分配给用户。分配的子时隙可以是 1、2、3 等，这主要取决于 DAP 处理容量。很明显，分配给 DAP 的时隙数不能超过 30（通常时隙 0 和 31 用于管理）。

动态 Abis 的计算是指 Abis 池的计算。一旦 DAP 中需要的时隙数确定了，那么剩下的过程就与 GSM/GPRS 传输网络的计算、规划类似了。

　　DAP 的计算主要是要找到能够分配给 Abis 池的时隙数量，要求分配的时隙数能够满足空中接口中的吞吐量。该计算的主要输入是 PS 业务所需的无线时隙数、无线时隙的容量、Abis 接口的阻塞情况等。根据这些输入信息以及可以用于 Abis 池的有效 PCM 时隙数，便可以计算出所需的 PCM 时隙数。因此，有

$$B(n, N, p) = \sum_{x=N=1}^{n} P(x) \tag{6.15}$$

式中，B 是 DAP 的阻塞概率；N 是池中的有效时隙数；p 是空中接口中 EDGE 信道的利用率；n 是空中接口中业务信道的数量。通过计算就可以知道 Abis 是不是空中接口中最大吞吐量的瓶颈。

4．动态 Abis 对传输网络设计的影响

　　假设一个基站的配置是 3+3+3。当该基站工作在 GSM 模式下，它使用的是 16kbps 的信令，每个收发机所需的 PCM 时隙数为 2.25（2 个时隙用于业务，0.25 个时隙用于 16kbps 的信令）。这九个 TRX 所需的时隙数为 9×2.25＝20.25，即需要 21 个时隙。除了 PCM 的 0 时隙和 31 时隙外，还剩余 9 个时隙可以用于未来的升级。因此在 EDGE 网络中，这 9 个时隙便可用做 DAP。

　　现在来考虑使用 MCS-9 的 EDGE 网络。该 PS 业务需要 4 个 Abis 信道，或者一个完整时隙。这就是说，对于给定的时间最多有 9 个用户可以以 59.2kbps 的速率进行数据传输。当第 10 个用户使用 MCS-9 时，系统便开始对这些资源进行共享。这种情况下，虽然系统接入了第 10 个用户，但是用户的速率要低于 59.2kbps。要解决这个问题就需要在每个站址增加更多的 PCM 时隙，这样当然会增加相应的成本。因此 DAP 的规划设计既需要考虑吞吐量，也需要考虑相应的成本。

　　下面来考虑一个具体案例。假设一个站址的配置为 1+1+1，它通过 2 个无线时隙来传送 59.2kbps 的数据传输速率。那么为了使 Abis 的数据传输速率减小因子小于 1%，应该预留多少动态 Abis？BTS 和 BSC 之间的连接需要多少 E1？

　　因为一个用户可以通过 2 个时隙来获得 59.2kbps，那么 4 个用户便需要 8 个时隙。于是有：EDGE Territory=8，Date Rate=59.2kbps，DAP=12。于是通过计算可以得到以下结果：

●　DAP 的共享概率为 3.176%；

●　Abis 的数据传输速率减小小于 1%，意味着 Abis 不是数据传输的瓶颈；

●　平均每时隙的吞吐量约为 19.88kbps；

●　Abis 的数据传输速率减小为 0.6%。

　　3 个收发机需要 3×2.25=6.75 个时隙，DAP 需要 12 个时隙，因此全部的时隙数为 6.75+12=18.75。除了 TS0 和 TS31 外，在 BTS 和 BSC 之间一条 PCM 就够用了。

6.2.4　EDGE 的核心网规划

EDGE 系统中的 CS 和 PS 核心网规划与 GPRS 系统是类似的，唯一的改变就是 BSC 和 SGSN 需要支持高速数据传输。分组核心网的计算主要包括 PCU、Gb 接口和 SGSN。

- PCU 计算：一个 PCU 所能支持的收发机数量；一个 PCU 所能处理的数据业务量；一个 PCU 所能处理的业务信道数。
- Gb 接口的计算：PCU 和 SGSN 之间所需的最小 Gb 接口数；帧中继链路中上行和下行业务的计算。
- SGSN 的计算：用户数量；SGSN 的处理容量；Gb 接口容量。

6.3　EDGE 的网络优化

由于 EDGE 系统在空中接口上增加了吞吐量，而且引入了动态 Abis 概念，所以 EDGE 的网络优化主要集中在无线网络和传输网络。通常无线网络和传输网络的优化是分开的，但是由于采用了动态 Abis 概念，所以需要对无线网络和传输网络一起优化，否则如果 Abis 优化不当，就会成为空中接口的瓶颈。

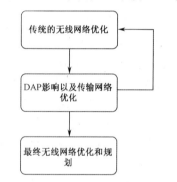

图 6.15　EDGE 网络中的无线网络优化

图 6.15 所示为无线网络的优化过程，主要包括 3 步。其中，传统无线网络优化过程与 GSM/GPRS 是类似的。传输网络优化除了对 Abis 接口进行优化外，其他步骤与 GPRS 网络基本相同。

6.3.1　EDGE 网络优化原则与目标

（1）EDGE 的主要优化原则

- 充分挖掘现有设备的资源利用率，最大化频谱资源利用率，提高投资效益比，满足不断增长的业务需求；
- 在保证 GSM 电路业务质量的基础上，尽可能地提高 GPRS&EDGE 服务质量；
- 根据 EDGE 网络的发展阶段，对 EDGE 网络采用不同的优化调整策略。

（2）EDGE 的主要优化目标

- 根据市场定位及 GPRS&EDGE 网络开通运行质量状况，调整无线接入网的参数和资源配置；

- 不断提高 GPRS&EDGE 网络质量和业务服务质量，并通过和 ICP（Internet Content Provider）、ISP 的密切配合，实现良好的端到端数据业务质量；
- 根据网络运行情况，收集系统性能、资源配置、网络容量和数据业务用户行为等数据并进行分析，为移动数据业务模型的建立和研究提供参考；
- 不断积累 GPRS&EDGE 网络优化经验，通过分组无线数据网络优化的技术经验的积累，为顺利过渡到 3G 业务做准备。

6.3.2　EDGE 无线网络优化

EDGE 无线网络的覆盖、容量和质量都可以通过传统的 GSM/GPRS 优化方法来进行改善。在 EDGE 无线网络优化中主要关注吞吐量，因为它将直接影响容量和覆盖。需要注意的是，EDGE 网络是直接叠加在现在的 GPRS 网络上的，因此可以根据 GPRS 网络来分析和测量其吞吐量的改善。

6.3.3　EDGE 传输网优化

EDGE 传输网的优化与 GSM 网络优化基本相同，但是有两点需要注意：Abis 接口的动态特性，以及由于 Abis 的瓶颈而导致空中接口吞吐量的改变。在 Abis 时隙池中为 PS 业务预留了一些时隙，因为网络中的分组业务用户数是不断增加的。尽管该池本身是动态的，但是池中的时隙数是静态的。所以当时隙池中所需的时隙数增加时，就必须对其进行优化。尤其是需要为基站增加新的 PCM 时。

1．性能测量

通常性能测量涉及驱车测试、从网管系统或网络规划工具中获取相关报告。但是，在 EDGE 网络中还是主要关注吞吐量的测量，测量的位置应该是空中接口和 Abis 接口。对于空中接口，主要是关注容量、覆盖范围和质量。而对于 Abis 接口，不同的调制编码机制会有不同的吞吐量变化。

优化过程中还需要对一些性能指标进行测量，如移动终端的接入能力、保持能力、下行呼叫质量、上行质量等，表 6.7 列出了供参考的 BTS 性能测量。

表 6.7　BTS 的性能测量

日期	BTS 标识	接入能力	保持能力	上行质量(dB)	下行质量(dB)	TCH 话务量
2007 年 6 月	BTS1	98.61	99.05	92.73	72.01	0.55
2007 年 7 月	BTS1	98.21	96.49	91.35	91.23	0.68
2007 年 8 月	BTS1	78.61	100	99.11	99.33	2.06

　　根据用户使用的调制编码机制来测量 Abis 接口的吞吐量，对调整动态池的边界是非常关键的。图 6.16 所示为不同调制编码情况下动态池的变化情况。

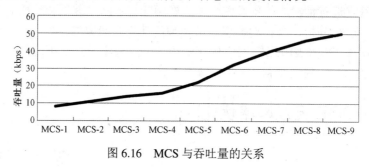

图 6.16　MCS 与吞吐量的关系

2．EDGE 网络中吞吐量的改善

　　QoS 取决于所需的业务，但是在 EDGE 系统中还是主要体现在实现较高的吞吐量。吞吐量和覆盖范围是无线网络规划和优化的重点。吞吐量主要取决于 C/I、切换、MCS 改变等相关因素。

　　C/I 的增加会使吞吐量明显增加，如图 6.17 所示。在小区边界的测量非常关键，改变天线下倾角、功率便可以改善在边界区域的吞吐量。

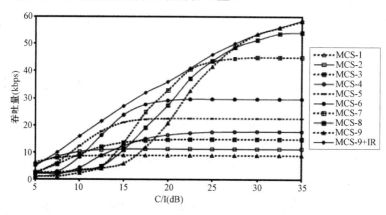

图 6.17　C/I 与吞吐量的关系

　　切换数量的增加会减小吞吐量，所以通过优化减小不必要的切换可以有效地改善吞吐量。同样，当 MCS 从高到低改变时也会降低吞吐量。根据 C/I 和接收机的性能统计，调整适当的参数便可以有效地实现吞吐量的优化。

　　现网 EDGE 网络优化主要是从以下四个方面来进行考虑：第一，小区重选优化；第二，系统容量优化；第三，系统干扰优化；第四，EDGE 网络性能提升。总之，EDGE 网络优化就是在保障语音业务的质量和稳定性的前提下，全面提升 EDGE 无线性能和服务质量稳定性，改善用户满意感知度，下面就结合实际工作情况来对 EDGE 无线网络优化经验进行介绍。

6.3.4　小区重选优化

1. 小区重选概述

EDGE 的小区重选是指 MS 处于 EDGE 待机状态（Standby）或就绪状态（Ready）时执行的小区重选。EDGE 的移动管理（MM，Mobile Management）状态如图 6.18 所示。

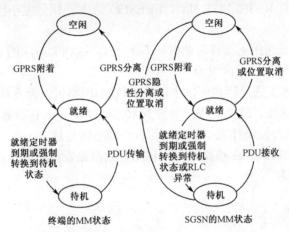

图 6.18　EDGE 的移动管理状态

其中各状态说明如下。

- 空闲（IDLE）状态：MS 附着 GPRS/EDGE 网络后的状态，不进行任何数据传输。
- 就绪状态：MS 进行数据传输时的状态，刚完成数据传输后仍会保持该状态一段时间。
- 待机状态：MS 处于就绪状态后，没有数据传输操作且 READY TIMER 超时后进入该状态。当 MS 继续进行数据传输时，转变为就绪状态。

小区重选是根据 MS 的测量报告来进行判断的。在 MS 的测量程序中，包括对 6 个邻小区的无线信号强度进行测量，至少每 30s 要对邻小区进行 BSIC 解码，以确定邻小区是否发生变化。如果发现邻小区的 BSIC 发生了变化，则判定邻小区发生了变化，然后对其广播控制信道（BCCH，Broadcast Control Channel）进行重新解读。每 5min 内对邻小区的 BCCH 进行重新解读，以保证小区重选数据的准确。

若重选到新小区，那么将收听该小区 BCCH 的系统消息，包括消息类型 1~4 和 SI13（GPRS/EDGE 小区）并解码所有信息。

EDGE 小区选择和重选过程分为以下两种情况。

（1）若服务小区存在 PBCCH，MS 就只需监听服务小区 PBCCH 上的系统消息，而不必再监听服务小区和其相邻小区 BCCH 上的系统消息。

（2）若服务小区不存在 PBCCH，MS 将认为 BA（BCCH）等于 BA（EDGE）。

现网采用的是第二种情况，因此下文的小区重选算法将仅介绍 PBCCH 信道不存在的情况。

EDGE 系统中的小区重选算法将使用 GSM 的 C2 算法，若相邻小区的 C2 值连续 5s 超过了服务小区的 C2 值，将触发小区重选到 C2 值更大的相邻小区，但以下情况例外。

（1）当在 IDLE 状态下新小区位于一个不同的位置区（LA，Location Area）或路由区（RA，Route Area），以及在 READY 状态下相邻小区的 C2 值连续 5s 超过服务小区的 C2 值与参数 CRH（CELL_RESELECT_HYSTERESIS）之和，则触发小区重选。CRH 参数由 BCCH 信道给出。

（2）若新的小区重选距上次重选的时间不足 15s，则相邻小区的 C2 值需要连续 5s 大于服务小区 5dB 才能发生行小区重选。

EDGE 网络的小区重选过程也可以由网络来控制，网络可以命令移动台发送测量报告，利用这些信息来进行决策。这个过程由参数 NACCACT 决定，该参数有以下两种取值。

- 0：一般移动台控制模式。移动台执行自动小区重选。
- 1：网络控制模式。在该模式下，移动台向网络发送测量报告，移动台不执行自动的小区重选。

2. 小区重选算法

前面已经提到，EDGE 网络中小区重选算法采用的是 C2 算法，该算法的简单描述如下：

$$C2 = \begin{cases} C1 + CRO - TO \times H(PT - T) & PT \neq 313 \\ C1 - CRO & PT = 31 \end{cases} \tag{6.16}$$

其中，C1 是小区选择量，该值可以通过以下公式确定：

$$C1 = ([接收的信号强度] - ACCMIN) - MAX(CCHPWR - P, 0) \tag{6.17}$$

T 是一个记时器；CRO、TO 和 PT 是参数；$H(x)$ 是一个函数，当 $x<0$ 时，$H(x)=0$。

式（6.16）和式（6.17）中的参数具体定义如下。

- ACCMIN：手机接入系统时需要的最小接收信号强度，单位是 dBm。
- CCHPWR：手机接入系统时允许的最大发射功率，单位是 dBm。
- P：各种级别手机最大的发射功率，单位是 dBm。
- CRO：小区重选偏置。
- TO：临时偏置。
- PT：惩罚时间。

3．小区重选参数设置分析

从小区重选算法可以清楚地看出，EDGE 小区重选会受到 ACCMIN、CRO 等参数的影响。此外，EDGE 手机的小区重选还受另一个参数 CRH 的影响。如果 CRH 设得太大，EDGE 手机有可能在主服务区的信号电平已经很低的情况下也不会进行小区重选，从而工作在干扰较强的状态下，造成性能的恶化；如果 CRH 设得太小，对于中低速运动的 EDGE 手机会非常不利，此时会导致频繁的小区重选，从而加重整个系统的信令负荷，也会影响网络的性能。因此，如何设置 CRH 也必须视网络的实际情况和实际需求来确定。

4．就绪状态下 EDGE 的小区重选过程

就绪状态下 EDGE 小区的重选过程如图 6.19 所示。

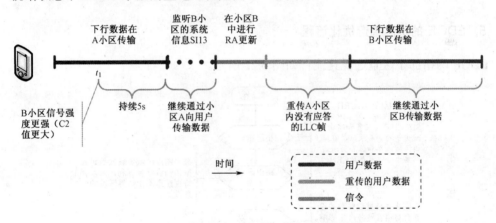

图 6.19　就绪状态下 EDGE 的小区重选过程

从图 6.19 所示可以看出，当到达 $t1$ 时刻时，B 小区的信号强度越来越强，其 C2 值超过 A 小区，此时 A 小区依然向用户传输数据，持续 5s。5s 后 MS 会监听 B 小区的系统信息 SI13，但此时 A 小区仍然向用户传输数据。然后用户将通过 B 小区发起路由区域（RA，Route Area）更新请求，接着通过 B 小区对 A 小区传输的未确认应答的 LLC 帧进行重传。完成后便通过 B 小区继续进行数据传输。

由此可以清楚地看出：小区重选会引起一定的数据储运损耗时间，相关情况如图 6.20 所示。

从图 6.20 所示可以看出由于终端要对 B 小区的广播信息 SI13 进行监听，随后要发起位置/区域更新，所以会中断对旧小区传输数据的接收，只有当位置/区域更新完成后，才能陆续收到新的数据包，继续对传输数据的接收，所以小区的重选会带来数据储运损耗时间。如果是频繁的小区重选，必然会大大影响终端接收数据的吞吐量。所以小区重选优化是 EDGE 优化中非常重要的一个问题。

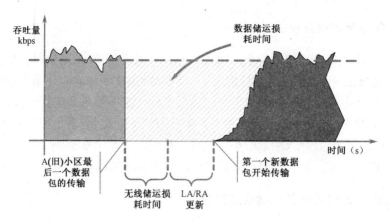

图 6.20　小区重选引起的数据储运损耗时间

5．EDGE 的小区重选优化流程

EDGE 网络的小区重选优化流程如图 6.21 所示。

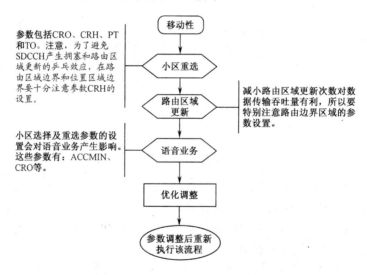

图 6.21　EDGE 小区重选优化流程

从图 6.21 所示可以看出 EDGE 小区重选优化的参数设定需要考虑到小区重选、路由区域更新以及对语音业务的影响等问题。

对于小区重选，涉及的参数主要有 CRO、CRH、PT 和 TO。在考虑这些参数时应该避免对 SDCCH 信道产生拥塞和在位置区域、路由区域边界发生乒乓效应。在区域边界时尤其要慎重地考虑参数 CRH 的设置，CRH 设置得过大会造成信号质量的下降；然而如果设置得过小，又很容易在边界上造成乒乓效应。同时，路由区域更新次数对网络吞吐量也会有很大影响，所以 CRH 参数的设置非常关键。

在考虑 EDGE 小区重选优化时，还必选考虑参数对传统语音业务的影响。这些参数主要包括 ACCMIN、CRO 等。在小区重选优化过程中，必须保证正常的语音业务不受影响。

通过优化 CRO 等小区重选相关参数，减少重选次数，增加单位重选的时间和里程，可以提高 EDGE 的应用性能和数据业务的承载能力。小区重选参数同样会影响语音空闲状态下的小区覆盖范围，需要注意对语音的影响。

6．EDGE 的小区重选优化案例

下面结合 EDGE 现网中的一些实际优化案例来对前面的分析进行说明。

（1）小区重选导致 FTP 吞吐量下降

这是一个呼叫质量测试（CQT，Call Quality Test），如图 6.22 所示，在进行小区重选优化之前该 EDGE 网络小区重选会导致 FTP 数据吞吐量下降。从图 6.22 中圈出的位置可以清楚看到数据吞吐量的突降。

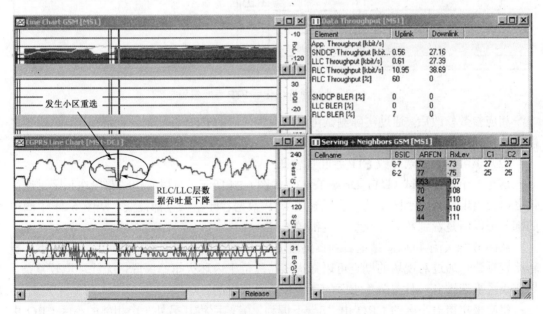

图 6.22　小区重选优化前 FTP 吞吐量突降

提取此时两个小区的相关配置参数，见表 6.8。

表 6.8　优化前两小区的相关配置参数

CELL_NAME	BCCH	BSIC	CRO	PT	TO	CRH
小区 A	77	62	0	0	0	8
小区 B	57	67	0	0	0	8

　　此时根据实际情况，建议将小区 B 的 CRO 值从原来的"0"改变为"2"，优化后的小区重选性能如图 6.23 所示。

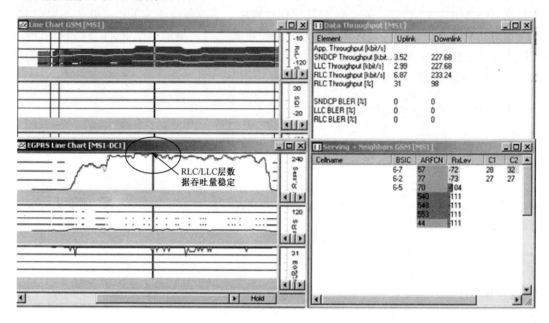

图 6.23　小区重选优化后 FTP 吞吐量稳定

　　相应参数修改后，通过实际测试可以发现优化后的 FTP 吞吐量一直很稳定，消除了之前吞吐量突降的情况。

　　（2）小区频繁重选导致 FTP 吞吐量较低

　　这是一个驱车测试（DT，Drive Test），如图 6.24 所示，可以看出该路段在小区重选优化之前会出现频繁的小区重选，所以导致 FTP 数据吞吐量一直都很低。从图 6.24 中圈中的部分可以清楚看到数据吞吐量一直都较低。

　　从图 6.24 所示可以清楚地看到该路段 EDGE 网络的下载速率较低，且该区域小区更新比较频繁。通过对现场的勘查可以知道该路段位于内环火车站路段，无线环境较复杂，导致小区重选过多，且主覆盖小区的话务和流量都较高。

　　将原来主覆盖小区的 CRO 由"3"下调到"0"，而将其另外一个相邻的小区 CRO 由"1"上调到"2"，减少对主覆盖小区的占用。如图 6.25 所示为调整后的测试图，可以看到调整后小区重选次数减少，并提高了该路段的 EGDE 的下载速率。

　　由图 6.26 所示可以更加直观地看出优化前后路测的结果，优化后该路段的小区重选次数明显减少。

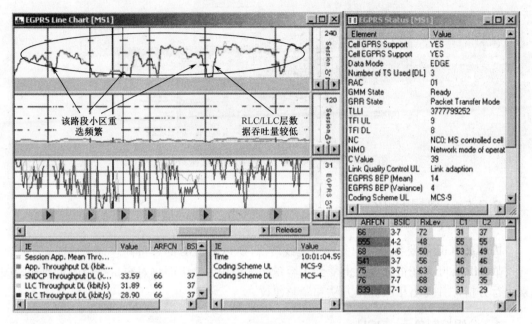

图 6.24　频繁小区重选优化前 FTP 吞吐量较低

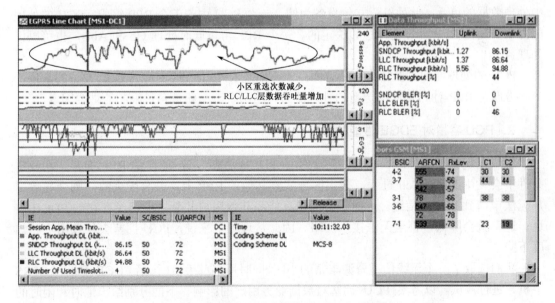

图 6.25　频繁小区重选优化后 FTP 吞吐量增加

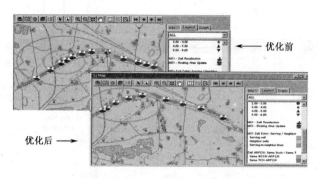

图 6.26　频繁小区重选优化前后重选次数的比较

6.3.5　容量优化

因为 EDGE 需要与语音业务竞争无线资源，所以 EDGE 的容量问题逐渐成为一个严峻的挑战。IP 吞吐率在很大程度上受到了容量短缺的限制。下面将对容量受限的主要影响因素进行分析，并提出相应优化方法和调整建议。

1．分组控制单元（PCU）

分组控制单元（PCU，Packet Control Unit）是基站控制器（BSC，Base Station Controller）中处理数据的单元。此处以爱立信设备为例，一个 PCU 由若干个 RPP 组成。PCU 的处理能力主要是由 RPP 处理能力总和决定的。每个 RPP 可以同时处理 Gb 和 Abis，也可以仅处理 Abis。

PCU 的处理能力主要分为两个方面：一方面是 RPP 上所能支持的 GSL 设备的数量，另一方面是 RPP 对 PDCH 信道数的处理能力。这两个方面就是容量限制的重要因素。

2．PCU 容量对 EDGE 性能的影响

用户发起数据业务时，需要占用无线的 PDCH 资源。若 PCU 的 RPP 拥塞，在一定条件下会发生 Move Cell 过程，把小区分配到其他的 RPP 上，若分配失败，则会导致用户无法申请到 PDCH 信道。此时，该用户只能和其他用户共享之前已经存在的 PDCH 信道，速率就会降低，甚至无法接入网络。因此从理论上来说，PCU 拥塞会导致用户感知度下降。

我们选取了一个无线信道资源丰富的小区，同时用多部手机（包括 EDGE 手机和 GPRS 手机）进行测试，以考察 PCU 拥塞对数据业务用户的影响。下面分别给出忙时和闲时的测试结果，见表 6.9。

表 6.9　PCU 忙/闲时对 EDGE 性能的影响

测试次数	忙时下载速率	闲时下载速率
1	94kbps	220kbps
2	91kbps	156kbps
3	92kbps	154kbps

PCU 不同拥塞时段进行测试的结果表明：在 PCU 资源较充足的情况下，FPDCH 为 1 时，MS 很容易就占用到 4 条信道，下载平均速率在 200kbps 左右。然而当 PCU 发生拥塞时，MS 一般只能占用到 2 条信道。所以 PCU 的高拥塞会导致用户实际使用速率的下降，严重影响用户对 EDGE/GPRS 性能的感知度。

在考虑 PCU 的容量时，有两个参数是非常重要的。

● READY Timer：该参数控制 MS 从就绪（Ready）状态转变到待机（Standby）状态的时间。在就绪状态下，MS 发生了小区重选后，必须依靠小区更新（Cell Update）来使 SGSN 获知该 MS 位于哪个新小区。Cell Update 信令依靠 GMM/SM signalling TBFs 来承载。可以将现网 READY Timer 适当调小，目的是减少因为频繁的 Cell Update 而建立的 GMM/SM signalling TBFs 引起 PILTIMER 重启，进而降低 GSL 使用率。但是 Cell Update 的数量减少了，带来的负面影响是增加了 PS 域的寻呼数量。

● Periodic RAU Timer：该参数控制周期路由区域更新的时间。将现网 Periodic RAU Timer 适当调大。那么周期性 RAU 的时间就会变长，从而减少周期性 RAU 的 GMM/SM 信令，因此也将降低承载这些信令的 TBF，引起 PILTIMER 重启，进而降低 GSL 使用率。同样，其带来的负面影响是增加了 PS 域的寻呼数量。

3. PCU 容量的优化流程

从上面的介绍可以看出 PCU 容量对整个 EDGE 系统的容量会产生重要的影响，所以必须科学地对 PCU 的容量进行优化，其优化流程如图 6.27 所示。

在 PCU 容量优化流程中，先要对一些关键指标进行统计分析，如 GSL 设备利用率、RPP 负荷、PCU 拥塞率、RPP 拥塞率等；然后收集 EDGE 网络中的一些关键参数，如 PILTIMER、TBF*LLIMIT、ESDELAY、DLDELAY 等；接着查看 PCU 负荷是否过高，如果过高就需要对 BSC 参数、FPDCH 进行检查，并解闭 GSL 设备，也就是将用户 Gb LINK 的设备释放到 Abis 处理上；最后对 RPP 调整以增加 PCU 容量。完成上述优化调整后重新进行该流程，直到 PCU 负荷正常为止。

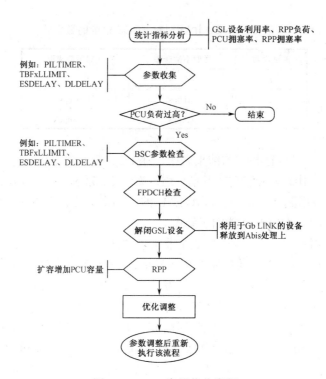

图 6.27　PCU 容量优化流程

4．PCU 优化效果分析

（1）周期路由区域更新定时器（Periodic RAU Timer）

● 参数由 1h 调整为 2h。

● 参数调整后直接影响着周期性 RAU 的次数，Intra SGSN RAU 的申请数明显降低，但是 PS 域的寻呼数并没有出现预期的增加，证明该参数的调整对 PS 域寻呼并不会产生明显影响，如图 6.28 所示。

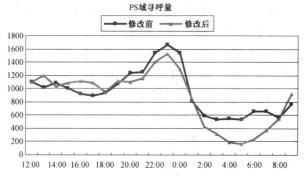

图 6.28　Periodic RAU Timer 修改前后 PS 域寻呼量的变化

● 参数调整后，承载 GMM/SM 信令的 TBF 数量也应该有显著的下降，同时承载用户数据净负荷的 TBF 数与承载 GMM/SM 信令的 TBF 数的比值也应该明显提升，即用户数据传输的吞吐量会有明显的增加，如图 6.29 所示。

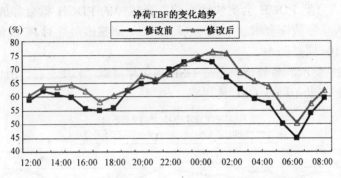

图 6.29　Periodic RAU Timer 调整前后净荷 TBF 的变化

（2）TBFDLLIMIT/ TBFULLIMIT

● TBFDLLIMIT 用于下行情况，TBFULLIMIT 用于上行情况，作用原理是一样的。这两个参数用于设置新 PSET 分配的门限值，当 PSET 内平均 PDCH 复用数达到这个门限值时，就会触发另外一个新 PSET 的 PDCH 分配。门限值调低时会使更多的 PDCH 分配给用户使用，会增加 PCU 负荷。所以，调整该参数对 PCU 负荷的影响较大。

● 两个参数均由"1"调整为"2"。

● 参数调整后 PCU 负荷会有少幅度下降，如图 6.30 所示，可以看出 GSL 设备使用率有明显下降。

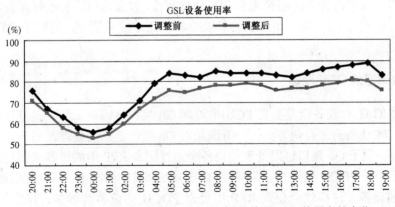

图 6.30　TBFDLLIMIT/ TBFULLIMIT 调整前后 GSL 使用率的变化

（3）ESDELAY/ELDELAY/ULDELAY

这三个参数分别用于对三种 TBF 机制的保持时长进行控制，参数设置得越大，

（PDCH）资源保持的时间就越长。增加这三个参数的设置会增大 PCU 的负荷。

（4）PILTIMER

● 该参数用于调整空闲按需分配 PDCH 释放的等待时间。当这个等待时间较短时，空闲按需分配 PDCH 会更快地释放，释放掉的 PDCH 就会释放 PCU 的占用资源；增大该参数则会增加 PCU 负荷。所以，调整该参数对 PCU 负荷的影响较大。

● 参数由 10s 调整到 5s。

● 如图 6.31 所示，参数调整之后 GSL 使用率降低了 5%左右。所以 PILTIMER 值越小，越有助于降低 GSL 使用率。

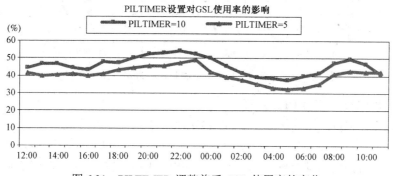

图 6.31　PILTIMER 调整前后 GSL 使用率的变化

（5）FPDCH

该参数用于设置小区内固定用于 GRPS 的信道数，这些信道不能用于语音，设置范围是 0～8。固定 PDCH 会持续占用 PCU 资源，所以该值的增大会增加 PCU 负荷。

（6）PDCHPREEMPT

该参数用于设置语音占用清空需求 PDCH 的程度，设置为"0"表示所有需求的 PDCH 都能被清空；设置为"1"表示不重要的需求的 PDCH 才能被清空，这时不会造成 TBF 被清空断线。

5．释放闭塞的 GSL 设备

释放闭塞的 GSL 设备就是要把 PCU 中处理 Gb 接口链路的部分设备进行释放，用于处理 PDCH。PCU 负荷来自两方面：一方面是对 Gb 接口链路的处理，另一方面是对小区 PDCH 的管理。用于 Gb 接口链路处理的设备是通过闭塞 RPP 中的设备来获得的，其余的可用设备都会用于 PDCH 处理。在 Gb 链路有足够冗余量的情况下，可以解闭部分用于 Gb 口链路处理的设备，这样就会使到 RPP 中处理 PDCH 的设备数增多，可以缓解 RPP 对 PDCH 处理负荷的压力。

6. RPP 的扩容

以爱立信设备为例，PCU 设备容量限制的因素有以下两种。

（1）限制因素 1——GSL 设备

1 个 RPP 有 62 个时隙可用；1 个 Bpdch 占用 1/4 时隙；1 个 Epdch 占用 1 时隙；1 个 Gb 占用 1 时隙。

（2）限制因素 2——DSP 处理 PDCH 能力

6 DSP 用于 PDCH 处理；1 个 Bpdch 占 1 个 DSP 负荷开销的 4%；1 个 Epdch 占 1 个 DSP 负荷开销的 6%。

根据上面的限制，RPP 的所需数量可以通过以下公式进行计算：

$$N_{\text{RPP}} = \max \left\{ \left(N_{\text{Bpdch}} \times \frac{1}{4} + N_{\text{Epdch}} \times 1 + N_{\text{Gb}} \times 1 \right) / 62, \left(N_{\text{Bpdch}} \times 4\% + N_{\text{Epdch}} \times 6\% \right) / 6 \right\} + 1 \quad (6.18)$$

或者

$$N_{\text{RPP}} = \max \left\{ \left(N_{\text{Bpdch}} \times \frac{1}{4} + N_{\text{Epdch}} \times 1 \right) / (62 - N_{\text{Gb}}), \left(N_{\text{Bpdch}} \times 4\% + N_{\text{Epdch}} \times 6\% \right) / 6 \right\} + 1 \quad (6.19)$$

RPP 扩容前后的性能比较如图 6.32 所示，是将 RPP 从原来的 21 块板扩容至 28 块。从图 6.32 中可以明显看出扩容后 GSL 设备使用率比扩容前下降了约 16%。

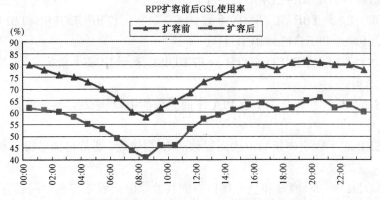

图 6.32　RPP 扩容前后 GSL 使用率的变化

6.3.6　干扰优化

无线干扰会影响到 EDGE 编码方式的选择，从而影响 IP 数据传输的吞吐率。下面就结合现网实际情况，根据 EDGE 网络性能统计指标（IP 吞吐率、IP 传输中断等）来判断网络存在的具体问题；并结合统计指标和参数设置来降低 EDGE 干扰，从而提升吞吐率。

无线环境会对 EDGE 网络的性能产生很大的影响，如会影响 EDGE 网络的误码率、重传块、高端编码方式、接入网络成功率、数据传输稳定性等。

1．关键指标描述

（1）吞吐率：相当于数据传输速率的概念，它是 EDGE 小区性能的集中表现。

- 分为上行、下行吞吐率；
- EDGE 下行吞吐率的公式为：(DLBEGTHR+DLTHP1EGTHR+DLTHP2EGTHR+ DLTHP3EGTHR)/(DLBGEGDATA+DLTHP1EGDATA+DLTHP2EGDATA+ LTHP3EGDATA)；
- 吞吐率会受到无线层单信道速率、手机占用 PDCH 信道数和 PDCH 复用度等因素的影响；
- 需要注意的是，较短的数据传送会导致吞吐率降低，这是因为 TBF 的建立时间也将包括在这个计数器当中。

（2）TBF IP 层中断数：该项指标表征 EDGE IP 层的中断情况，该数值越高就说明 TBF 在被非正常释放前保持的时间越长。

- 分为上行、下行中断数；
- EDGE 下行 TBF IP 层中断数的公式为：(TBFDLGPRS+TBFDLEGPRS)/6 (LDISTFI+LDISRR+LDISOTH+FLUDISC)；
- EDGE 上行 TBF IP 层中断数的公式为：(TBFULGPRS+TBFULEGPRS)/6 (IAULREL+ PREJTFI+PREJOTH)；

注意：LDISTFI、LDISRR、LDISOTH 和 FLUDISC 表示 IP 层中断次数，不同 COUNTER 表示不同中断原因。

　　LDISTFI 表示因缺少 TFI 或 PDCH 而导致的 IP 层中断，与小区用户数和 PDCH 容量有关；

　　LDISRR 表示因空中接口原因而导致的 IP 层中断，通常与信号覆盖和无线干扰有关；

　　LDISOTH 表示除容量和空中接口外的其他原因，通常与硬件问题有关；

　　FLUDISC 表示由于 RA 或 PCU 间的小区重选而导致下行 LLC PDU 缓存丢弃的次数；

- IAULREL、PREJTFI 和 PREJOTH 都是上行的 COUNTER，与之前下行掉线的 COUNTER 不同，后两个 COUNTER 表示的是上行信道接入异常的情况；

　　IAULREL 是由于与 MS 无线连接丢失而导致上行 TBF 被关闭的次数，通常与上行干扰和硬件问题有关；

　　PREJTFI 表示分组接入请求被拒绝的次数，拒绝的原因是没有 PDCH，没有 USF 或没有足够的 TFI；

　　PREJOTH 表示分组接入被拒绝的次数，拒绝的原因是除了"没有 PDCH，没有
USF 或没有 TFI"之外的其他原因，通常与硬件问题有关。

（3）无线层速率：指每信道无线（RLC）层速率，可以用于指示上行或下行无线链路
质量，即无线链路质量将会带来高的 RLC 层速率。

- 无线层速率有 GPRS 和 EDGE 之分；
- 在非正常原因释放的 TBF 的百分比中，由于无线原因的应该大于 80%，小于 80%
  时，就需要关注网间干扰和硬件问题。无线原因释放的 TBF 百分比公式为：
  LDISRR /(LDISTFI+LDISRR+LDISOTH+FLUDISC)×100%。

2. 干扰优化流程

　　干扰优化的流程如图 6.33 所示。

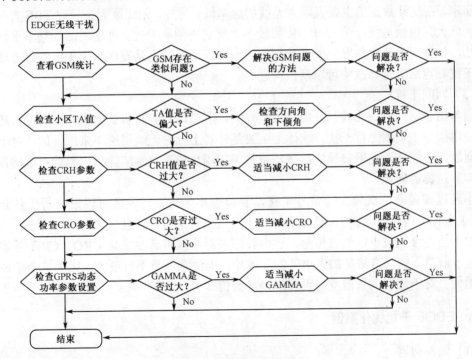

图 6.33　干扰优化流程图

　　从图 6.33 所示可以看出，对于 EDGE 网络的干扰优化来说，首先是要检查 GSM 的相
关统计，看其是否存在问题，如果存在问题就应当采用 GSM 相关方法予以解决。如果
GSM 统计没有问题，就接着检查小区的 TA 值，如果 TA 过大说明可能存在过覆盖问题，
建议将方向角和下倾角减小。如果 TA 值正常，再继续检查 CRH 参数是否设置得过大，如
果偏大就适当减小。同理如果 CRH 没有问题，继续检查 CRO 值，如果值过大就适当减小
该值。如果 CRO 也没有问题，那么最后检查一下 GPRS 的动态功率参数设置，看 GAMMA

参数是否设置得过大，如果存在问题应适当减小。

3．EDGE 干扰优化方法描述

（1）硬件问题

基站载波硬件或室内分布系统故障会造成干扰问题，在指标统计上表现为 IP 吞吐率低、无线层速率低等现象。另外，一般还会伴随有 GPRS/EDGE 接入成功率低、TBF 建立成功率低等现象，可以通过查看统计 PREJTFI、PREJOTH 和 TBF 建立成功率来进行分析。需要说明的是，当小区 PDCH 信道或单独 PSET 的 TFI 资源严重不足时会造成 PREJTFI 增多，若不是资源问题则怀疑是硬件性能问题。通常这类问题，更换硬件后就可以解决。

（2）网内频率干扰

EDGE 的频率干扰会造成 C/I 值降低、无线块误码率偏高、重传次数增加，最终影响传输速率，在统计数据上主要表现为无线层速率低；另外，无线原因会导致 TBF 非正常释放比例增大，也就是统计的 LDISRR 数较多。要解决频率干扰，可使用语音频率干扰优化的方法，如使用优化软件发现受干扰频率，另外现场测试也是发现频率干扰的好方法。找出受干扰频点后进行修改便可以解决问题。

（3）网间干扰

通常由于网间干扰比较强，影响范围较大，所以比较容易辨认出来。一般可以通过在终端使用指令来查看上行干扰。统计上主要是针对上行的无线层速率来进行的。对于网间干扰问题，一般需要使用扫频仪器现场查找干扰源，待干扰源清除后问题就可以解决。

（4）过覆盖问题

小区过覆盖会造成较大的信号干扰，要检查小区是否过覆盖可通过分析工具测得的 TA 值来进行分析。当发现 TA 值较大时，小区过覆盖的可能性就较大。另外，小区重选参数设置不当也会造成小区的过覆盖，这时就需要对小区重选参数如 CRO、CRH 等进行检查。对于前者，解决方法是加大小区的下倾角，但注意调整不宜过大，因为这会造成小区旁瓣增大。对于后者，只需重新设置适当参数值即可。

4．EDGE 干扰优化案例

（1）硬件问题

在某室内场所做 EDGE CQT 上传测试时，发现占用 A 小区信号上传速率很慢，且有断续现象。如图 6.34 所示是问题存在时的测试图，可看出上行 BLER 较高，平均在 50% 左右，表明上行无线信号质量较差，但下行信号 C/I 值较高，质量较好。由于该场所是由室外小区经直放站放大信号来进行覆盖的，所以可以初步判断是由于直放站设备或基站设备引起上行信号质量较差，从而造成 EDGE 上传速率偏低。

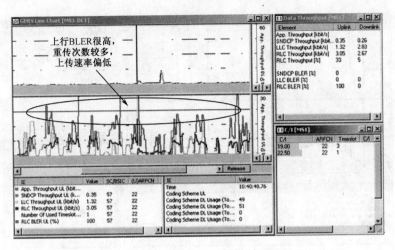

图 6.34　上行 BLER 过高，上传数据传输速率偏低

对直放站设备进行检测后，发现直放站上行放大器件损坏。更换问题器件后，再次测试，测试时上行速率较高，BLER 恢复正常，如图 6.35 所示。

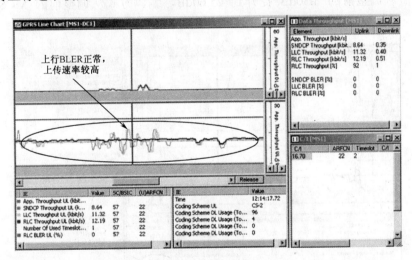

图 6.35　上行 BLER 正常，上传数据传输速率较高

（2）频率干扰问题

做 DT EDGE 下载测试时，途径某路段占用 A 小区时（占用 4 个信道）下载速率较低，如图 6.36 所示。经分析可以看出是由于占用频点 73 受到干扰导致，这时 C/I 值只有 5.30dB，下行编码方式只使用到 MCS-5。

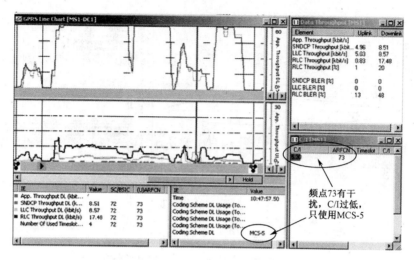

图 6.36　频率干扰导致数下行数据传输速率偏低

　　针对上述原因，将 A 小区的频点 73 更换为 72 后，下行干扰消除，如图 6.37 所示。此时 C/I 值从调整前的 5.30dB 提升到 25.60dB，编码方式从调整前的 MCS-5 提升为 MCS6-9。

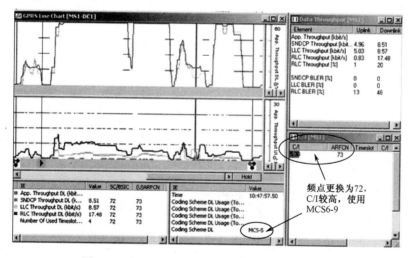

图 6.37　频率干扰消除后下行数据传输速率较高

6.4　EDGE 性能的提升

　　随着 EDGE 网络的日渐成熟，无缝覆盖也成为用户对无线网络的新要求。直放站作为一种经济有效的覆盖设备，具有成本低廉、部署灵活等优点，在实际工程中得到了大量的应用。下面就结合实际网络优化经验，来探讨选频直放站对 EDGE 数据业务的影响，分析出可行的解决方法，从而为数据业务优化提供有益的参考。

日常的 EDGE 测试过程中，发现某些直放站覆盖区域 EDGE 上传/下载速率偏低，平均每时隙上传/下载速率只有 10kbps 左右，远低于每时隙 40kbps 的正常值。问题区域的直放站对语音和 GPRS 业务没有明显影响，因此需要对比 GPRS 与 EDGE 的物理层设计，前面的章节已经对 EDGE 的物理层设计进行了介绍，可以知道 EDGE 采用的是 8PSK 调制，而 GPRS 采用的是 GMSK 调制，所以调制方式的差异可能是导致 EDGE 性能较差的原因。

通过对 EDGE 和 GPRS 的调制方式的比较，可以得出以下结论：

● GMSK 调制是恒定包络调制，而 8PSK 调制不具有恒定包络，所以 8PSK 调制对直放站放大器的线性要求很高，非线性放大器会导致调制信号幅度失真。

● GMSK 调制具有良好的抗干扰能力，但传输速率较低，调制信号只能携带 1bit 信息；8PSK 调制的速率是 GMSK 调制的 3 倍，但信号的健壮性（Robustness）比 GMSK 差，对频移、噪声、时延等干扰反应敏感，抗干扰能力比 GMSK 弱。

结合选频直放站的实际情况，可以对测试中的问题进行更加深入的分析。在实际网络部署时，直放站或级联的放大器为了获得尽可能大的放大器效率，输出功率普遍接近放大器的输出功率 1dB 压缩点（P1dB）。放大器都有一个线性动态范围，在这个范围内，放大器的输出功率与输入功率成线性关系。但是随着输入功率的继续增大，放大器将进入非线性区，其输出功率不再随输入功率的增加而线性增加，而是开始低于线性增加值。通常把输出功率下降到比线性输出功率低 1dB 时的输出功率值定义为输出功率的 1dB 压缩点，用 P1dB 表示，如图 6.38 所示。

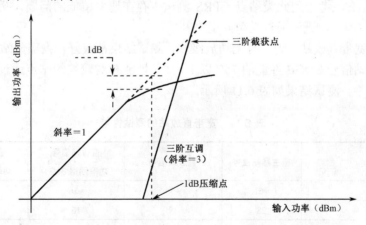

图 6.38　输出功率 1dB 压缩点示意图

GSM 和 GPRS 采用的是 GMSK 调制，属于恒定包络调制，幅度压缩不会导致误码，因此即使输出功率超过 P1dB，在一定程度上也可以保证正常通信。

EDGE 的 8PSK 调制的包络为非恒定，峰值功率比平均功率高 3.2dB，当直放站的输出功率（即输出信号的平均功率）接近 P1dB 点时，峰值功率很有可能已经超过 P1dB 点 2～

3dB，由于放大器的非线性，所以不可避免地会导致调制信号幅度失真，信号质量变差。

这种情况下，直放站放大器输出功率应该至少在 P1dB 基础上回退 3.2dB 才能保证 8PSK 调制信号的幅度线性要求。考虑到功率冗余和放大器工艺等问题，一般要回退 6dB 以上才能保证 8PSK 调制信号的幅度线性要求。

（1）在对带有级联功放设备的选频直放站功率回退 6dB 后，可以很明显地看出该选频直放站基本上可以达到施主基站 EDGE 性能的 75%。测试结果见表 6.10。

表 6.10　功率回退后的选频直放站性能

	施主基站信号	直放站信号	直放站信号（功率回退 3dB）	直放站信号（功率回退 6dB）
场强（dBm）	−60	−65	−66	−69
C/I（dB）	30	28	26	24
4 时隙 FTP 下载（kbps）	167.2	56.2（严重断流）	139	134
2 时隙 FTP 下载（kbps）	98.8	10.8（严重断流）	48.2	51.9

（2）没有级联功放设备的直放站在功率回退后性能仅有少许改善，但最终（功率回退 15dB）平均上行、下行每时隙速率仅为 12kbps 左右，初步分析为选频模块 EVM 值过大，建议更换数字选频模块或换宽带直放站，如有必要，加开微蜂窝也是可行的解决方案。

（3）对于选频直放机+干放（塔放）的站点，在直放机和级联功放的发射功率都在 P1dB 点的基础上回退 3～6dB 后，EDGE 性能也有少许改善，但平均上行、下行每时隙速率仍仅为 10kbps 左右，考虑到此类站点 GPRS 测试也存在速率偏低的问题，初步分析为设备级联后 EVM 值偏大，无法通过功率回退来补偿。

（4）对于宽带直放站，无论有无功放级联，测试结果都较好，大部分站点 EDGE 性能达到了施主基站信号 EDGE 性能的 75%以上，部分性能相对较差的站点通过功率回退后性能也有明显改善。测试结果如表 6.11 所示。

表 6.11　宽带直放站的测试性能

	施主基站信号	直放站信号	直放站信号（功率回退 3dB）	直放站信号（功率回退 6dB）
场强（dBm）	−61	−55	−56	−58
C/I（dB）	28	19	16	15
4 时隙 FTP 下载（kbps）	142.6	71.1（严重断流）	93.7	108.2
2 时隙 FTP 下载（kbps）	85.3	12.8（严重断流）	14.9	16.8

（5）少量选频直放站所在地无线环境复杂，施主基站的信号会受到严重干扰或衰减严重，导致直放站效能不佳，建议更换为光纤直放站。测试结果见表 6.12。

表 6.12　干扰严重的直放站的测试性能

	施主基站信号	直放站信号	直放站信号（功率回退 3dB）	直放站信号（功率回退 6dB）	直放站信号（功率回退 12dB）
场强（dBm）	−70	−67	−70	−73	−77
C/I（dB）	23	9	7.9	6	4
4 时隙 FTP 下载（kbps）	146	断线	10	18	34
2 时隙 FTP 下载（kbps）	101.5	断线	/	/	/

对于 EDGE 性能验收方面，拟定参考标准如下：

① 新建站每时隙速率上行/下载速率达到基站信号覆盖速率的 80%，原有存在问题的站点整改后应至少达到基站信号直接覆盖性能的 70%。

② 直放站覆盖区域内每时隙上行/下载速率达到 37.5kbps。

③ 以上两条 EDGE 验收标准满足任意一条，则判定该直放站性能达到验收标准。当直放站性能只满足标准①时，则应考虑优化基站信号。

参考文献

[1]　3GPP TS 45.001 V6.7.0 Physical layer on the radio path; General description.

[2]　3GPP TS 45.004 V6.0.0 Modulation.

[3]　3GPP TS 45.005 V6.1.0 Radio transmission and reception.

[4]　3GPP TS 45.008 V6.18.0 Radio subsystem link control.

[5]　3GPP TS 45.009 V6.2.0 Link adaptation.

[6]　3GPP TS 44.018 V6.20.0 Mobile radio interface layer 3 specification; Radio Resource Control (RRC) protocol.

[7]　3GPP TS 45.002 V6.12.0 Multiplexing and multiple access on the radio path.

[8]　3GPP TS 45.003 V6.9.0 Channel coding.

[9]　3GPP TS 44.021 V6.0.0 Rate Adaption on the Mobile Station - Base Station System (MS-BSS) Interface.

[10]　3GPP TS 43.051 V6.0.0 GSM/EDGE Radio Access Network (GERAN) overall description; Stage 2.

[11]　3GPP TS 23.060 V5.13 GPRS services Description Rel 5.

[12]　3GPP TS 08.18 V8.12.0 BSS-GSN BSSGP.

[13]　3GPP TS 23.107 V6.2.0 Quality of Service (QoS) concept and architecture.

[14]　3GPP TS 27.007 V4.6.0 AT command set for User Equipment (UE).

[15]　3GPP TS 44.060 V6.20.0 General Packet Radio Service (GPRS); Mobile Station (MS) - Base Station System (BSS) interface; Radio Link Control / Medium Access Control (RLC/MAC) protocol.

第7章 EDGE 现网规划与优化案例分析及常见问题定位

本章要点

- EDGE 网络资源评估与配置
- GPRS 和 EDGE 网络的 KPI 评估
- GPRS 和 EDGE 网络的优化流程
- 常见问题定位与解决方案

本章先介绍 EDGE 网络资源评估与配置，其中包括 PCU 资源配置评估、Gb 接口资源配置以及 PDCH 配置算法；然后介绍 GPRS 和 EDGE 网络 KPI 评估，这一部分内容是 GPRS 和 EDGE 网络的规划与优化以及日常网络监控及维护的基础；接着将从干扰、移动性和容量三个方面详细介绍 GPRS 和 EDGE 网络优化流程，同时介绍解决下行 IP 吞吐率低的工作流程；最后对 EDGE 现网规划与优化过程中的常见问题进行定位，并给出相应的解决方案。

7.1　EDGE 网络资源评估与配置

7.1.1　PCU 资源配置评估

在 GSM 系统开通 GPRS 功能后，在 BSC 侧需要增加硬件 PCU。PCU 一方面是面向 SGSN 处理 BSSGP 和网络服务层的信息；另一方面则是通过 MAC/RLC 层和手机相连，处理信令，透明传输用户数据到 SGSN。PCU 还有一个主要功能是负责空中接口中的 PDCH 的管理。

PDCH 按照带宽可分为 2 种：B-PDCH 和 E-PDCH。B-PDCH MAC/RLC 层最大速率是 12kbps，使用 CS-1/CS-2 编码方式，B-PDCH 使用的 BPC 和 GSM 的一样，子速率都是 16kbps；E-PDCH 的 MAC/RLC 层最大速率是 59.2kbps，可以使用 C-S1～CS-4 或 MCS-1～MCS-9 的编码方式，E-PDCH 使用的 BPC 带宽是 GSM 的 4 倍，可达到 64kbps。

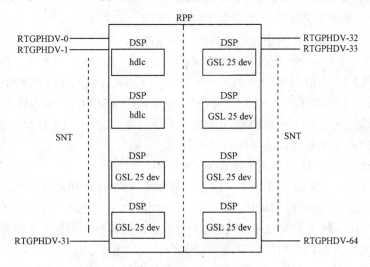

图 7.1　PCU 内部结构

如图 7.1 所示，PCU 内部主要由若干块 RPP 组成，每个 RPP 有 2 个 DL2 连接，每个 DL2 连接有 32 个 64kbps 的 GPH 设备，每个 GPH 设备又可以再细分成 4 个 16kbps 的子设备，叫做 GSL。每个 B-PDCH 对应一个 GSL 设备，每个 E-PDCH 对应一个 GPH 设备。每个 RPP 有一个中央处理器负责高端/集中管理，另外还有 8 个 DSP 具体负责管理 2 个 DL2 内的 GPH 设备。

每个 RPP 能够处理的 B-PDCH/E-PDCH 个数由下面两个因素决定：

- GPH/GSL 设备的数量；
- DSP 的处理能力。

一般来说，每个 DSP 可以同时处理 25 个 B-PDCH。和 B-PDCH 相比，每个 E-PDCH 需要其 1.5 倍的处理器负荷，即每个 DSP 可同时处理大约 16 个 E-PDCH。另外由于硬件限制，在 DL2-0 上的 2 个 DSP 只可以处理 50 个 B-PDCH 或 32 个 E-PDCH，在 DL2-1 上的 4 个 DSP 一共可以处理 100 个 B-PDCH 或 32 个 E-PDCH（GPH 设备受限）。

综合考虑 GPH/GSL 设备的数量和 DSP 的处理能力后，DL2-0 和 DL2-1 可以处理的 B-PDCH/E-PDCH 个数可由下面的式子表示。

① DL2-0

EPDCH0×1.5+BPDCH0≤50（DSP 容量受限）

EPDCH0+BPDCH/4+LINKSIZEGb≤31（GPH/GSL 设备数受限）

*实际处理数由上面 2 个公式的最小值决定

② DL2-1

EPDCH0×1.5 + BPDCH0≤100（DSP 容量受限）

EPDCH0 + BPDCH/4≤31（GPH/GSL 设备数受限）

*实际处理数由上面 2 个公式的最小值决定

而 RPP 可以处理的 PDCH 个数就是 DL2-0 和 DL2-1 之和。

在现网内，支持 EDGE 的小区通常只放一个 STRU，所以 E-PDCH 和 B-PDCH 通常都并存在支持 EDGE 的小区内。BSS 的计数器不能直接计算 E-PDCH 的数量。要知道 E-PDCH 的数量，要先从 STS 中取得分配的 PDCH 个数（ALLPDCHACC/ALLPDCHSCAN）；然后从 BSC 输出每个小区的 64k BPC 的数量(NUMREQEGPRSBPC)。因为每个小区 E-PDCH 的总数不可能超过这个小区 64k BPC 的数目，系统总是先分配 PDCH 到 64k BPC 上，所以每个小区 E-PDCH 个数可以按下面方法来计算。

设 Y = 分配的 PDCH 个数 − 64k BPC 个数，

E-PDCH 个数 = 64k BPC 个数　　　　　（如果 $Y>0$ 且 B-PDCH 个数=Y）

E-PDCH 个数 = 分配的 PDCH 个数　　　（如果 $Y≤0$ 且 B-PDCH 个数=0）

计算出每个小区的 E-PDCH 和 B-PDCH 个数后，就可以知道这个小区整个 BSC 对于 GSL 的需求是多少，然后就可以估算出需要多少块 RPP 板。

在 RPP 内部，DL2-0 上的 PDCH 个数使 DSP 处理能力受限，而 DL2-1 上则使 GPH 设备受限。因此如果 DL2-0 上全是 E-PDCH 时，可以有 31 个 PDCH；如果 DL2-1 上全是 B-PDCH 时，可以有 100 个 PDCH，总共 131 个 PDCH。如果反过来的话，则同一块 RPP 板上只有 81 个 PDCH。

7.1.2　Gb 接口资源配置

Gb 链路带宽的评估可以从 SGSN 获取统计指标进行评估，但由于分工的不同，无线优化人员通常不易获得核心网统计，因此用无线侧指标间接评估 Gb 链路容量就变得比较重要。

例如，如图 7.2 所示，通过指令 RRGBP，可以查到 Gb 接口时隙数为 56 个。

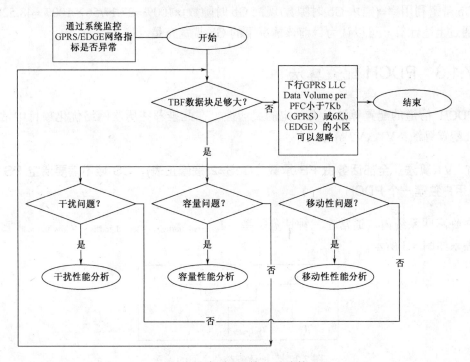

图 7.2　查看 Gb 接口时隙数

Gb 接口流量的精确统计可以从 SGSN 上获取，也可以采用 BSC 的流量统计加上包头开销的方法来进行估算。由于(E)GPRS 网络是上行、下行带宽不对称网络，下行数据带宽高于上行数据带宽，所以在对 Gb LINK 容量分析时只需分析其下行的 GBL 带宽需求就可以满足上行需求。可以通过统计数据获取连续多天 BSC 最忙时下行总流量，包含 GPRS 和 EGPRS 下行流量总和。

例如通过统计分析可知，3 月 8 日早上 10:00～11:00 的下行流量是多天来的最高值。利用该流量可计算 Gb 带宽利用率。

DATE	PERIOD	IP 下行总流量_MB	Gb 带宽利用率
2008-3-8	1100-1200	434.76	48.52%

Gb 带宽利用率的计算方法如下。

计算公式：需求 Gb 时隙数=下行总流量(MB)×1000×8×(1+26%)/(3600×64×0.7)，其中 26%是包头开销；0.7 是负荷因子。

Gb 时隙利用率=(需求 Gb 时隙数/实际配置 Gb 时隙数)×100%

当 Gb 时隙利用率达到 80%后就需要开始重点关注，当接近 100%时则需要进行扩容。

上述情况所需要的 Gb 时隙数=434.76×1000×8×1.26/(3600×64×0.7)=27.17

Gb 带宽利用率=(需求 Gb 时隙数/现网 Gb 时隙数)×100%=27.17/56×100%=48.52%

通过上述计算，可以认为目前该情况下的 Gb 带宽充足。

7.1.3　PDCH 配置算法

PDCH 信道的配置算法具有一定的灵活性，在此推荐在历次网络优化项目中常用的 PDCH 配置算法：V1、V2 算法。

1. V1 算法（全部话务由 FR 承载，GoS=2(按修正表)，CS 域不需要清空 PS 域，PS 域用户独享一个 PDCH）

在蜂窝网系统内，通常有三种话务类型：$T_{offered\_traffic}$、$T_{served\_traffic}$、$T_{loss\_traffic}$，它们之间的关系如图 7.3 所示。

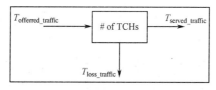

图 7.3　三种话务类型之间的关系

其中，

$$T_{served\_traffic} = T_{offered\_traffic} \times (1 - \text{GoS})$$

可得到

$$T_{offered\_traffic} = T_{served\_traffic} / (1 - \text{GoS})$$

一般认为对于全速率话务，

$$\text{GoS}_F \approx \frac{\text{TFTHARDCONGS}}{3600}\%$$

因为用的是 TFTHARDCONGS，所以在这里表示的是包含了清空 PDCH 后的 GoS。要排除清空影响，可以用 TFTCONGS 代替 TFTHARDCONGS。

也就是

$$GoS_F \approx \frac{TFTCONGS}{3600}\%$$

那么

$$F_{offered\_traffic} = \frac{F_{served\_traffic}}{GoS_F}$$

对于半速率业务

$$GoS_H \approx \frac{THTCONGS}{3600}\% \times F_{offered\_traffic} = \frac{F_{served\_traffic}}{GoS_H}$$

整个小区的 Offerred traffic 为

$$Total_{offered\_traffic} = F_{offered\_traffic} + H_{offered\_traffic}$$

通过修正的爱尔兰 B 表，可以查到要支持这么大的 $Total_{offered\_traffic}$ 需要多少 TCH，记为 CS_TCH 个数。

对于 PS 域，可以从 STS 中得到小区中的已分配的 PDCH 个数和每个 PDCH 上分享的 TBF 个数，计算出如果让每个 TBF（用户）独占一个 PDCH 时，需要的 PDCH 个数，所分配的 PDCH 个数×TBF 个数 per PDCH = TBF 个数（用户数）= PS_PDCH 个数

本小区总的 TCH 个数为

总的 TCH 个数 = CS_TCH 个数 + PS_PDCH 个数

2. V2 算法（单个小区最低 TCH 配置个数门限（20%话务由半速率承载，GoS=2（按修正表），PDCH 分享系数维持不变））

结合单位时间内小区级话务统计和爱尔兰 B 表，可以计算出针对小区级的最低 TCH 配置个数。当目标小区定义的 TCH 个数低于 V2 值时，表明该小区的状态为：大于 20% 语音业务话务量由半速率信道承载，或用户可以获得 PDCH 分配，但不能保障最大吞吐率。

为了获取目标小区的 V2 值，需要通过修正后的爱尔兰 B 表获得以下统计数据：CLTCH、CELTCHF、CELTCHH 和 CELLGPRS。

获取目标小区的 V2 值计算方法如下。

第一步：通过修正后的爱尔兰 B 表中计算出总话务量的 20%由半速率业务信道承载的相应 TCH 个数的近似值。

假设爱尔兰 B 表中 TCH 个数不变，其相应的话务量为总话务量的 80%，则在 TCH 个数不变的前提下，用原相应话务量除以 80%，可得到近似于 80%是全速率、20%是半速率的总话务量，其对应的 TCH 个数即承载了 20%半速率话务量的 TCH 个数。

第二步：对单位时间的统计数据进行处理，计算出以下指标。

- 可用 TCH 个数：TAVAACC/TAVASCAN。
- 全速率话务量：TFTRALACC/TFNSCAN。

● 半速率话务量：THTRALACC/THNSCAN。
● 承载数据的 PDCH 个数：ALLPDCHACTACC/ALLPDCHSCAN。

第三步：获取目标小区语音业务量最大的相应小时的指标，并进行以下计算。

将全速率话务量与半速率话务量相加，得到该小区的全部话务量；然后对照修正爱尔兰 B 表，得到语音业务的 TCH 个数；再将语音业务的 TCH 个数与承载数据的 PDCH 个数（向上取整）相加，得到该小区的 V2 值；最后把 V1、V2 值和现有的 TCH 数合在一起，就可以看出哪些小区要加减载频，哪些小区可能要分裂。

7.2　GPRS 和 EDGE 网络 KPI 评估体系

本节将介绍一些统计体系以评估网络性能，合理地利用它们将有助于 GPRS 和 EDGE 网络的规划与优化，以及日常监控及维护工作。其中，将重点介绍衡量系统性能的指标及计算公式，以及相关计数器的含义和跳转方式。如图 7.4 所示是整个评估系统的结构。

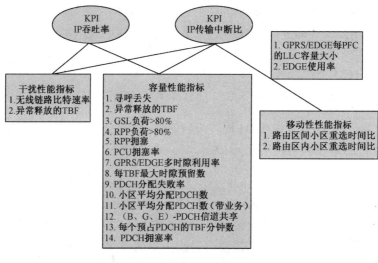

图 7.4　评估系统的结构

7.2.1　GPRS IP 吞吐率（下行与上行）

（1）单位：kbps

（2）描述：该参数表示 GRPS IP 的吞吐率。需要注意的是，短数据传送会导致吞吐率降低。这是因为 TBF 的建立时间也将包括在这个计数器当中（如图 7.5 所示）。所以在观察该指标时需要与 GRPS LLC 数据每 PFC 容量结合在一起来考虑，看吞吐率低是否是由于短数据传送而导致的。如果 GRPS LLC 数据每 PFC 的容量低，那么低吞吐率就是正常的；否则就需要进一步地研究来确定吞吐率低的原因。

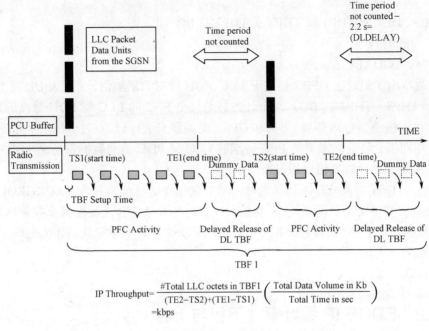

图 7.5　IP 吞吐率示意图

（3）对象类型：CELLQOSG

（4）下行 GPRS IP 吞吐率的公式：(DLBGGTHR + DLTHP1GTHR + DLTHP2GTHR + DLTHP3GTHR) / (DLBGGDATA + DLTHP1GDATA + DLTHP2GDATA + DLTHP3GDATA)

（5）上行 GPRS IP 吞吐率的公式：(ULBGGTHR + ULTHP1GTHR + ULTHP2GTHR + ULTHP3GTHR) / (ULBGGDATA + ULTHP1GDATA + ULTHP2GDATA + ULTHP3GDATA)

（6）计数器描述

①　"xy" GTHR

该计数器用于记录每个 PFC 的 LLC 层 PDU 的累加值（LLC 层的吞吐率×LLC 层数据量），而每个 PFC 可以按照其 QoS 等级、方向和 GPRS 的类型来进行分类。对于每一个完成的 TBF，吞吐率的计算方法是，用这个 TBF 中有同样组合特征的激活的 PFC 吞吐量除以在总的 PFC 生存期内每个激活的 PFC 传送的 LLC 层 PDU 数据量。而每一个激活的 PFC 的吞吐率是 TBF 中每个激活的 PFC 中定义的该计数器的累加值。

下行 PFC 的生存期是从第一个激活的 PFC 的 LLCPDU 进入到 PCURP 中的 RLC 层协议开始算起的，结束时间被设置为最后一个激活的 PFC 的 LLCPDU 被完全组装并且最后一个 RLC 层数据被发送的时间。每当最后一个 RLC 层数据块不得不被重传时，新的结束时间就会被重置，直到手机确认了最后一个 RLC 层数据块为止，即"PACKET DOWNLINK ACK/NACK"消息被发送。上行 PFC 的生存期是从第一个 RLC 层数据块被 PCU-RP 中的

RLC 层协议接收开始的，结束时间被设置为最后一个 LLC-PDU 被完全组装并被发送的时间。

x=UL 或 DL，y=THP1 或 THP2 或 THP3 或 BG

单位：$(kbit)^2/s$

② "xy" GDATA

该计数器用于记录在 GPRS 模式下 LLC PDU 数据的累加值。x 代表 UL 或 DL，y 代表 THP1、THP2、THP3 或 BG。这个计数器是每个 PFC 的 LLC 层 PDU 数据的累加器，每个 PFC 可以按照其 QoS 等级、方向和 GPRS 的类型来进行分类。对于每一个完成的 TBF，TBF 中有相同组合特征的激活的 PFC 传送的 LLC 层 PDU 的总数据量是由 TBF 中每个激活的 PFC 所定义的计数器值累加起来的。

注意：当 QoS 功能处于关闭状态时，所有数据传送将被划归为 BACKGROUND，而 "THP" 计数器将不会跳转。当 QoS 功能打开后，所有数据传送会根据业务等级来进行划分，而相应的 "THP" 计数器将会跳转。THP1 在 QoS 等级中享有最高的优先级，而 THP3 则享有最低的优先级。

单位：kb

7.2.2　EDGE IP 吞吐率（下行与上行）

（1）单位：kbps

（2）描述：该参数表示 EDGE IP 的吞吐率。需要注意的是，短数据传送会导致吞吐率降低，这是因为 TBF 的建立时间也将包括在这个计数器当中。所以在观察该指标时需要与 EDGE LLC 数据中每 PFC 的容量结合在一起来考虑，看吞吐率低是否是由于短数据传送而导致的。如果 EDGE LLC 数据中每 PFC 的容量较低，那么低吞吐率就是正常的，否则就需要进一步地研究来确定吞吐率低的原因。

（3）对象类型：CELLQOSEG

（4）下行 EDGE IP 吞吐率公式：

(DLBEGTHR+DLTHP1EGTHR+DLTHP2EGTHR+DLTHP3EGTHR)/(DLBGEGDATA+ DLTHP1EGDATA + DLTHP2EGDATA + DLTHP3EGDATA)

（5）上行 EDGE IP 吞吐率公式：

(ULBEGTHR+ULTHP1EGTHR+ULTHP2EGTHR+ULTHP3EGTHR)/(ULBGEGDATA+ ULTHP1EGDATA + ULTHP2EGDATA + ULTHP3EGDATA)

（6）计数器描述

① "xy" EGTHR

该计数器用于记录在 EGRPS 模式下每个激活 PFC 吞吐量的累加值。x 代表 UL 或 DL，y 代表 THP1、THP2、THP3 或 BG。

② "xy" EGDATA

该计数器用于记录在 EGPRS 模式下 LLC PDU 数据的累加值。x 代表 UL 或 DL，y 代表 THP1、THP2、THP3 或 BG。

注意： 当 QoS 功能处于关闭状态时，所有数据传送将被划归为 BACKGROUNG，而 "THP" 的计数器不会跳转。当 QoS 功能打开后，所有数据传送会根据业务等级来进行划分，相应的 "THP" 计数器将会跳转。THP1 在 QoS 等级中享有最高的优先级，而 THP3 则享有最低的优先级。

（7）实例

当有用户数据向手机发送时，"激活的 PFC 生存期"的计时器是始终在 PCU 中运行的。如图 7.6 所示这个例子可以解释这个计数器的触发机制。它显示了一个 GPRS 的下行 TBF，包括两个激活的 PFC：PFC1 使用的 QoS 等级为 THP1，PFC2 的 QoS 等级为 THP3。

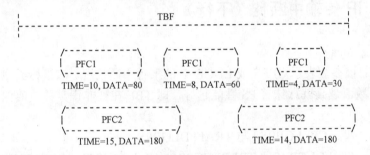

图 7.6　GPRS 的下行 TBF 实例

在 TBF 结束时下面的计数器将被更新。

① 对于 PFC1：

在 TBF 期间，总的 PFC 生存期 $= 10+8+4 = 22(s)$

在 TBF 期间，总的 LLCPDU 数据 $= 80+60+30 = 170(kb)$

(TPF1)的 PFC 加权吞吐率 $= 80 \times (80/10) = 640 \ (kb)^2/s$

(TPF2)的 PFC 加权吞吐率 $= 60 \times (60/8) = 450 \ (kb)^2/s$

(TPF3)的 PFC 加权吞吐率 $= 30 \times (30/4) = 225 \ (kb)^2/s$

DLTHP1GTHR = DLTHP1GTHR + $640+450+225(kb)^2/s$)

DLTHP1GDATA = DLTHP1GDATA + 170(kb)

DLTHP1GPFC = DLTHP1GPFC + 1 + 1 + 1

② 对于 PFC2：

在 TBF 期间，总的 PFC 生存期 $= 15 + 14 = 29(s)$

在 TBF 期间，总的 LLCPDU 数据 $= 180+180 = 360(kb)$

(TPF1)的 PFC 加权吞吐率 $= 180 \times 180/15 = 2160(kb)^2/s$

(TPF2)的 PFC 加权吞吐率 $= 180 \times 180/14 = 2314.28(kb)^2/s$

DLTHP3GTHR = DLTHP3GTHR + 2160+2314.28(kb)^2/s

DLTHP3GDATA = DLTHP3GDATA + 360(kb)

DLTHP3GPFC = DLTHP3GPFC + 1 + 1

在一个 TBF 时间内，TBF 中激活的 PFC 能够更改其 QoS 等级（THP1、THP2、THP3 和 BACKGROUND），因此在 TBF 结束时这个激活的 PFC 所使用的 QoS 等级通常被用于定义是哪种类型的计数器被更新。

GPRS QoS 功能可以被设置为 ON 或 OFF。当该功能被关闭的时候，数据流不会被划分成任何服务质量类别，因此所有的数据都会被归类到 BACKGROUND 类别。

根据上面所述的方法，可以用每一个传输的 LLC 层数据卷来权衡 LLC 层吞吐率的数值，这是因为对于用户来说，优化长 FTP 传输的 IP 吞吐率要比短 WAP 下载更重要。

7.2.3　IP 传输中断比（下行）

（1）单位：min

（2）描述：该参数表示 GPRS 或 EDGE IP 的下行中断情况。该指标类似于电路交换的话务掉话比，数值越高就意味着 PS 性能越好，即 TBF 在被非正常释放前保持的时间越长（以 min 计算）。

（3）对象类型：CELLGPRS2 与 TRAFFDLGPRS

（4）公式：(TBFDLGPRS + TBFDLEGPRS) / 6 / (LDISTFI + LDISRR + LDISOTH + FLUDISC)

（5）计数器描述

① TBFDLGPRS

该计数器用于记录在 GRPS 模式下，一个小区同时产生的下行 TBF 累加值。

② TBFDLEGPRS

该计数器用于记录在 EGRPS 模式下，一个小区同时产生的下行 TBF 累加值。移动数据业务的瓶颈在空中接口，手机要接收的数据先要在 SGSN 的下行 LLC 缓冲区中排队。如果因为某种原因导致空中接口传输中断，则需要 SGSN 对已到 LLC 缓冲区排队的数据做出处理决定，要么丢弃（LDISTFI、LDISRR、FLUDISC），要么转到新的队列继续下载到手机（FLUMOVE）。

③ LDISTFI

该计数器用于记录在 PCU 中，因为没有 PDCH 或 TFI 而导致下行 LLC PDU 缓存丢弃的次数。它可以发生在 TBF 建立的时候或是由于预清空而导致 TBF 释放的情况下。该计数器只与空中接口资源匮乏有关。分配更多的 BPC 作为 PDCH 将有助于问题的解决。TFI 的数量被限制在 32 个/PSET，同时 DLDELAY、ESDELAY、TFILIMT 的设置也会对该计数器产生影响（与容量有关）。

④ LDISRR

该计数器用于记录在 PCU 中，由于无线原因而导致下行 LLC PDU 缓存丢弃的次数。它会发生在 MS 等待 PS 下行的证实/非证实消息而最终没有任何反应的时候（这时 T3195 启动）。需要注意的是，在 BSC 边界由于 PCU 间的 CRS（Cell Reselection）造成的延时就有可能出现上述的情况（即在收到 SGSN 发送的 FLUSH 信息前，无线连接已经丢失和缓存已被丢弃）。

⑤ LDISOTH

该计数器用于记录在 PCU 中，由于其他原因而导致下行 LLC PDU 缓存丢弃的次数。

⑥ FLUDISC

该计数器用于记录在 PCU 中，由于 RA 或 PCU 间的 CRS 而导致下行 LLC PDU 缓存丢弃的次数（即 PCU 收到 FLUSH 信息而删除缓存的次数）。

与 LLC PDU 丢弃有关的计数器如图 7.7、图 7.8 所示。

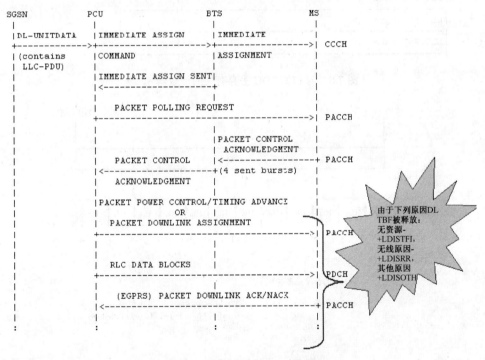

图 7.7　与 LLC PDU 丢弃有关的计数器（一）

提示：TBFDLGPRS 和 TBFDLEGPRS 是通过扫描来实现的。小区里所有 TBF 每 10s 扫描一次。在一个小区里话务情况可以是动态的，但在 1h 的测量周期中应大约有 360 次扫描，这样将能给出一个足够准确的轮廓，所以在 1min 内应扫描 6 次。TRAFDLGRPSS 与 TRAFDLEGPRS 之和除以 6 可使该指标以 min 来表示，如图 7.9 所示。

为什么计算 TBF 长度（TBF 分钟点数）时 TBFxLyGPRS 除以 6？以 2min 长度的 TBF

为例，如图 7.9 所示。

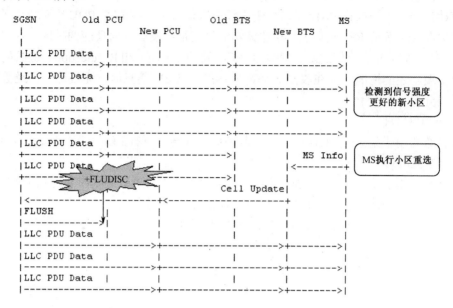

图 7.8　与 LLC PDU 丢弃有关的计数器（二）

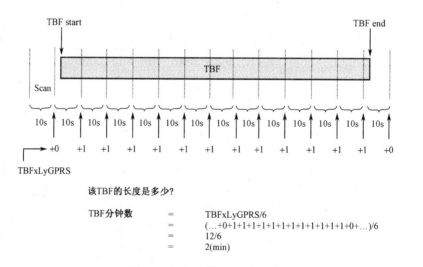

图 7.9　如何计算 TBF 分钟数

7.2.4　IP 传输中断比（上行）

（1）单位：min

（2）描述：该参数表示 GPRS 或 EDGE IP 的上行中断情况。比较理想的情况是在上行存在 IP 缓存丢弃的计数器。然而对于 PCU 来说，不可能知道 MS 在什么时候决定丢弃它的 IP 缓存。所以应测量的是 PCU 掌握 MS 要发送数据但由于某些原因而没有实施的次数，它分成以下两个方面：

- MS 接入拒绝（MS 必须重复申请建立上行 TBF、PREJTFI、PREJOTH）；
- MS 到 BSS 的连接丢失（正在发送的 TBF 释放，IAULREL）。

分组接入被拒绝意味着 MS 必须不断尝试接入系统。一般来说，MS 不会再尝试在同一小区的分组接入直到等待时间超限（T3412 指定了立即分配拒绝信息，T3172（可选）指定了分组业务接入拒绝信息）。

分组接入拒绝不会直接导致上行 IP 分组传送失败，这是因为分组接入流程也可由其他原因引起（如 GMM/SM 信令的传送）。然而被拒绝的分组接入比例对于一个存在问题的小区将是个很好的提示。

当由于无线原因而导致 MS 与 BSS 的连接丢失时，从用户的角度来看这并不意味着会对上行 IP 分组传送失败产生直接影响，但这表明小区内可能存在覆盖和干扰的问题。需要注意的是，在上行方向 BSS 不会去区分是由于 CRS（non－NACC）还是其他无线原因导致无线丢失，是由 MS 自身来决定是否离开原来的小区。

IAULREL 既统计了无线原因造成的 TBF 非正常释放，也包括系统手机分配了 TBF 但手机并未使用的情况，而后者是目前计数器计数结果的主要来源，导致 AULREL 的值常常比 LDISRR（由于无线原因导致下行 TBF 释放）高出几倍到十几倍。

这种计数方式很难反映网络的真实状况，无法判断网络在接入能力、TBF 建立失败原因、TBF 释放原因上的问题。从最终用户的角度来看，连接中断（TBF 释放）远比 TBF 建立失败严重，因为手机在 TBF 建立失败时会立即自动重新申请建立（间隔为时间 T3168，0.5s）；而 TBF 释放后则必须手动重新建立。

因此，在新软件中对 IAULREL 计数方式进行了修改，计数原则改为：TBF 因为无线原因释放，且释放前 BSC 至少通过该 TBF 收到过一个 RLC 数据块。

（3）对象类型：CELLGPRS2 和 TRAFFULGPRS

（4）公式：(TBFULGPRS + TBFULEGPRS) / 6 / (IAULREL + PREJTFI + PREJOTH)

（5）计数器描述

① TBFULGPRS

该计数器用于记录在 GPRS 模式下，同时发生的上行 TBF 累加值。

② TBFULEGPRS

该计数器用于记录在 EGPRS 模式下，同时发生的上行 TBF 累加值。

③ IAULREL

该计数器用于记录由于与 MS 无线连接丢失而导致上行 TBF 被关闭的次数。

④ PREJTFI

该计数器记录了分组接入请求被拒绝的次数，拒绝的原因是没有 PDCH、没有 USF 或没有足够的 TFI。请求被拒绝是通过发送"Immediate Assignment Reject"消息或"Packet

Access Reject" 消息来告知的。增加分配给 PDCH 的 BPC 个数对这个计数器有正面的影响。此外，参数 ULDELAY、USFLIMIT 和 TFILIMIT 也会对这个计数器有影响（容量问题）。

⑤ PREJOTH

该计数器记录了分组接入被拒绝的次数，拒绝的原因是"没有 PDCH、没有 USF 或没有 TFI"之外的其他原因。此外，请求被拒绝是通过发送"Immediate Assignment Reject"消息或"Packet Access Reject"消息来告知的。图 7.10 所示为基于 CS 的一步分组上行分配流程。

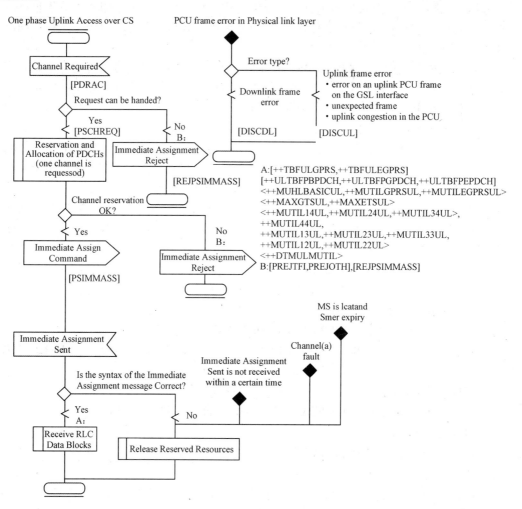

图 7.10　基于 CS 的一步分组上行分配

7.2.5　GPRS 中每 PFC 的 LLC 容量大小（下行与上行）

（1）单位：kb/pfc

（2）描述：该参数表示 LLC 数据中每 PFC 的容量。它用于与 GPRS IP 吞吐率对照，以确定是否是由于短数据传送而导致较低的 GRPS IP 吞吐率。

（3）对象类型：CELLQOSG

（4）下行的公式：

(DLBGGDATA+DLTHP1GDATA+DLTHP2GDATA+DLTHP3GDATA)/(DLBGGPFC+ DLTHP1GPFC + DLTHP2GPFC +DLTHP3GPFC)

（5）上行的公式：

(ULBGGDATA+ULTHP1GDATA+ULTHP2GDATA+ULTHP3GDATA)/(ULBGGPFC+ ULTHP1GPFC + ULTHP2GPFC +ULTHP3GPFC)

（6）计数器描述

①　"xy" GDATA

该计数器是每个 PFC 的 LLC 层 PDU 数据的累加器，每个 PFC 可以按照其 QoS 等级、方向和 GPRS 的类型来进行分类。对于每一个完成的 TBF，TBF 中有相同组合特征的每个激活的 PFC 传送的 LLC 层 PDU 的总数据量是由 TBF 中每个激活的 PFC 所定义的计数器值累加起来的。

②　"xy" GPFC

该计数器是 PFC 数量的累加器，每个 PFC 可以按照其 QoS 等级、方向和 GPRS 的类型来进行分类。对于每一个完成的 TBF，TBF 中有相同组合特征的激活的 PFC 数即是该计数器的累加值。x 表示 UL 或 DL，y 表示 THP1、THP2、THP3 或 BG。计算 PFC 数量的实例如图 7.11 所示。

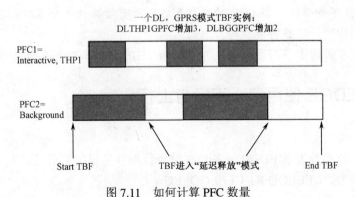

图 7.11　如何计算 PFC 数量

注意：当 QoS 功能处于关闭状态时，所有数据传送将被划归为 BACKGROUNG，而

"THP"的计数器不会跳转。当 QoS 功能打开后，所有数据传送会根据业务等级来进行划分，相应的"THP"计数器将会跳转。

THP1 在 QoS 等级中享有最高的优先级，而 THP3 则只有最低的优先级。

7.2.6　EDGE 中每 PFC 的 LLC 容量大小（下行与上行）

（1）单位：kb/pfc

（2）描述：该参数表示 LLC 数据中每 PFC 的容量。它用于与 EDGE IP 吞吐率对照，以确定是否是由于短数据传送而导致较低的 EDGE IP 吞吐率。

（3）对象类型：CELLQOSEG

（4）下行公式：

(DLBGEGDATA + DLTHP1EGDATA + DLTHP2EGDATA + DLTHP3EGDATA)/
(DLBGEGPFC+ DLTHP1EGPFC+DLTHP2EGPFC+DLTHP3EGPFC+)

（5）上行公式：

(ULBGEGDATA + ULTHP1EGDATA + ULTHP2EGDATA + ULTHP3EGDATA)/
(ULBGEGPFC+ULTHP1EGPFC+ULTHP2EGPFC+ULTHP3EGPFC+)

（6）计数器描述

①　"xy"EGDATA

该计数器用于记录在 EGPRS 模式下，LLC PDU 数据的累加值。x 代表 UL 或 DL，y 代表 THP1、THP2、THP3 或 BG。

②　"xy"EGPFC

该计数器用于记录在 EGRPS 模式下，激活 PFC 的累加值。x 代表 UL 或 DL，y 代表 THP1、THP2、THP3 或 BG。

注意：当 QoS 功能处于关闭状态，所有数据传送将被划归为 BACKGROUNG，而"THP"的计数器不会跳转。当 QoS 功能打开后，所有数据传送会根据业务等级来进行划分，相应的"THP"计数器将会跳转。

THP1 在 QoS 等级中享有最高的优先级，而 THP3 则享有最低的优先级。

7.2.7　EDGE 使用率（下行与上行）

（1）单位：%

（2）描述：该参数表示 EDGE 业务量占整个数据业务量的百分比。

（3）对象类型：CELLQOSG, CELLQOSEG

（4）下行公式：

100 × (DLBGEGDATA + DLTHP1EGDATA + DLTHP2EGDATA + DLTHP3EGDATA)/

(DLBGGDATA + DLTHP1GDATA + DLTHP2GDATA + DLTHP3GDATA + DLBGEGDATA+
DLTHP1EGDATA + DLTHP2EGDATA + DLTHP3EGDATA)

（5）上行公式：

100 × (ULBGEGDATA + ULTHP1EGDATA + ULTHP2EGDATA + ULTHP3EGDATA)/
(ULBGGDATA + ULTHP1GDATA + ULTHP2GDATA + ULTHP3GDATA + ULBGEGDATA+
ULTHP1EGDATA + ULTHP2EGDATA + ULTHP3EGDATA)

（6）计数器描述

① DLBGGDATA

该计数器用于记录在 GPRS 模式下，QoS 为 BACKGROUND 的下行 LLC PDU 数据累
加值。

② DLBGEGDATA

该计数器用于记录在 EGPRS 模式下，QoS 为 BACKGROUND 的下行 LLC PDU 数据
累加值。

③ ULBGGDATA

该计数器用于记录在 GPRS 模式下，QoS 为 BACKGROUND 的上行 LLC PDU 数据累
加值。

④ ULBGEGDATA

该计数器用于记录在 EGPRS 模式下，QoS 为 BACKGROUND 的上行 LLC PDU 数据
累加值。

⑤ "xy" GDATA

该计数器用于记录在 GPRS 模式下，LLC PDU 数据的累加值。x 代表 UL 或 DL，y
代表 THP1、THP2、THP3 或 BG。

⑥ "xy" EGDATA

该计数器用于记录在 EGPRS 模式下，LLC PDU 数据的累加值。x 代表 UL 或者 DL，
y 代表 THP1、THP2、THP3 或 BG。

EDGE 使用率主要用于表明在一个小区里 EDGE 的使用情况，然而这在很大程度上取
决于用户的设备是否支持 EDGE。

7.2.8　干扰性能指标——CS-1～CS-2 无线链路
　　　　　吞吐率（下行与上行）

（1）单位：kbps

（2）描述：该参数表示每时隙 GPRS CS-1～CS-2 的无线链接吞吐率。它是无线链路
质量好坏的一个指示，好的无线链路质量将会带来高的 RLC 层吞吐率。

（3）对象类型：CELLGPRS

（4）公式：CS12xLACK / (CS12xLSCHED × 20)

（5）计数器描述：

① CS12xLACK

该计数器用于记录被 CS1-2 手机成功确认的 RLC 层数据量的总和，这里 x 表示 UL 或 DL。

单位：bit

② CS12xLSCHED

该计数器用于记录用 CS1-2 方式传送的 RLC 层数据块的数量，这里 x 表示 UL 或 DL。

单位：无线块

7.2.9　干扰性能指标——EDGE 无线链路吞吐率（下行）

（1）单位：kbps

（2）描述：EDGE 信道每时隙下行的无线链接吞吐率，它可以用于指示无线链路质量。好的无线链路质量将会带来高的 RLC 层吞吐率。

（3）对象类型：RLINKBITR

（4）公式：

(INT10BREGPRSTBF × 10 + INT15BREGPRSTBF × 15 + INT20BREGPRSTBF*20 + INT25BREGPRSTBF × 25 + INT30BREGPRSTBF × 30 + INT35BREGPRSTBF*35 + INT40BREGPRSTBF × 40 + INT45BREGPRSTBF × 45 + INT50BREGPRSTBF*50+ INT55BREGPRSTBF × 55)/ (INT10BREGPRSTBF + INT15BREGPRSTBF + INT20BREGPRSTBF + INT25BREGPRSTBF + INT30BREGPRSTBF + INT35BREGPRSTBF + INT45BREGPRSTBF + INT50BREGPRSTBF + INT55BREGPRSTBF)

（5）计数器描述

① INT10BREGPRSTBF

该计数器用于记录手机在 TBF 上成功接收到的 RLC 层数据量，其中 EGPRS 的无线链接速率在 10 kbps 这个量级上（即 X<12.5）。它可以解释为在统计时间内，各次扫描共有多少 TBF 的下行传输速率在 10 kbps 这个级别上。

② INT15BREGPRSTBF

该计数器用于记录手机在 TBF 上成功接收到的 RLC 层数据量，其中 EGPRS 的无线链接速率在 15 kbps 这个量级上（即 12.5<X<17.5）。

③ INT20BREGPRSTBF

该计数器用于记录手机在 TBF 上成功接收到的 RLC 层数据量，其中 EGPRS 的无线链接速率在 20kbps 这个量级上（即 17.5<X<22.5）。

④ INT25BREGPRSTBF

该计数器用于记录手机在 TBF 上成功接收到的 RLC 层数据量，其中 EGPRS 的无线链接速率在 25kbps 这个量级上（即 22.5<X<27.5）。

⑤ INT30BREGPRSTBF

该计数器用于记录手机在 TBF 上成功接收到的 RLC 层数据量，其中 EGPRS 的无线链接速率在 30kbps 这个量级上（即 27.5<X<32.5）。

⑥ INT35BREGPRSTBF

该计数器用于记录手机在 TBF 上成功接收到的 RLC 层数据量，其中 EGPRS 的无线链接速率在 35kbps 这个量级上（即 32.5<X<37.5）。

⑦ INT40BREGPRSTBF

该计数器用于记录手机在 TBF 上成功接收到的 RLC 层数据量，其中 EGPRS 的无线链接速率在 40kbps 这个量级上（即 37.5<X<42.5）。

⑧ INT45BREGPRSTBF

该计数器用于记录手机在 TBF 上成功接收到的 RLC 层数据量，其中 EGPRS 的无线链接速率在 45kbps 这个量级上（即 42.5<X<47.5）。

⑨ INT50BREGPRSTBF

该计数器用于记录手机在 TBF 上成功接收到的 RLC 层数据量，其中 EGPRS 的无线链接速率在 50kbps 这个量级上（即 47.5<X<52.5）。

⑩ INT55BREGPRSTBF

该计数器用于记录手机在 TBF 上成功接收到的 RLC 层数据量，其中 EGPRS 的无线链接速率在 55kbps 这个量级上（即 X>52.5）。

下面对上述公式的分母进行一些阐述。每一个 RLC 层数据块都占用了空中接口信道带宽的 20ms 时间，而用于发送这些信息的总的时间就是总的 RLC 层数据块的个数（包括传送的和重传的）乘以 20ms。这取决于为用户保留的 PDCH 信道的个数以及有多少用户共享这些 PDCH，我们关注的是在 TBF 生存期内所发送的 RLC 层数据块的总量。

而 EGPRS 的统计计数器是被分类到[10 15 20 25 30 35 40 45 50 55]中的，这些计数器中的每一个都表示了一个比特率的间隔范围。在每一次下行 RLC 被确认结束时，使用 EGPRS 的 TBF 中的这些计数器的其中一个就会增加，增加的值就是这个 TBF 中被成功发送的 RLC 层有效数据量。因此，统计计数器给出的是在一个特定的比特率间隔范围内成功被手机接收的有效 RLC 层数据量的总和。

需要注意的是，这些计数器只是在 TBF 正常释放时才会跳转的。

注意： 在下行使用分布式计数器（INTzBREGPRTBF，单位 kb）是为了更好地描绘不同间隔的速率的分布。因为下行链路更重要，并且需要更精确的信息来描绘它的速率分布。而对于上行来说，使用平均值就足够了。

7.2.10　干扰性能指标—EDGE 无线链路吞吐率（上行）

（1）单位：kbps

（2）描述：该参数表示 EDGE 信道每时隙上行的无线链接吞吐率，它可以用于指示无线链路质量。好的无线链路质量将会带来较高的 RLC 层吞吐率。

（3）对象类型：CELLGPRS

（4）公式：MC19ULACK / (MC19ULSCHED × 20)

（5）计数器描述

① MC19ULACK

该计数器用于记录编码方式为 MSC-1～MSC-9 的被 PCU 成功确认的上行 RLC 层数据量的总和。

② MC19ULSCHED

该计数器用于记录对于上行链路，总的用于编码方式为 MCS-1～MCS-9 的 20ms 信道时间周期的个数（一个或两个 EGPRS RLC 层数据块）。

下行的计数器（INTzBREGPRTBF）给出了在不同间隔内分配不同比特率的一个很好的描述。下行链路相对更重要一些，因此就需要把计数器分类，以提供更准确的无线链接比特率信息。而对上行链路来说，考虑平均值已经足够了。

7.2.11　干扰性能指标——异常释放的 TBF 百分比（无线原因，下行）

（1）单位：%

（2）描述：该参数表示由于无线原因而非正常释放的 TBF 的百分比。该值大于 80% 是正常的。

（3）对象类型：CELLGPRS2

（4）公式：100 × LDISRR / (LDISTFI + LDISRR + LDISOTH + FLUDISC)

（5）计数器描述

① LDISTFI

该计数器用于记录在 PCU 中，由于没有 PDCH 或 TFI 而导致下行 LLC PDU 缓存丢弃的次数。它可以发生在 TBF 建立的时候或者由于预清空而导致 TBF 释放的时候。该计数器只与空中接口资源匮乏有关。分配更多的 BPC 作为 PDCH 将有助于问题的解决。TFI 的数量应被限制在 32 个/PSET，同时 DLDELAY、ESDELAY、TFILIMT 的设置也会对这个计数器产生影响。

② LDISRR

该计数器用于记录在 PCU 中，由于无线原因而导致下行 LLC PDU 缓存丢弃的次数。它会发生在 MS 等待 PS 下行的证实/非证实消息而最终没有任何反应的时候（这时 T3195 启动）。需要注意的是，在 BSC 边界由于 PCU 间的 CRS 造成的延时就有可能出现上述的情况（即在收到 SGSN 发送的 FLUSH 信息前，无线连接已经丢失和缓存已被丢弃）。

③ LDISOTH

该计数器用于记录在 PCU 中，由于其他原因而导致下行 LLC PDU 缓存丢弃的次数。

④ FLUDISC

该计数器用于记录在 PCU 中，由于 RA 或 PCU 间的 CRS 而导致下行 LLC PDU 缓存丢弃的次数（即 PCU 收到 FLUSH 信息而删除缓存的次数）。

7.2.12　容量性能指标（CCCH）——寻呼丢失

（1）单位：个

（2）描述：该参数表示由于寻呼消息太久以及在 BTS 寻呼队列中等候时间过长而造成的寻呼消息被丢弃掉的次数。

（3）对象类型：CELLPAG

（4）公式：PAGPCHCONG+PAGETOOOLD

（5）计数器描述

① PAGETOOOLD

该计数器用于记录由于在寻呼队列中呆的时间太久而导致的寻呼消息被丢弃的次数。一个寻呼被放到寻呼队列中，它的时间就开始被计算了，并且和 BTS 中设置的参数 AGE-OF-PAGING 进行比较。如果时间太久了，这个寻呼将被丢弃并且 PAGETOOOLD 这个计数器加 1。

② PAGPCHCONG

该计数器用于记录由于小区寻呼队列满了而导致的寻呼消息被丢弃的次数。这个计数器的值是由 BTS 收集来的。CCCH 的大部分信令负荷来自寻呼，MFRMS 定义了复帧的周期、寻呼消息所属的寻呼组和寻呼的周期。例如，MFRMS=5 意味每个终端每隔 5 个复帧将被寻呼一次，MFRMS 的设置范围是 2～9，小区级，设置的结果通过 System Information Type 3 在 BCCH 上广播。

丢弃寻呼的计数器如图 7.12 所示。

7.2.13　容量性能指标（CCCH）—PAGE 拥塞

（1）单位：个

（2）计数器描述

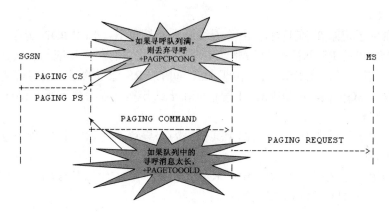

图 7.12　丢弃寻呼的计数器

TOTCONGPAG

这个计数器记录了由于 CP 中的寻呼溢出保护、BSC 中容量匮乏 BSC 寻呼队列拥塞或没有用于寻呼请求的数据连接个体而导致的寻呼消息被丢弃的个数。图 7.13 所示为寻呼功能概要描述。

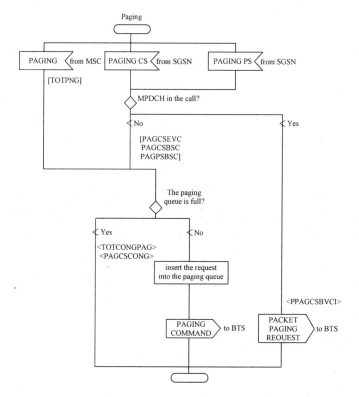

图 7.13　寻呼功能概要描述

7.2.14　容量性能指标（PCU）——GSL 负荷>80%

（1）单位：%

（2）描述：该参数表示 GSL 设备利用率超过 80%的次数与总扫描次数的比值。

（3）对象类型：BSCGPRS

（4）公式：100×(GSL8190 + GSL9100) / GSLSCAN

（5）计数器描述

① GSL8190

该计数器用于记录扫描到的分数值（使用的 GSL 设备数/可以使用的最多的 GSL 设备数）在 81%～90%之间的次数。

② GSL9100

该计数器用于记录扫描到的分数值（使用的 GSL 设备数/可以使用的最多的 GSL 设备数）在 91%～100%之间的次数。

③ GSLSCAN

该计数器用于记录 PCU 中关于 GSL 设备利用率的扫描总次数。

在 PCU 中，每 10s 扫描一次，并且使用的 16kb 的 GSL 设备数/最大 GSL 设备数这个分数值将被记录一次。

7.2.15　容量负荷性能指标（PCU）——RPP 负荷> 80%

（1）单位：%

（2）描述：该参数表示每个 PCU 的 RPP 负荷超过 80%的时间所占的百分比。每 500ms PCU 中每个工作的 RPP 都会被扫描一次，并且 RPP 的负荷会被记录下来。例如，在 PCU 中有 3 个 RPP，如果在一次扫描中 RPP1 的负荷为 45%，RPP2 的负荷为 82%，RPP3 的负荷为 75%，那么计数器 RPP4160 会增加 1，RPP8190 会增加 1，同时 RPP6180 也会增加 1。所以说，如果在 PCU 中有 3 个 RPP 的话，那么每 500ms 至少有 3 个计数器将会增加。

（3）对象类型：BSCGPRS2

（4）公式：100×(RPP8190 + RPP9100) / (RPP0040 + RPP4160 + RPP6180 + RPP8190 + RPP9100)

（5）计数器描述

① RPP0040

该计数器用于记录扫描到的 RPP 负荷在 0%～40%的总次数。

② RPP4160

该计数器用于记录扫描到的 RPP 负荷在 41%～60%的总次数。

③ RPP6180

该计数器用于记录扫描到的 RPP 负荷在 61%～80%的总次数。

④ RPP8190

该计数器用于记录扫描到的 RPP 负荷在 81%～90%的总次数。

⑤ RPP9100

该计数器用于记录扫描到的 RPP 负荷在 91%～100%的总次数。

7.2.16　容量性能指标（PCU）——RPP 拥塞

（1）单位：%

（2）对象类型：CELLGPRS

（3）公式：100 × ALLPDCHPCUFAIL / PCHALLATT

（4）计数器描述

① ALLPDCHPCUFAIL

该计数器用于记录在测量期间由于某一个 RPP 中 GSL 设备匮乏而导致的 PDCH 分配失败的次数。需要注意的是，在这个计数器跳转之后通常会发起一次某个小区移动到一个新的 RPP 中的活动。

注意：只要可用的 GSL 个数比需要的 PDCH 个数少，该计数器就会增加一次。

② PCHALLATT

该计数器用于记录分组信道分配尝试的次数。每次系统尝试分配一组（一个或多个）PDCH 的时候，该计数器就会跳转。

7.2.17　容量性能指标（PCU）——PCU 拥塞率

（1）单位：%

（2）公式：100 × FAILMOVECELL / (Sum Of CELLMOVED + FAILMOVECELL)

（3）计数器描述

① FAILMOVECELL

对象类型：BSCGPRS

该计数器用于记录从一个 RPP 向另一个 RPP 中作小区移动的尝试失败的次数。发生这种情况通常是由于 RPP 中没有足够的 GSL 设备。当这个计数器开始跳转时，意味着整个 PCU 中可用的 GSL 设备已经匮乏了。考虑到这个问题，可以通过参数设定来为动态 PDCH 的使用保留一些 GSL 设备。

② CELLMOVED

对象类型：CELLGPRS

该计数器用于记录一个小区被成功地从一个 RPP 转移到另一个 RPP 的次数。为了和 FAILMOVECELL 这个 BSC 级的计数器进行比较，需要对 BSC 中所有小区的这个计数器进行累加。

7.2.18 容量性能指标（多时隙利用）——GPRS 多时隙利用比

（1）单位：%

（2）对象类型：TRAFGPRS2

（3）公式：100×(MUTILBASIC+MUTILGPRS)/(TRAFF2BTBFSCAN+TRAFF2GTBFSCAN)

（4）计数器描述

① MUTILBASIC

这个计数器是个分数的累加器（即手机真正保留的时隙数/手机保留的最大时隙数），其值是在每次下行基本模式 TBF（B-TBF 模式，对应于 CS-1/CS-2）扫描时计算的，每 10s 对小区中所有下行的 TBF 进行一次扫描。例如，如果在 1h 内扫描到 10 个下行的基本模式的 TBF 并且所有的手机都保留了最大的时隙，那么这个计数器的累加值就是 10×1=10。扫描到的基本模式的 TBF 的个数是由 TRAFF2BTBFSCAN 这个计数器给出的。基本模式 TBF 的多时隙的利用率是由下面这个公式计算的：MUTILBASIC/TRAFF2BTBFSCAN。在这个例子中，利用率就是 10/10=1。

② MUTILGPRS

这个计数器是个分数的累加器（即手机真正保留的时隙数/手机能保留的最大时隙数），其值是在每次下行 GPRS 模式 TBF 扫描时计算的，每 10s 对小区中所有下行的 TBF 进行一次扫描。

③ TRAFF2BTBFSCAN

该计数器用于记录下行基本模式下扫描到的 TBF 的个数。

④ TRAFF2GTBFSCAN

该计数器用于记录下行 GPRS 模式下扫描到的 TBF 的个数。

7.2.19 容量性能指标（多时隙利用）——EDGE 多时隙利用比

（1）单位：%

（2）公式：100 × (MUTILEGPRS) / (TRAFF2ETBFSCAN)

（3）计数器描述

① MUTILEGPRS

这个计数器是个分数的累加器（即手机真正保留的时隙数/手机能保留的最大时隙数），其值是在每次下行 EGPRS 模式 TBF 扫描时计算的，每 10s 对小区中所有下行的 TBF 进行一次扫描。

② TRAFF2ETBFSCAN

该计数器用于记录下行 EGPRS 模式下扫描到的 TBF 的个数。

注意：低的利用率意味着需要更多的 E-PDCH。

7.2.20　容量性能指标（多时隙利用）——每 TBF 最大时隙预留数

（1）单位：个

（2）对象类型：TRAFGPRS2

公式：$(4 \times (MUTIL14 + MUTIL24 + MUTIL34 + MUTIL44) + 3 \times (MUTIL13 + MUTIL23 + MUTIL33) + 2 \times (MUTIL12 + MUTIL22)) / (MUTIL14 + MUTIL24 + MUTIL34 + MUTIL44 + MUTIL13 + MUTIL23 + MUTIL33 + MUTIL12 + MUTIL22)$

（3）计数器描述

① MUTIL14

该计数器用于记录下行扫描到的有保留 4 个时隙能力但是只拿到 1 个时隙的任意类型的 TBF 个数。对于 MUTIL24、MUTIL34、MUTIL44 这几个计数器也是类似。

② MUTIL13

该计数器用于记录下行扫描到的有保留 3 个时隙能力但是只拿到 1 个时隙的任意类型的 TBF 个数。对于 MUTIL23、MUTIL33 这几个计数器也是类似。

③ MUTIL12

该计数器用于记录下行扫描到的有保留 2 个时隙能力但是只拿到 1 个时隙的任意类型的 TBF 个数。对于 MUTIL22 这个计数器也是类似。

与多时隙有关的计数器如图 7.14 所示。

7.2.21　容量性能指标（PDCH）——PDCH 分配失败率

（1）单位：%

（2）描述：该参数表示 PDCH 分配失败的比例。

（3）对象类型：CELLGPRS

（4）公式：$100 \times (PCHALLFAIL/PCHALLATT)$

（5）计数器描述

① PCHALLFAIL

该计数器用于记录分组信道分配失败的次数，分配失败是由于空中接口上缺乏物理信道而导致没有 PDCH 可以分配造成的。

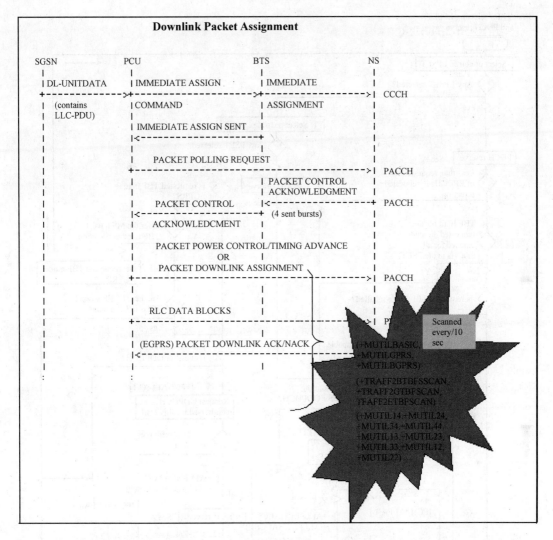

图 7.14　与多时隙有关的计数器

② PCHALLATT

该计数器用于记录分组信道分配尝试的次数。这个计数器在每一次系统尝试分配一个或多个 PDCH 的时候跳转。需要注意的是，这里的分配失败都是由于系统没有能力分配资源而造成的。在绝大多数的案例当中，这种分配失败对终端用户来说都是感受不到的。它通常发生在 PS 业务和 CS 业务争夺基本物理信道的环境中。

PDCH 的预留与分配如图 7.15 所示。

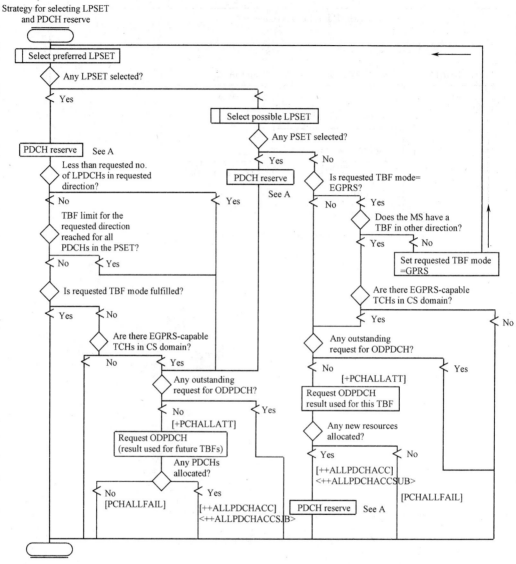

A：[++ALLPDCHACTACC].<++ALLPDCHACTACCSUB>.[++ALLPDCHPEAK].
[++CELLPPRS].[++TBFUPS].
<++TRAFFDLGPRSSCAI.I.TRAFFULGPRSSCAI.I>.
<++DLBPDCH.++ULBPDCH.++DLGPDCH.++ULGPDCH.++DLEPDCH.++ULEPDCH>.
<++STRBPDCH.++STRGPDCH.++STREPDCH>.
<++QOSWDLBASIC.++QOSWULBASIC.++QOSWDLGPRS.++QOSWULGPRS.
++QOSWDLEGPRS.++QOSWULEGPRS>.
<++MUTILBASIC.++MUTILGPRS.++I.IUTILEGPRS>.
<++TRAFF2BTBFSCAI.I.++TRAFF2GTBFSCAI.I.TRAFF2ETBFSCAI.I>.<++MAXTSDL>.
<++MUTIL14.++MUTIL24.++MUTIL34.++MUTIL44.++MUTIL13.++MUTIL23.++MUTIL33.
++MUTIL12.++MUTIL22>

图 7.15　PDCH 预留与分配

由图 7.15 所示可知，PCHALLATT 的跳转是在小区中需要分配新的 ONDEMAND PDCH 信道时才会发生，而如果新接入用户只是与其他用户共享已有的 PDCH 信道时，该计数器就不会跳转。同时，PCHALLFAIL 是在小区不能为 TBF 提供至少一条 PDCH 信道时才会跳转，并且只会跳转一次。所以，合理地分配 TBFxLLIMIT 有利于该指标的保障。

7.2.22　容量性能指标（PDCH）——小区平均分配 PDCH 数

（1）单位：个

（2）描述：该参数表示用于业务信道但是不用于 CS 呼叫的基本物理信道的平均个数。通常这些信道是分配给 PDCH 的。

（3）对象类型：CELLGPRS

（4）公式：ALLPDCHACC/ALLPDCHSCAN

（5）计数器描述

① ALLPDCHACC

该计数器是分配的 PDCH 信道的累加器。每 10s 小区中被分配的 PDCH 数就会被记录并且加入到累加器中，用它除以 ALLPDCHSCAN 可得到在测量时间段内平均分配的 PDCH 个数。

② ALLPDCHSCAN

该计数器用于记录分配 PDCH 的扫描时间。这个计数器在每次被更新的时候累加。

与 PDCH 有关的计数器如图 7.16 所示。

7.2.23　容量性能指标（PDCH）——小区平均激活 PDCH 数

（1）单位：个

（2）描述：该参数表示小区中分配的可以利用的 PDCH 数。这里是指承载数据业务的激活的 PDCH。

（3）对象类型：CELLGPRS

（4）公式：ALLPDCHACTACC/ALLPDCHSCAN

（5）计数器描述

① ALLPDCHACTACC

该计数器是激活的 PDCH 累加器。每 10s 小区内激活的（承载上行或下行 TBF 的）PDCH 数被记录，并且累加到累加器中。用它除以 ALLPDCHSCAN 可以得到测量期间激活的 PDCH 的平均个数。

② ALLPDCHSCAN

该计数器用于记录分配 PDCH 的扫描时间。这个计数器在每次被更新的时候累加。

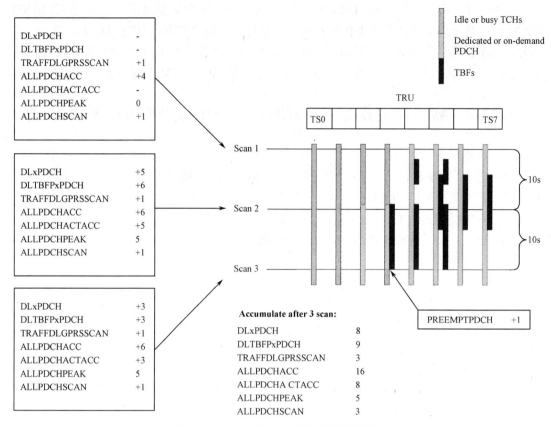

图 7.16　与 PDCH 有关的计数器的描述

7.2.24　容量性能指标（PDCH）——（B、G、E）-PDCH 信道共享率（下行与上行）

（1）描述：该参数表示 B-PDCH, G-PDCH 及 E-PDCH 的总的共享因子。

（2）对象类型：TRAFDLGPRS，TRAFULGPRS

（3）公式：xLTBFPBPDCH + xLTBFPGPDCH + xLTBFPEPDCH) / (xLBPDCH + xLGPDCH + xLEPDCH

（4）计数器描述

① xLTBFPBPDCH

该计数器用于记录在每个 B-PDCH 上承载的同时发生的 TBF（所有的 TBF 类型）的总和。这里的 x 代表 DL 或 UL。

② xLTBFPGPDCH

该计数器用于记录在每个 G-PDCH 上承载的同时发生的 TBF（所有的 TBF 类型）的总和。这里的 x 代表 DL 或 UL。

③ xLTBFPEPDCH

该计数器用于记录在每个 E-PDCH 上承载的同时发生的 TBF（所有的 TBF 类型）的总和。这里的 x 代表 DL 或 UL。

④ xLBPDCH

该计数器用于记录承载一个或多个任何类型的 TBF 的 B-PDCH 的个数。这里的 x 代表 DL 或 UL。

⑤ xLGPDCH

该计数器用于记录承载一个或多个任何类型的 TBF 的 G-PDCH 的个数。这里的 x 代表 DL 或 UL。

⑥ xLEPDCH

该计数器用于记录承载一个或多个任何类型的 TBF 的 E-PDCH 的个数。这里的 x 代表 DL 或 UL。

7.2.25　容量性能指标（PDCH）——E-PDCH 信道共享率（下行与上行）

（1）描述：该参数表示 E-PDCH 的共享率。

（2）对象类型：TRAFDLGPRS，TRAFULGPRS

（3）公式：xLTBFPEPDCH / xLEPDCH

（4）计数器描述

① xLTBFPEPDCH

该计数器用于记录在每个 E-PDCH 上承载的同时发生的 TBF（所有的 TBF 类型）的总和。这里的 x 代表 DL 或 UL。

② xLEPDCH

该计数器用于记录承载一个或多个任何类型的 TBF 的 E-PDCH 的个数。这里的 x 代表 DL 或 UL。

7.2.26　容量性能指标（PDCH）——两次预清空间的 TBF 平均存活时长（下行）

（1）单位：min

（2）描述：该参数表示由于在 PDCH 信道上的预清空行为而影响到的 TBF 量（以 min

表示）。

（3）公式：(TBFDLGPRS + TBFDLEGPRS) / 6 / PREEMPTPDCH

（4）对象类型：TRAFDLGPRS, CELLGPRS

（5）计数器描述

① TBFDLGPRS

该计数器用于记录小区中累加的基本模式和 GPRS 模式的下行 TBF（激活的用户）的个数。

② TBFDLEGPRS

该计数器用于记录小区中累加的 EGPRS 模式的下行 TBF（激活的用户）的个数。

③ PREEMPTPDCH

该计数器用于记录每个小区中被预清空的承载数据业务的 PDCH 信道或处于延迟释放模式的 PDCH 信道的总数。当数据业务被从预清空的 PDCH 中清除掉时，这个计数器的值会在 PCU 的 RP 中增加。如果某次预清空了 2 个 ONDEMAND PDCH，此时 PREEMPTPDCH 加 2。

7.2.27　容量性能指标（PDCH）—PDCH 分配拥塞率（TBF 建立成功率，下行与上行）

（1）单位：%

（2）对象类型：CELLGPRS，CELLGPRS2

（3）下行的公式为：100 × (FAILDLTBFEST / DLTBFEST)

（4）上行的公式为：100 × (PREJTFI + PREJOTH) / PSCHREQ

（5）计数器描述

① FAILDLTBFEST

这个计数器记录了下行 TBF 建立尝试失败的次数，失败是由于下述的一个或多个原因：信道故障、信道预清空、没有可用的无线信道、TFI 匮乏、MS 个体的匮乏、MAC 拥塞、由于 CP 负荷调整导致的拥塞。

② DLTBFEST

这个计数器记录了所有下行 TBF 建立尝试成功的次数（FAILDLTBFEST 变化时 DLTBFEST 始终变化）（包括 CCCH、PACCH 或 PCCCH）以及下行 TBF 建立尝试失败的次数，这些建立失败主要是由于下述的一个或多个原因：手机没有响应、接入的延迟大于 TA 的最大值、Packet CTRL ACK 消息语法错误、RLC 中断、未指明的错误、立即指派发送计时器超时、信道故障、信道预清空、没有可用信道、TFI 匮乏、MS 个体的匮乏、MAC 拥塞、由于 CP 负荷调整导致的拥塞。如图 7.17 所示为下行 TBF 建立概要描述。

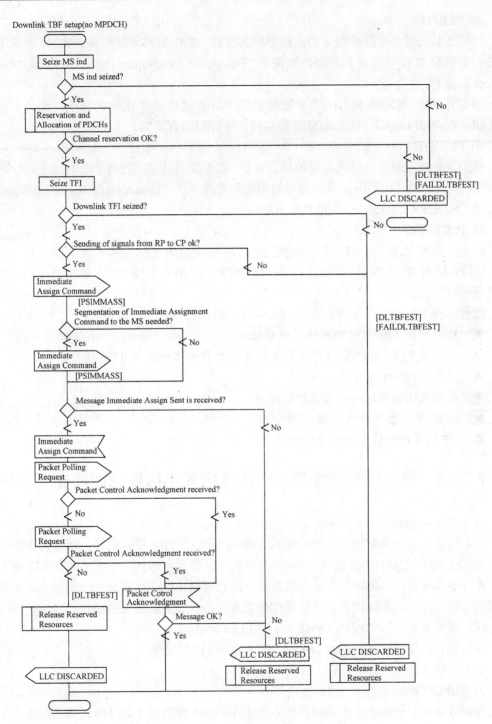

图 7.17　下行 TBF 建立概要描述

③ PREJTFI

这个计数器记录了分组接入请求被拒绝的次数，拒绝的原因是没有 PDCH、没有 USF 或没有足够的 TFI。请求被拒绝是通过发送"Immediate Assignment Reject"消息或"Packet Access Reject"消息来告知的。

增加分配给 PDCH 的 BPC 个数将对这个计数器有一个正面的影响。此外，参数 ULDELAY、USFLIMIT 和 TFILIMIT 也会对这个计数器有影响。

④ PREJOTH

这个计数器记录了分组接入被拒绝的次数，拒绝的原因是"没有 PDCH、没有 USF 或没有 TFI"之外的其他原因。此外请求被拒绝是通过发送"Immediate Assignment Reject"消息或"Packet Access Reject"消息来告知的。

⑤ PSCHREQ

这个计数器记录了 PCU 中接收到的小区中任何信道上分组接入请求的次数，包括 RACH、PRACH 或 PACCH（分组下行 ACK/NACK)，一个分组接入请求通常是在上行 TBF 中建立的。

注意：在下行方向，资源匮乏指的是以下几种情况。

- 可以预留 TBF，但 PDCH 未被分配。
- 无可用 TFI（即所有被分配 PDCH 上所允许预留的最大 TBF 数）。
- 在可以预留之前预占 PDCH。
- 导致无法预留的一些其他信道故障。
- MAC 中拥塞（即无法返回帧号）。
- CP 拥塞导致请求无法得到处理。

7.2.28　移动性性能指标——路由区间小区重选时间比（下行）

（1）单位：min

（2）描述：这个参数描述了平均每次 TBF 中断时的 TBF 保持时长，而这种中断是由于路由区或 BSC 之间的小区重选导致的。该参数可以指示在遇到路由区小区重选之前 TBF 可以保持多长时间，其值越高说明在数据传输的时候路由区小区重选的次数越少。如果该参数的值较低，那么小区边界、小区重选参数及路由区边界就需要被关注。

（3）对象类型：TRAFFDLGPRS and CELLGPRS2

（4）公式：(TBFDLGPRS + TBFDLEGPRS) / 6 / FLUDISC

（5）计数器描述

① TBFDLGPRS

该计数器用于记录小区中累加的基本模式和 GPRS 模式的下行 TBF（激活的用户）的个数。

② TBFDLEGPRS

该计数器用于记录小区中累加的 EGPRS 模式的下行 TBF（激活的用户）的个数。

③ FLUDISC

该计数器用于记录在 PCU 中，由于 RA 或 PCU 间的 CRS 而导致下行 LLC PDU 缓存丢弃的次数（也就是说 PCU 收到 FLUSH 信息而删除缓存的次数）。

备注：TBFDLGPRS 和 TBFDLEGPRS 是作为扫描计数器来使用的，每 10s 对小区内所有的 TBF 进行一次采样或扫描。在 1h 的测量时期内一个小区的业务情况是动态的，但是可以粗略地认为是 360 次扫描。计数器 TRAFDLGPRS 和 TRAFDLEGPRS 的和除以 6 是为了把整个性能的指示转化为以 min 为单位。

7.2.29　移动性性能指标——路由区内小区重选时间比（下行）

（1）单位：min

（2）描述：这个参数描述了平均每次 TBF 中断时的 TBF 保持时长，而这种中断是由于 BSC 内的小区重选导致的。该参数可以指示在遇到 BSC 内的小区重选之前 TBF 可以保持多长时间。其值越高说明在数据传输的时候 BSC 内的小区重选次数越少。如果该指标的值较低，那么小区边界和小区重选参数就需要被关注。

（3）对象类型：TRAFFDLGPRS 与 CELLGPRS2

（4）公式：(TBFDLGPRS + TBFDLEGPRS) / 6 / FLUMOVE

（5）计数器描述　　.

① TBFDLGPRS

该计数器用于记录小区中累加的基本模式和 GPRS 模式的下行 TBF（激活的用户）的个数。

② TBFDLEGPRS

该计数器用于记录小区中累加的 EGPRS 模式的下行 TBF（激活的用户）的个数。

③ FLUMOVE

该计数器用于记录由于 PCU 收到了一个 FLUSH 消息，而导致 PCU 中一个下行缓冲器里面的内容被转移到其他队列的次数，如图 7.18 所示。

备注：TBFDLGPRS 和 TBFDLEGPRS 是作为扫描计数器来使用的，每 10s 钟对小区内所有的 TBF 进行一次采样或扫描。在 1h 的测量时期内一个小区的业务情况是动态的，但是可以粗略地认为是 360 次扫描。计数器 TRAFDLGPRS 和 TRAFDLEGPRS 的和除以 6 是为了把整个性能的指示转化为以 min 为单位。

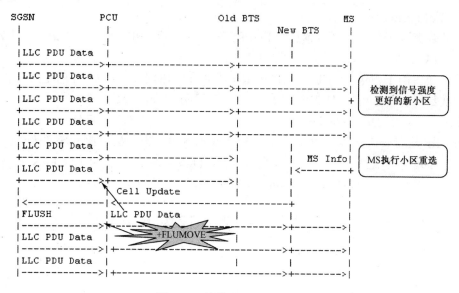

图 7.18　计数器 FLUMOVE

7.3　GPRS 和 EDGE 网络的网络优化流程

对于 GPRS/EDGE 性能的评估，可以从 3 个方面进行考察：容量（Capacity）、移动性（Mobility）和干扰（Interference），如图 7.19 所示。

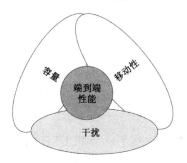

图 7.19　GPRS/EDGE 性能评估涉及的 3 个方面

评估的目的是为了发现网络问题，从而通过优化以及工程手段加以解决。如果网络在容量、移动性和干扰等方面获得了改善，那么其端到端的性能也会随之得到提升。下面就以容量为例，来说明 GPRS/EDGE 网络优化的一般思路，如图 7.20 所示。

网络优化首先是要缩小问题的存在范围，从而更容易定位问题并采取相应的调整措施。如图 7.20 所示从大的方面列出了分析 GPRS/EDGE 网络容量问题的着手点和思路，而如图 7.21 所示则从性能指标方面列出了分析 GPRS/EDGE 网络性能问题的方法。

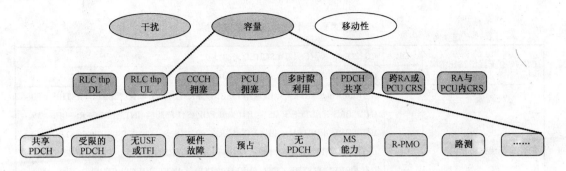

图 7.20　GPRS/EDGE 网络优化的一般思路（容量方面）

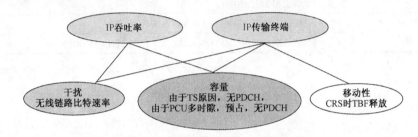

图 7.21　GPRS/EDGE 网络优化的一般思路（性能指标角度）

备注：两个 GPRS/EDGE 网络的关键性能指标——IP 吞吐率和 IP 传输中断均可以作为分析最终用户感受度的出发点。

7.3.1　干扰

在 GPRS/EDGE 系统中，引起干扰的原因是多方面的，有可能是系统内部因频率规划不当而引起的内部干扰（上行和下行干扰），也有可能是来自系统外的外部干扰；有可能是由于不恰当的参数或功能设置如 CRH、CRO、功率控制等引起的；也有可能来自硬件方面的原因。干扰产生的后果可以表现为 IP 吞吐率的下降、小区重选的频繁发生甚至数据业务的停止。

如表 7.1 所示，对于使用 DL CS-2 编码方式的小区，如果其无线链路比特率（Radio Link Bit Rate）低于 11kbps，那么该小区极有可能受干扰问题困扰，同时其 IP 吞吐率也可能比较低。

表 7.1　与干扰相关的参数指标

CS-1～2 无线链路比特率	DL	CS12DLACK / (CS12DLSCHED × 20)
	UL	CS12ULACK / (CS12ULSCHED × 20)
EDGE 无线链路比特率	DL	(INT10BREGPRSTBF × 10 + INT15BREGPRSTBF*15 + INT20BREGPRSTBF × 20 + INT25BREGPRSTBF × 25 + INT30BREGPRSTBF*30 + INT35BREGPRSTBF × 35 + INT40BREGPRSTBF × 40 + INT45BREGPRSTBF × 45 + INT50BREGPRSTBF × 50 + INT55BREGPRSTBF × 55) / (INT10BREGPRSTBF + INT15BREGPRSTBF + INT20BREGPRSTBF + INT25BREGPRSTBF + INT30BREGPRSTBF + INT35BREGPRSTBF + INT45BREGPRSTBF + INT50BREGPRSTBF + INT55BREGPRSTBF)
异常释放 TBF 百分比（由于无线原因）	UL	MC19ULACK / (MC19ULSCHED×20)
	DL	100×LDISRR / (LDISTFI + LDISRR + LDISOTH + FLUDISC)

7.3.2　移动性

GPRS/EDGE 的小区重选需要中断数据服务数秒钟，这与电路交换域的切换有明显的差异，后者需要的时间很短且对用户的影响非常低。在此期间，应用层的中断时间比无线链路的中断时间更长，这是因为小区重选后某些数据需要时间进行重传。如果处于移动状态的用户在密集城区使用 GPRS/EDGE 服务，频繁的小区重选很可能会对用户的感受度造成负面影响。如果小区重选涉及路由区的重选，则数据业务的中断时间有可能更长，最长的时间可能达到 15s 或以上。通常情况下，移动性和干扰是相关的，若小区受到强干扰则其小区重选的数量也会相应增多。表 7.2 列出了与移动性有关的参数。

表 7.2　与移动性有关的参数

| 每跨 RA CRS 的 TBF 分钟数 | DL | (TBFDLGPRS + TBFDLEGPRS) / 6 / FLUDISC |
| 每 RA 内 CRS 的 TBF 分钟数 | DL | (TBFDLGPRS + TBFDLEGPRS) / 6 / FLUMOVE |

7.3.3　容量

如果网络中缺乏某种资源，那么就可以说网络存在容量问题。对于 GPRS/EDGE 网络而言，容量问题又可以细分为 4 个问题：CCCH 容量问题、PCU 容量问题、多时隙容量问题、PDCH 容量问题。

1. CCCH 容量

由于 GPRS/EDGE 网络使用 CCCH 进行 Immediate Assignment（立即分配）和 Paging（寻呼），因而有机会对 CCCH 造成拥塞，影响网络性能。目前可以通过寻呼丢弃和寻呼拥塞这两个指标来查看 CCCH 是否过载，见表 7.3。

表 7.3　寻呼丢弃与寻呼拥赛

寻呼丢弃	BTS	PAGPCHCONG + PAGETOOOLD
寻呼拥塞	BSC	TOTCONGPAG

若上述性能指标>0，则应当对 CCCH 容量进行分析。

如果存在瓶颈影响寻呼性能，那么极有可能是在基站侧造成的，尤其是如果小区使用了 IMSI 寻呼或 Combined BCCH、MFRMS 设置过大。Immediate Assignment（立即分配）比寻呼具有更高的优先级，而电路交换的信令又比分组交换的信令具有更高的优先级。

2. PCU 容量

PCU 负责 BSS 中 GPRS/EDGE 的资源管理。PCU 含有中央处理器（Central Processor）、中央处理软件，以及由区域处理器（Regional Processor）管理的硬件设备和相关软件。RPP 单元则负责分配 Gb 接口和 Abis 接口之间的数据包。在 PCU 侧比较关注的两个容量参量是 RPP 拥塞和 GSL 拥塞。如果一个 RPP 拥塞了，系统将尝试把某个原本由该 RPP 处理的小区转移到其他容量有富余的 RPP 上。如果 GSL 拥塞了，直接的影响将会是 PDCH 分配尝试失败。表 7.4 列出了与 PCU 容量有关的参数。

表 7.4　与 PCU 容量有关的参数

GSL 负荷>80%	100 × (GSL8190 + GSL9100) / GSLSCAN
RPP 负荷>80%	100 × (RPP8190 + RPP9100) / (RPP0040 + RPP4160 + RPP6180 + RPP8190 + RPP9100)
RPP 拥塞率	100 × ALLPDCHPCUFAIL / PCHALLATT
PCU 拥塞率	100 × FAILMOVECELL / (SumOfCELLMOVED + FAILMOVECELL)

3. 多时隙容量

网络优化过程中需要对 GPRS/EDGE 手机的多时隙利用率进行监测，该性能指标可以反映网络的容量不足问题。同时，手机获得的平均时隙数量也可以用于分析容量不足。表 7.5 列出了与多时隙容量有关的参数。

表 7.5　与多时隙容量有关的参数

多时隙利用 GPRS	100 × (MUTILBASIC + MUTILGPRS) / (TRAFF2BTBFSCAN + TRAFF2GTBFSCAN)
多时隙利用 EDGE	100 × (MUTILEGPRS) / (TRAFF2ETBFSCAN)
每 TBF 的可预留 TS 的最大数量	(4 × (MUTIL14 + MUTIL24 + MUTIL34 + MUTIL44) + 3 × (MUTIL13 + MUTIL23 + MUTIL33) + 2 × (MUTIL12 + MUTIL22)) / (MUTIL14 + MUTIL24 + MUTIL34 + MUTIL44 + MUTIL13 + MUTIL23 + MUTIL33 + MUTIL12 + MUTIL22)

4．PDCH 容量

当网络出现 PDCH 容量问题时，就意味着网络中缺乏足够的时隙来支持分组交换数据业务。有许多性能指标可用于对 PDCH 容量进行监测，比较常用的包括：PDCH 分配失败率（PDCH Allocation Failure Rate），即网络不能分配与需求数量相匹配的 PDCH 的比例，较低的分配失败率才是可以接受的；平均每个 PDCH 承载的 TBF 数量，无论 GPRS 或 EDGE 均需要对该指标进行监测，较高的共享因子将有碍于获得较高的 IP 吞吐率。

此外，小区平均分配 PDCH 的数量（Average Number of PDCH Allocated）这一指标对于分析 PDCH 容量问题也十分有用。如果该值很低，如 1 或 2，那么提高该小区定义的 FPDCH 的数量（如 4 个 FPDCH）将有助于改善 PDCH 容量不足问题；如果该值很高，如 15～20，那么即使多定义 FPDCH 数量（4 甚至 8 个），对 PDCH 容量不足问题也改善不大。根据现有的优化手段，可以尝试增加 TRU 或分流电路交换域的话务量加以缓解。表 7.6 列出了与 PDCH 容量有关的参数。

表 7.6　与 PDCH 容量有关的参数

PDCH 分配失败率		100 × PCHALLFAIL / PCHALLATT
小区中分配的平均 PDCH		ALLPDCHACC / ALLPDCHSCAN
小区中分配的平均 PDCH（带业务）		ALLPDCHACTACC / ALLPDCHSCAN
（B、G、E）PDCH 共享	DL	(DLTBFPBPDCH + DLTBFPGPDCH + DLTBFPEPDCH) / (DLBPDCH + DLGPDCH + DLEPDCH)
	UL	(ULTBFPBPDCH + ULTBFPGPDCH + ULTBFPEPDCH) / (ULBPDCH + ULGPDCH + ULEPDCH)
E-PDCH 共享	DL	DLTBFPEPDCH / DLEPDCH
每个使用中的预占 PDCH 的 TBF 分钟数	UL	ULTBFPEPDCH / ULEPDCH
	DL	(TBFDLGPRS + TBFDLEGPRS) / 6 / PREEMPTPDCH
PDCH 拥塞率	DL	100 × (FAILDLTBFEST / DLTBFEST)
	UL	100 × (PREJTFI + PREJOTH) / PSCHREQ

造成 PDCH 容量不足的原因是多方面的，仅通过路测或 CQT 结果来分析很难准确定位问题所在，而使用 STS 统计来分析容量问题就比较全面。

7.3.4　解决下行 IP 吞吐率低的工作流程

如果遇到某个小区下行 IP 吞吐率较低，可以参考如图 7.22 所示工作流程进行分析和优化。

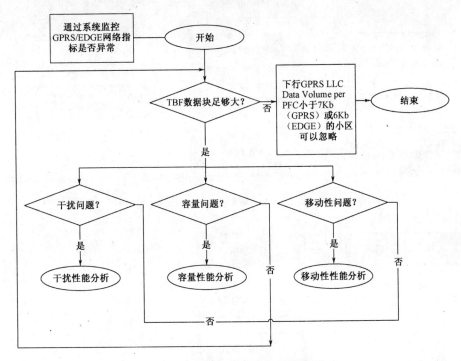

图 7.22　网络性能初始分析流程图

通常可以把问题小区分成 3 种类型（干扰、容量和移动性），分别分析各自的性能指标。有的时候问题小区可能同时遭受几种类型问题的困扰，这样就必须对所有类型的性能都进行检查分析。如果某种类型的性能指标均表现良好，则该类型的原因可以排除，问题可能是由其他类型原因引起的。为了进一步定位问题，可以对路测、CQT 结果或 Gb 接口的日志文件进行深入分析。

下面就来逐一说明各方面的分析流程。

1．干扰分析

根据对分组交换的无线网络优化指引，无线链路比特率（Radio Link Bit Rate）小于 11kbps 的 GPRS 小区将被视为存在干扰问题，如图 7.22 所示工作流程阐述了如何对干扰问题进行分析、定位及采取相关的优化措施来减少干扰。

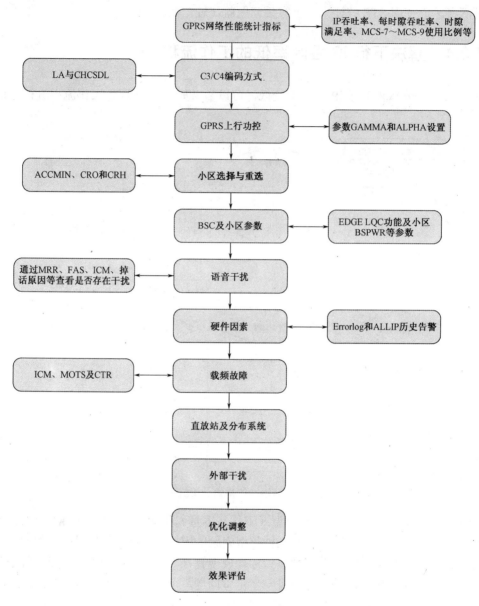

图 7.23　干扰分析流程图

（1）GPRS/EDGE 手机功率控制.

分组交换的无线系统没有 BTS 下行功率控制功能，但具备上行手机功率控制功能。该功能可以控制正在使用 GPRS/EDGE 数据业务手机的发射功率，使 BTS 接收端的信号电平维持在系统设定的目标值，以降低网络的上行干扰，同时可以节省手机的电量。

手机发射功率决定了手机在每个已分配的上行 PDCH 的发射功率。发射功率 P 单位为 dBm，由下式表示：

$$P = \min(P_{\max}, \text{GAMMA}_0 - \text{GAMMA} - \text{ALPHA}(C + 48))$$

其中，

$$P_{\max} = \begin{cases} \text{GPRS\_MS\_TXPWR\_MAX\_CCH} & \text{（如果小区中存在 PCCCH）} \\ \text{CCHPWR} & \text{（其他）} \end{cases}$$

$$\text{GAMMA} = \begin{cases} 39\text{dBm} & \text{（对于 GSM800/900 小区）} \\ 36\text{dBm} & \text{（对于 GSM1800/1900 小区）} \end{cases}$$

ALPHA 是 BSC 的属性参数，它决定了路径损耗对手机发射功率的影响。如果设置为 0 则路径损耗不作考虑，ALPHA 以真实值乘以 10 取值（如 ALPHA 取值 8 则意味着计算时的补偿值是 0.8）。

GAMMA 是功率控制的主要参数，发送给手机表明在 BTS 接收端的目标电平值。

C 是手机接收到的信号电平值。

手机会对计算的发射功率进行四舍五入运算，以尽量接近手机所支持的标称发射功率。

静态的 GPRS/EDGE 手机功率控制意味着手机发射功率是固定的，不随 BTS 接收端电平的变化而变化。把 ALPHA 设置为 0 可以得到一个静态的发射功率值，手机发射功率仅由 GAMMA 值决定。

作为一种较为激进的动态设置，可以把 ALPHA 设置为 "1"，GAMMA 用于设置最大的功率下降幅度，其补偿直接与路径损耗成正比关系。

建议：

有较强上行干扰的小区可以设置 ALPHA = 6，GAMMA = 16。

（2）GPRS 链路适应，LA 与 CHCSDL

GPRS 链路适应算法（GPRS Link Adaptation Algorithm）集成在 PCU 里，该算法是根据手机测量到的下行无线链路质量动态地选择最优的编码方式，从而使下行的每个 TBF 均可获得较高的吞吐率。基于系统的要求，GPRS 手机会向 BTS 发送包含下行无线链路质量测量结果的信道质量报告（Channel Quality Report）。在 TBF 建立的初期，由于没有相应的信道质量报告可供参考，系统将使用初始编码方式，该方式由参数 CHCSDL 决定。TBF 建立之后，PCU 将根据 BTS 收到的信道质量报告的内容对下行编码方式进行适当的动态调整。参数 CHCODING 定义了静态的上行编码方式，取值为 CS-1 或 CS-2。如果 GPRS 的 LA 设置为 OFF，同时 CHCSDL 设置为 NA，那么 CHCODING 所设定的编码方式将被同时用于下行。

GPRS 链路适应功能应用是基于小区级的，优化过程中可以根据不同小区的实际无线环境进行个别优化。

建议：

- 设置 LA=ON；
- 有强干扰的小区应当设置 CHCSDL = CS-2，以增强纠错能力。

（3）小区选择和小区重选

如果 GSM 小区和频率规划比较成熟的话，那么对 GPRS 网络造成业务覆盖盲区的可能性是非常小的，甚至是不存在的，但分组交换数据业务容易在小区边界上受到小区重选的短暂停顿而使数据业务受到影响。

如果小区重选的迟滞值设置过大，将会延迟 GPRS/EDGE 手机进行小区重选的时间，然而这样也提高了手机驻留在非最好小区的可能性，可能导致：

- 产生过多的重传，从而降低 GPRS/EDGE 的吞吐率；
- 丢失手机与 BTS 或 BSC 的联系，导致 TBF 终止。

与此相反，如果小区重选频繁发生，应用层及终端用户的业务质量将受到影响，如吞吐率降低、中断时延增大，最后可能引起应用层的计时器超时。

CRO = 0 和 PT = 0 表示小区重选仅由手机的接收信号强度决定，即 C1 和 C2 值是相等的，其中 C1 由以下表达式定义：

$$C1 = A - \max(B, 0)$$

式中，$A =$ 手机接收信号电平值 $-$ ACCMIN

$B = $ CCHPWR$-P$

式中，ACCMIN 为手机接入无线网络时要求的最低接收信号强度值；

CCHPWR 为手机接入网络时所允许使用的最大发射功率；

P 为手机本身所支持的最大发射功率。

CRO 和 PT 用于设置小区重选正或负的偏移值，该设置在手机空闲模式和分组交换数据传送时同样适用。CRO 的设置比较灵活，可以满足运营商对不同小区边界进行修改的需求。当 PT 设置为 0 而 CRO 设置为一个较小的值时（如设为 0），那么可使该小区比其他小区（CRO 设置较大的小区）更难以被手机选择驻留。所以，通过对 PT 和 CRO 进行优化，可以为手机营造一个最佳小区驻留。

CRH 是用于控制手机在位置区边界上的小区重选行为，以避免由于过快过频的小区重选而导致过多的位置区更新和路由区更新使信令负荷增大，并影响 GPRS/EDGE 终端用户使用数据业务的质量感受度。建议维持位置区边界上小区覆盖的一致性，边界小区的 CRH 设置为 8dB 是一个较优的选择。

建议：

- 修改 CRO 为 0；
- 修改 CRH 为 8。

（4）用于控制干扰的 GSM 参数

GSM 的一些无线功能，如 BTS/MS 动态功率控制（BTS/MS Dynamic Power Control）、

切换（Handover）、上下行不连续发射（UL/DL DTX）、小区分层（HCS）等，对于控制干扰都有一定的帮助。

例如，通过对电路交换小区级和邻区切换统计分析，可以根据下述因素来判断该小区是否存在干扰问题：

● 由于质量差而触发的切换百分比，触发的原因是上行还是下行，或者是上行、下行原因都有；

● 切换返回率，过高的切换返回可能是由于目标小区的上行干扰或当前服务小区的下行干扰引起的；

● 小区内切换的百分比及其原因。

（5）EDGE 相关的参数——LQC

链路质量控制（LQC，Link Quality Control）在 EDGE 网络里用于为每个下行或上行的 TBF 动态选择最优的调制方式和编码方式，以获得最高的吞吐率并把系统的延迟减到最小。与此同时，由于吞吐率的提高、数据传送时间的缩短，系统的容量也得到了提升，网络可以容纳更多的用户一起分享 EDGE 的服务。

在 EDGE 系统中，RLC 层协议功能得到了增强，可以对相同编码家族的数据进行数据分割重组，也就是说系统允许以不同的 MCS 编码方式进行数据重传。此外，该增强型 RLC 协议还可以使接收端存储和使用上次使用相同 RLC 数据块传送的信息（Soft values，软值）以提高解码的成功率，这种技术被称为 IR（Incremental Redundancy，增量冗余）。如果 RLC 数据块没有被分割重组，那么在同一个 RLC 数据块里旧有的软件值可以和新的软件值进行合成，接收端将会储存这些软件值直至 RLC 数据块成功解码。

● LQCACT：LQC 功能的控制参数，设置为"3"表示上、下行均开启了链路质量控制功能。

● LQCHIGHMCS：该参数用于定义 LQC 所支持最高的 MCS 编码方式。

● LQCIR：该参数用于定义下行算法运行在 LA/IR 模式还是 LA 模式。

● LQCUNACK：该参数用于定义当 RLC 非确认模式使用时改变 MCS，以获得更稳定的编码方式。

● LQCDEFAULTMCSDL 和 LQCDEFAULTMCSUL：当 LQC 功能关闭时，这两个参数用于控制在上行、下行分别选择使用何种 MCS 进行编码。

建议：

● 设置 LQCACT = 3；

● 设置 LQCDEFAULTMCSDL = 9；

● 设置 LQCDEFAULTMCSUL = 9；

● 设置 LQCHIGHMCS = 9；

● 设置 LQCUNACK = 1；

● 设置 LQCIR = 1。

（6）与电路交换域干扰的比较

OSS 工具 PMR、RNO 和电路交换域的 STS 用于统计"TCH/SDCCH 由于质量差造成的掉话"，可以用于分析小区是否存在干扰问题或信号强度不足的问题，检查是否是由于 BTS 硬件问题而导致干扰的产生。

可以利用 Idle Channel Measurements（ICM）空闲信道测量统计检查是否存在上行干扰，分析时可以对 ICM Band4 或 Band5 进行排序，对位于前列的小区进行分析。

判断干扰是否随着时间变化而变化，即干扰是否与电路交换域或分组交换域的忙时相关。若是，则干扰很可能来自系统内部；若不是，则极可能是外部的干扰源引起的。不过有的时候外部干扰也和时间相关，具体情况需要和 BTS 网络优化工程师沟通，一般情况下他们对网络的外部干扰源了如指掌。

通常还可以用 TEMS 围绕问题小区进行实地测试，以获取其他有用信息，帮助定位干扰源。

如果时间和条件许可进行深入分析的话，可以使用信令分析仪抓取 Abis 上的信令进行分析，以帮助定位问题小区存在大量数据重传的原因。

2．移动性分析

移动性分析的流程图如图 7.24 所示。进行移动性分析时，性能指标 TBF 分钟每 RA 间和 RA 内小区重选（TBF minutes per inter and intra Routing Area Cell Reselections）很低的小区都应当列为移动性差的分析对象。

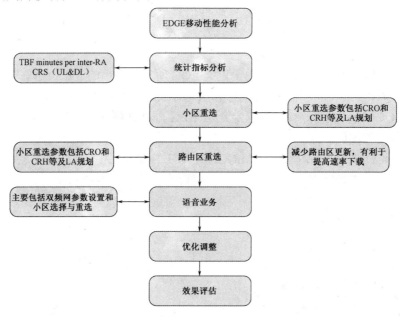

图 7.24　移动性分析流程图

（1）小区重选参数

分组交换域的移动性主要受空闲模式的小区选择和小区重选影响。移动性的主要策略是确保手机驻留在最好的服务区，仅在必要时进行小区重选，同时还应避免乒乓重选的发生，尤其需要注意尽量减少不必要的位置区、路由区更新的发生。

（2）路测

路测是利用 TEMS 做 FTP 下载测试，分析 LOG 文件找出小区重选需时较长的样品，再进行详细分析。不同的测量信息可以用来进行进一步的分析。例如，如果从最后一次源小区发送上行消息的时间到在新小区成功解码 SI13（系统信息 13）的时间比平常的耗时长，那么新小区可能存在干扰问题；如果从最后一次源小区发送上行消息的时间到在新小区立即分配的时间比平常的耗时长，那么可能存在容量不足问题；如果从最后一次源小区发送上行消息的时间到在新小区收到下行 TFI 消息的时间比平常的耗时长，那么可能应用层存在问题。

（3）路由区更新

路由区之间的小区重选应尽量减少，因为这种重选会对吞吐率带来十分负面的影响，对终端用户的质量感受度影响特别大。实际中可以考虑采用以下策略对位置区、路由区进行规划：规划较大的路由区，定义适当的路由区边界，特别是避免在高速公路、铁路等存在高速移动用户的区域出现路由区过多重叠区等。

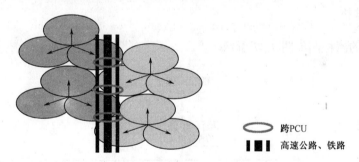

跨PCU

高速公路、铁路

图 7.25　路由区规划实例

如图 7.25 所示为一个路由规划的实例。由图中可以看出，路由区的边界定义不合理，高速公路与路由区边界刚好重合，沿着公路前进的用户将会进行多次的路由区更新。其实，对于上例，只要正确定义好路由区边界，避免其边界落在高速公路上，即可避免乒乓路由区更新情况的发生。

（4）电路交换域话务量

要分析电路交换域的话务流向，需要确定电路交换域话务优先等级及分组交换域业务优先等级，如图 7.26 所示。

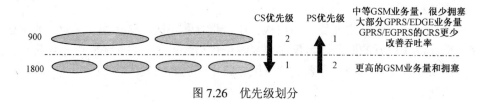

图 7.26　优先级划分

可以使用以下设置对话务优先级进行划分（电路交换域话务也会受影响）。

● ACCMIN, CB/CBQ：影响 C1 算法，仅在有其他小区提供覆盖情况下使用。

● CRO, PT/TO：影响 C2 算法，其设置取决于具体情况。

（5）乒乓小区重选和 GPRS 不合理覆盖

乒乓小区重选和 GPRS 不合理覆盖可以通过路测或在 Gb 接口挂表抓取相关信令进行定位。除了修改小区重选的参数如 CRO、CRH、PT、TO 以外，还可以考虑改变 GPRS/EDGE 小区的边界来加以解决。

调整小区的配置，如小区天线的方向、位置、下倾角、发射功率等均可以改变小区边界。对小区的物理配置进行调整，可以解决共存的多个问题，不过在进行此项调整时需要谨慎考虑，因为所有的改动均会对该区域所有的 GSM 电路交换域话务产生影响。作为一种可行的方案，建议对缺乏主服务区的区域进行调整，这样可以得到较满意的结果。

3．容量分析

容量分析的流程图如图 7.27 所示。

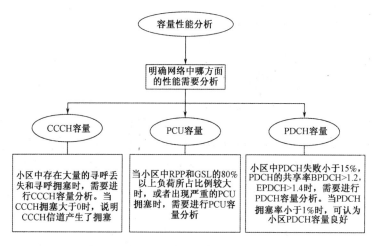

图 7.27　容量分析流程图

如图 7.27 所示为在哪些情况下需要对 CCCH 容量、PCU 容量、PDCH 容量进行进一步分析。下面分别介绍相关的分析流程。

（1）CCCH 容量分析流程

CCCH 容量分析流程图如图 7.28 所示，本节仅对其中参数 MFRMS 的优化进行分析，其他参数的优化类似于 GSM CCCH 容量优化，在此不再论述。

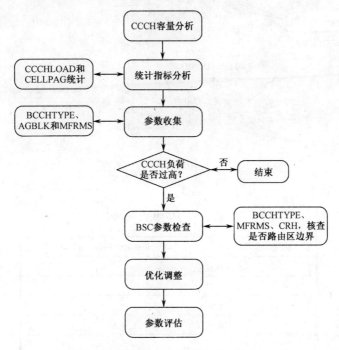

图 7.28　CCCH 容量分析流程图

CCCH 上的信令负荷均来自寻呼。参数 MFRMS 定义了 Multi-frame（复帧）的周期，同时确定了同一个寻呼组里寻呼消息的传送间隔。例如，MFRMS=5 的含义是系统对属于某一寻呼组的手机的寻呼间隔是 5 个复帧周期。小区参数 MFRMS 的取值范围是 2～9，包含在系统信息 3 里通过 BCCH 广播。

寻呼消息的处理过程如图 7.29 所示。如果一条寻呼消息到达 BTS 时已经有若干寻呼消息等待发送，则该寻呼消息将进入等待队列等候。如果等待队列已满，则该寻呼消息将被拒绝发送，计数器 PAGPCHCONG 跳转一次（增加）；如果该寻呼消息在等待队列等候时间过长，也会被系统所丢弃，此时计数器 PAGETOOOLD 跳转一次（增加）。从终端用户角度来看，手机已经开机，系统也已经发送寻呼消息到 TRX，但手机并没有寻呼响应。

缩短同一寻呼组里寻呼消息的传送间隔可以有效避免寻呼消息在 BTS 侧的时延。把参数 MFRMS 从 5 改为 2，意味着寻呼组每 2 个复帧将被寻呼一次，这样一来同一时间就有更多的手机被成功寻呼，从而减少了在队列等候的寻呼数量。表 7.7 列出了 MFRMS 参数的取值。

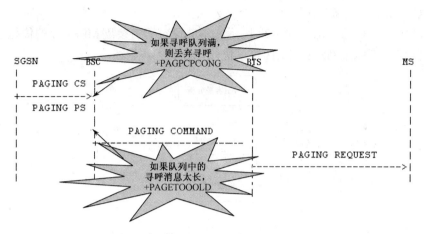

图 7.29　寻呼消息处理

表 7.7　MFRMS 参数

MFRMS	寻呼组间的时间间隔（s）
2	0.47
3	0.71
4	0.94
5	1.18
6	1.41
7	1.65
8	1.89
9	2.12

　　缩短 MFRMS 的设置可以减少由于寻呼队列满员而产生的寻呼被拒绝或由于寻呼消息在队列等候时间较长而被丢弃的现象，手机进行被叫的建立时间也可以相应减少。

　　表 7.8 列出了 Cell A、B 和 C 小区优化后指标情况对比，PAGPCHCONG（小区寻呼队列满而造成的寻呼消息丢失的次数）和 PAGETOOOLD（寻呼队列中呆的时间太久而造成的寻呼消息丢失数）两个指标都有较大的改善。

表 7.8　寻呼丢失指标优化案例

	DATE	CELL	PAGPCHCONG	PAGETOOOLD
优化前	3 月 25 日	Cell A	44	800
	3 月 26 日	Cell A	220	759
	3 月 27 日	Cell A	386	823
	3 月 28 日	Cell A	209	773

续表

	DATE	CELL	PAGPCHCONG	PAGETOOOLD
优化后	3 月 29 日	Cell A	2	2
优化前	3 月 25 日	Cell B	206	1176
	3 月 26 日	Cell B	607	1144
	3 月 27 日	Cell B	926	1352
	3 月 28 日	Cell B	654	1128
优化后	3 月 29 日	Cell B	15	2
优化前	3 月 25 日	Cell C	262	1386
	3 月 26 日	Cell C	758	1443
	3 月 27 日	Cell C	1060	1655
	3 月 28 日	Cell C	903	1589
优化后	3 月 29 日	Cell C	12	2

优化措施：

经检查有 3 个小区寻呼丢失严重，主要是由于 MFRMS 参数设置过大。在数据业务方面，由于数据业务会产生占用大量的 AGCH 的情况，因此可能导致 CCCH 被分配作为 AGCH 使用而导致 PCH 资源不足，在这种情况下如果 MFRMS 设置过大就会出现由于寻呼队列长而造成寻呼请求等待时间过长而被丢弃，因此在这种情况下需要将 MFRMS 设置改小（如改为 2 或 3）来避免这种情况。对 3 个小区 MFRMS 参数进行修改，原值由 6 改为 2，寻呼性能会得到改善。

（2）PCU 容量分析流程

PCU 容量分析的流程图如图 7.30 所示。

进行 PCU 容量分析时，先要对 GPRS/EDGE 的信道分配管理相关参数进行一致性检查。处理好 PS 话务的一个重要要求就是网络是否具备充足的信道及如何分配这些信道。对 CS 和 PS 信道应当区别对待，CS 话务只需要使用 1 个时隙，而分组交换业务在手机支持的范围内获得越多连续时隙其数据吞吐率就越高，用户感觉越好。PS 信道管理可以分为以下 3 种类型：

- Channel Allocation（信道分配）；
- Channel Reservation（信道预留）；
- Channel Release（信道释放）。

① PS Channel Allocation（PS 信道分配）

参数 CSPSALLOC 对于 FPDCH 的分配起主要的控制作用。信道分配算法会根据以下要点把 FPDCH 分配到具体的物理信道上：

- 先分配到具有 EDGE 功能的 CHGR 上；
- 然后根据参数 CSPSALLOC 进行分配；
- 最后分配到具有最多空闲 TCH 信道的 CHGR 上。

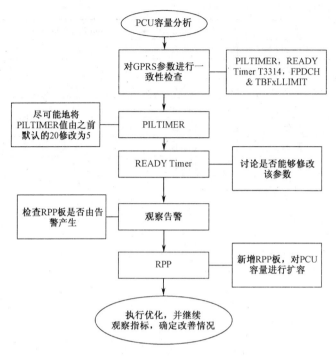

图 7.30　PCU 容量分析流程图

　　最困难的是固定 PDCH 之外的信道分配。小区一旦获得一个 FPDCH，将会在信道管理算法中触发一个功能，该功能将会预留若干连续时隙以备将来 PS 业务使用，即 CS 话务会被尽量指派到其他的信道上而尽可能地保留那些潜在的 PSET。如果小区中没有分配 FPDCH，信道管理算法将随机分配时隙予 CS 使用，从而使稍后可能发生的 PS 话务难以寻找连续的时隙。

　　参数 NUMREQEGPRSBPC 需要在每个 CHGR 定义，以描述该 CHGR 中最多可以分配的支持 EDGE 业务的 PDCH 数量。该参数的设定主要取决于运营商的策略，设置时需考虑投资成本、网络性能及容量。

　　参数 GPRSPRIO 是指 GPRS 优先级，若设为 0，意味着所有基于语音功能的算法（小区负荷分担等）均会把 ONDEMAND PDCH 视为空闲时隙，用于 TCH 话务。这种设置会导致 CLS（小区负荷分担）把一个小区（A）的话务推移到另外一个小区（B）的 ONDEMAND PDCH，B 小区的 ONDEMAND PDCH 将被预占（Pre-emption）。该参数的设置需要与 PS 的优先级别一同考虑，目前网络中没有赋予 PS 比 CS 更优先的等级。

　　参数 GPRSPRIO 控制可预占 PDCH 将被视为 Idle 或 Busy，用于动态半速率（HR）分配和 TCH 打包、小区负荷分担、子小区负荷分配和 GSM-UMTS 小区重选与切换等功能。下面分别介绍该参数取不同值时的情况。

- 0——可预占 ONDEMAND PDCH 将被视为对所有功能空闲。
- 1——可预占 ONDEMAND PDCH 将被视为对动态 HR 分配和 TCH 打包功能忙碌；对下列功能空闲：小区负荷分担/分层小区结构、子小区分配、GSM-UMTS 小区重选与切换。
- 2——可预占 ONDEMAND PDCH 将被视为对小区负荷分担/分层小区结构功能忙碌；对下列功能空闲：动态 HR 分配、TCH 打包、子小区负荷分配、GSM-UMTS 小区重选与切换。
- 3——可预占 ONDEMAND PDCH 将被视为对下列功能忙碌：动态 HR 分配、TCH 打包、小区负荷分担/分层小区结构；对下列功能空闲：子小区负荷分配、GSM-UMTS 小区重选与切换。
- 4——可预占 ONDEMAND PDCH 将被视为对子小区分配功能忙碌；对下列功能空闲：动态 HR 分配和 TCH 打包、小区负荷分担/分层小区结构、GSM-UMTS 小区重选与切换。
- 5——可预占 ONDEMAND PDCH 将被视为对下列功能忙碌：动态 HR 分配和 TCH 打包、子小区负荷分配；对下列功能空闲：小区负荷分担/分层小区结构、GSM-UMTS 小区重选与切换。
- 6——可预占 ONDEMAND PDCH 将被视为对下列功能忙碌：小区负荷分担/分层小区结构、子小区负荷分配；对下列功能空闲：动态 HR 分配和 TCH 打包、GSM-UMTS 小区重选与切换。
- 7——可预占 ONDEMAND PDCH 将被视为对下列功能忙碌：动态 HR 分配和 TCH 打包、小区负荷分担/分层小区结构、子小区负荷分配；对下列功能空闲：GSM-UMTS 小区重选与切换。
- 8——可预占 ONDEMAND PDCH 将被视为对 GSM-UMTS 小区重选与切换功能忙碌；对下列功能空闲：动态 HR 分配和 TCH 打包、小区负荷分担/分层小区结构、子小区负荷分配。
- 9——可预占 ONDEMAND PDCH 将被视为对下列功能忙碌：动态 HR 分配和 TCH 打包、GSM-UMTS 小区重选与切换；对下列功能空闲：小区负荷分担/分层小区结构、子小区负荷分配。
- 10——可预占 ONDEMAND PDCH 将被视为对下列功能忙碌：小区负荷分担/分层小区结构、GSM-UMTS 小区重选与切换；对下列功能空闲：动态 HR 分配和 TCH 打包、子小区负荷分配。
- 11——可预占 ONDEMAND PDCH 将被视为对下列功能忙碌：动态 HR 分配和 TCH 打包、小区负荷分担/分层小区结构、GSM-UMTS 小区重选与切换；对子小区负荷分配功能空闲。
- 12——可预占 ONDEMAND PDCH 将被视为对下列功能忙碌：子小区负荷分配、

GSM-UMTS 小区重选与切换；对下列功能空闲：动态 HR 分配和 TCH 打包、小区负荷分担/分层小区结构。

- 13——可预占 ONDEMAND PDCH 将被视为对下列功能忙碌：动态 HR 分配和 TCH 打包、子小区负荷分配、GSM-UMTS 小区重选与切换；对下列小区负荷分担/分层小区结构功能空闲。
- 14——可预占 ONDEMAND PDCH 将被视为对下列功能忙碌：小区负荷分担/分层小区结构、子小区负荷分配、GSM-UMTS 小区重选与切换；对下列动态 HR 分配和 TCH 打包功能空闲。
- 15——可预占 ONDEMAND PDCH 将被视为对所有功能忙碌。

建议：

- 设置 GPRSSUP = YES；
- 设置 FPDCH > 0；
- 设置 NUMREQEGPRSBPC≥3；
- 设置 TN7BCCH = EGPRS；
- 设置 GPRSPRIO = 1。

② PS Channel Reservation（PS 信道预留）

PS 信道预留算法会尽量预留充足的资源使用户获得最高的吞吐率。并非总是需要用到 EDGE 作为最佳的解决方案，信道预留算法把信道共享及比特率考虑在内。例如，一个使用 4 个时隙的 GPRS 用户和一个使用 2 个 EDGE 时隙且与别人共享信道的用户相比，GPRS 用户就可以获得更高的吞吐率。可以优化的参数包括 TBFDLLIMIT 和 TBFULLIMIT，GMCC 分别把该值设置为 2，意味着在扩展其他 PSET 前，平均每个 PDCH 上至少应分配 2 个 TBF。对于下行 4 时隙手机占绝大多数的网络而言，这是个不错的选择。

建议：

- TBFDLLIMIT = 20；
- TBFULLIMIT = 20。

③ Channel Release（PS 信道释放）

分组交换数据信道释放在以下两种情况下会发生：一种情况是不管该信道正在被使用还是已经预留均会被释放，即用户在信道上被清除，这种信道释放称为 Pre-emption（预清空）；另一种情况是信道的释放是由于分组域的信道处于空闲状态超过某一特定时间段而重新返回到电路交换域。

参数 PDCHPREEMPT 用于设置分组数据信道可预占性，定义了何种 ONDEMAND PDCH 信道可以被电路交换话务需求触发预清空。该参数控制负责预占的 ONDEMAND PDCH，用于电路交换呼叫。

注意：如果预占受到限制，建议将 BSC 交换属性 GPRSPRIO 中的 B0、B1、B2 和 B5 设置为 1，以便从相应负荷调整功能中获得更好的结果。

- 0——所有 ONDEMAND PDCH 都可以预占。
- 1——未用于双传输模式（DTM）的 ONDEMAND PDCH 可以预占。
- 2——未用于流媒体的 ONDEMAND PDCH 可以预占。
- 3——既未用于 DTM，也未用于流媒体的 ONDEMAND PDCH 可以预占。
- 4——非关键 ONDEMAND PDCH 可以预占。
- 5——非关键且不是 DTM PDCH 的 ONDEMAND PDCH 可以预占。
- 6——非关键且不是流媒体 PDCH 的 ONDEMAND PDCH 可以预占。
- 7——非关键，不是 DTM 且不是流媒体 PDCH 的 ONDEMAND PDCH 可以预占。
- 8——空闲 ONDEMAND PDCH 可以预占。

如果 PDCHPREEMPT 设置为 0，系统将预清空所有的 ONDEMAND PDCH。每个 TBF 均具有一个基本的 PDCH 带有 TAI 信息及相关的信令信息，只要基本的 PDCH 存在，那么 TBF 的生命将得以延续。如果 PDCHPREEMPT 设置为 4，则至少基本 PDCH 得以保存，TBF 得以继续传送，这样可以提高终端用户的业务质量感受度。

PILTIMER 定义了系统在结束 TBF 后释放 PDCH 所需要等待的时长。在该计时器超时前，所有相关的 PCU 设备和 PDCH 仍在已分配状态。缩短该计时器将加快释放资源到空闲状态，因此该参数也决定了 GSL 设备的负载，缩短该计时器将加快空闲的 PDCH 返回电路交换域，同时也释放 GSL 信道资源供其他用户使用。

与信道释放相关的控制参数设置建议如下：

- 设置 PILTIMER = 5 或 10。
- 设置 PDCHPREEMPT = 1，电路域仅对非基本的 ONDEMAND PDCH 预清空。在电路域不存在拥塞的前提下可以这样设置以保障分组域的性能。

除了 PILTIMER，还有另外一种方法可以减少 PCU 的负载，即缩短 Ready Timer T3314（就绪计时器 T3314）。该计时器位于 SGSN 侧，在此不再论述。

（3）PDCH 容量分析流程

PDCH 容量分析的流程图如图 7.31 所示。

和 PDCH 容量相关的指标主要有 GPRS/EDGE 时隙利用率、PDCH 信道分配成功率、TBF Minutes per Preempted PDCH in use、平均激活的 PDCH 数（带业务和不带业务）和（E、B、G）-PDCH 的信道共享率。这几个参量可从不同的角度同时反映 PDCH 信道资源是否充足。

对于 PDCH 的拥塞问题，同样需要先对 GPRS/EDGE 的相关参数设置进行检查，排除不合理的参数设置。同时，对 GSM 的相关参数也要进行检查。不同的拥塞情况，可通过不同的手段进行优化。PDCH 的信道拥塞虽然表现的现象和指标有所不同，但本质上来可说是信道资源的不足造成的，优化的目的就是尽量平衡语音和数据业务两方面的需求。从长远的角度来看，合理的规划、及时进行硬件扩容才是根本的解决方案。从实际情况出发，解决临时拥塞基本有以下两个大方向：

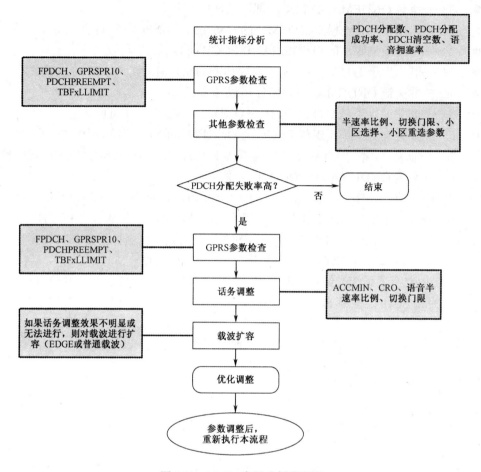

图 7.31　PDCH 容量分析流程图

- 优化信道分配的策略，保证 GPRS/EDGE 信道的占用；
- 分流话务。

下面就对这两方面分别进行介绍。

① 优化信道分配的策略，保证 GPRS/EDGE 信道的占用

a. 优化 GPRSPRIO

GPRSPRIO 是用于定义在不同的算法中，已分配的 ONDEMAND 的信道被视为 Idle 还是 Busy。其值可展开成二进制的 4 个比特位，每个比特位代表一个算法，详细设置如图 7.32 所示。

如果 GPRSPRIO 设为 3，即在动态半速率分配和小区负荷分担的算法中，已被分配为按需分配（ONDEMAND）的 PDCH 信道被认为是 Busy，不会被预清空。

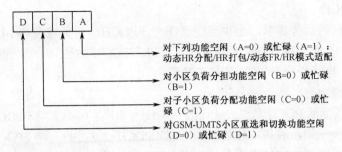

图 7.32　GPRSPRIO 详细设置

b. 优化 PDCHPREEMPT

参数 PDCHPREEMPT 是用于定义 CS 话务能够预清空的信道类型。将 PDCHPREEMPT
的值展开为二进制，则每个 Bit 位的含义见表 7.9。

表 7.9　PDCHPREEMPT 详细设置

B0	B1	B2	描　　述
0	0	0	所有 ONDEMAND PDCH 均可预占
1	0	0	仅非关键 ONDEMAND PDCH 可以预占
0	1	0	仅空闲 ONDEMAND PDCH 可以预占
1	1	0	仅未标记为"用于流媒体"或非关键 ONDEMAND PDCH 可以预占
0	0	1	仅未标记为"用于流媒体"的 ONDEMAND PDCH 可以预占

每个 TBF 均具有一个基本的 PDCH 带有 TAI 信息及相关的信令信息。只要基本的
PDCH 存在，那么 TBF 的生命将得以延续。如果 PDCHPREEMPT 设置为"1"，则至少基
本 PDCH 得以保存，TBF 得以继续传送，这样可以提高终端用户的业务质量感受度。如果
PDCHPREEMPT 设置为"2"，即只有空闲的 ONDEMAND PDCH 信道可以被预清空。
PDCHPREEMPT 数值越大，数据业务得到的保证就越大，语音业务则可能出现拥塞。

c. 优化 PILTIMER

当一个 ONDEMAND PDCH 变为 Idle 状态，它仍然在 PSD 的空闲列表（IDLE LIST）
中，此时 PILTIMER 开始记时，一旦它超时，此 PDCH 就会被转到 CSD 的空闲列表中，
即还给 CS 域。增加 PILTIMER 能够增大 PS 域保有尽可能多的 PDCH 的概率，但同时会
增加 GSL 的负荷。

d. TBFxLIMIT

TBFDLLIMIT、TBFULLIMIT 是指系统在做 PDCH 预留的时候，要尽量避免每 PDCH
上的 TBF 数量超过这两个值，除非已经没有其他信道可供选择。TBFxLLIMIT 设置的太大，
会导致 PDCH 的共享率过高，影响吞吐率。

e. 定义 FPDCH

根据不同小区的话务需求，至少应定义 1 个 FPDCH，话务较高的小区，可定义 4 个或 8 个 FPDCH。定义了 FPDCH，也就保证了 GPRS/EDGE 的最低带宽。但需要注意的是，增加了 FPDCH，也就减少了 TCH 的信道数量。

根据以往的经验有：

- 对于平均激活 PDCH 数≤5，以前 FPDCH 为"0"的小区，将 FPDCH 设置为"1"；
- 对于 10≥平均激活 PDCH 数≥5，以前 FPDCH<2 的小区，将 FPDCH 设置为"2"；
- 对于平均激活 PDCH 数≥10，以前 FPDCH<4 的小区，将 FPDCH 设置为 4。

f. 采用单时隙分配策略（SAS，Singleslot Allocation Strategy）

SAS 定义了每个 CHGR 的时隙分配策略，有质量（Quality）、MAIO 和多时隙（Multislot）三种。

- Quality：根据 ICM（空闲信道测量）的测量结果，选择具有最低干扰电平的一组信道。
- MAIO：选择在 MAIO（移动分配索引偏移）列表中位列最低位置的一组信道。
- Multislot：首先选择具有最少空闲 TCH 信道的一组信道。

如果 SAS 定义为 Multislot，系统将首先选择具有最少空闲 TCH 信道的一组信道，这样系统就有更多连续的空闲信道供数据业务使用。

需要注意的是，对于干扰比较严重的小区，为了保证语音质量应首选分配策略为 Quality。

g. PDCHALLOC

参数 PDCHALLOC 用于控制 FPDCH 的分配方式。若 PDCHALLOC 设置为"First"，FPDCH 将被分配到 BCCH 频率所在的空闲信道上；若 PDCHALLOC 设置为"Last"，FPDCH 将被分配到没有参与跳频的 BCCH 频率以外的所有空闲载频上；若 PDCHALLOC 设置为 NOPREF，FPDCH 将分配到任意载频上。结合 PDCHALLOC 设置为"NOPREF"并基于 FPDCH 的分配策略，通常"FPDCH"会被优到分配在 EDGE 信道上。

② 分流话务

a. 小区重选的控制

如果小区没有设置 PBCCH，只有 BCCH 信道，终端将使用 CS 的 IDLE MODE BA LIST 作为测量频点列表。在小区重选的过程中，根据终端测量的结果，使用 C1/C2 算法，终端将切换到 C1/C2 算法中选择排在最前面的小区。下面先介绍终端在不同的状态下，不同的测量行为。

- 分组空闲模式（Packet idle mode）

当终端准备要传送数据，而在 GPRS/EDGE 的物理信道上没有被分配任何无线资源时，终端处于分组空闲模式。

当终端处于分组空闲模式时，终端会对包括自己的在内的所有的 BCCH 进行测量，测量值是在每 5s 或 5 个连续的寻呼块（Paging blocks）中取平均。终端最少每 30s 读取一次服务小区 BCCH 上的所有系统信息，最少每 30s 检查一次 6 个最强的相邻下区的 BSIC 是否发生改变，最少每隔 1min 读取一次最强的 6 个相邻小区的和小区重选相关的系统信息。通过 C1/C2 算法，如果相邻小区比服务小区更好，终端将发起小区重选。

发生小区重选时，新小区属于新的 RA/LA，如果此时终端处于 Standby 状态，将会通过上行逻辑链路控制帧（Uplink Logical Link Control (LLC) Frame）将终端标志发送给 SGSN，在经过 BSC 时，BSC 会增加 CGI 的信息。

发生小区重选时如果终端处于 Ready 状态，将会发起 LA/RA 更新（LA/RA Update）。如果属于同一个 RA/LA，则将发送小区更新请求（Cell Update Request）。

● 分组传输模式（Packet Transfer Mode）

当终端已经被分配了一个或多个物理信道，或有 LLC PDUs 正在传送，则终端处于分组传输模式。

处于分组传输模式时，终端会连续地监控所有在 CS 空闲列表中的 BCCH 频点，每 TDMA 帧（约 4.6ms）最少测量一个 BCCH 频点，当前服务小区则会在每 52 个复帧中最少测量 6 次。通过 C1/C2 算法，如果相邻小区比服务小区更好，终端将发起小区重选。

当发生小区重选时，新小区属于新的 RA/LA 区域，会发起 RAU 和 LAU，否则终端会通过上行 LLC 帧将终端标志发送给 SGSN，在经过 BSC 时，BSC 会增加 CGI 的信息。

● C1/C2 算法

当手机附着在 GPRS 系统后，无论在分组空闲模式还是在分组传输模式下均由手机自行完成小区重选。手机进行小区重选的目的是为了驻留在最合适的小区，判决算法为 C1/C2 算法。GPRS 附着手机会在如下情况下进行小区重选：

➢ 服务小区被禁止；

➢ GPRS 手机在允许的次数内未能成功接入网络；

➢ GPRS 手机检测到下行链路的信令失败；

➢ C1 低于 0 的时间超过 5s；

➢ 相邻小区的 C2 值高于主服务小区的 C2 值的时间超过 5s；

➢ 此外 60s 内手机接收不到 GPRS 系统信息（SI13），也会进行小区重选。

小区重选的算法如下：

C1 = Rxlev–ACCMIN–max(CCHPWR–P, 0)

C2 = C1 + CRO – TO × H(PT – T)　若 PT 31

C2 = C1 - CRO　若 PT = 31

其中，$H(x) = 0$ $(x < 0)$，$H(x) = 1$ $(x \geqslant 0)$；ACCMIN、CCHPWR、CRO、TO 及 PT 均来自系统信息。

GPRS 手机处于 Ready 状态或邻小区属于新的 RA 时，邻小区的 C2 值要比本小区的 C2 大 CRH，而且至少要持续 5s，才会发生小区重选。如果在 15s 内曾发生过小区重选，则邻区的 C2 值至少要比服务小区的 C2 值大 5dB 并且持续 5s。

当发生小区重选时，数据下载将会暂时停止，手机接入新的服务小区，并收听新小区的系统信息，完成小区重选；然后在新小区重选分配 TBF，继续数据的下载。小区重选一般需要花费 2～3s 的时间，从而影响下载速率。当小区重选到不同的 RA 时，将会进行位置区更新和路由区更新，路由区更新相对于小区重选，需要走更多的信令，因此花费更多的时间。

通过了解小区的重选机制，可以发现通过调整 CRO、CRH、TO、PT、ACCMIN、CCHPWR，能够有效地控制终端在边界区域的小区选择；减少 CRO 和 CRH，能够使终端更快地重选到其他小区。

注意：对 CRO、TO、PT、ACCMIN、CCHPWR 的调整同样会影响终端的语音业务在哪个小区启呼；而对 CRH 的调整则主要影响 RA/LA 边界的小区重选。

b. 小区负荷分担

当小区空闲的全速率业务信道（包括数据和语音）数量等于或低于一定的数量 CLSLEVEL 的时候，如果合适的邻区允许符合分担，并且有足够的空闲信道 CLSACC，则 Ranking Recaculations 将会被触发，本小区内的所有连接都会重新计算切换队列，当某个邻区的比本小区更好时，该连接的话务切换到邻区。切换队列的排序和平常的 Locating 算法在迟滞值的计算上有区别，重新计算切换队列时，使用的是降低的迟滞值（Reduced Hysteresis Values），即 h。h 的计算公式如下：

$$h = H\left[1 - 2(\text{RHYST}/100)\frac{(t - t_0)}{\text{CLSRAMP}}\right]$$

式中，H 是 KHYST、TRHYST、LHYST、HIHYST 或 LOHYST；RHYST 是调整的百分比；t_0 是触发计算的时间；CLSRAMP 是迟滞值从 H 变化到最后的值的时间。

随时间的变化，t 不断增大，h 值不断减小，小区的边界不断往邻区移动。当 t 达到 $t_0 + CLSRAMP$ 时，h 值保持不变。RHYST 和 CLSRAMP 的作用如图 7.33 所示。

从图 7.33 所示可知，RHYST 越大，小区负荷分担的区域就越大。需要注意的是，RHYST 越大，边界上的部分连接可能会很快地被切回原小区，这时候需要降低 RHYST 的值。

小区负荷分担相关参数介绍如下：

- CLSTIMEINTERVAL 是 BSC 属性参数，定义的是检查空闲信道数的时间间隔，默认值为 100ms。
- EBANDINCLUDED 是 BSC 属性参数，定义负荷分担算法是否考虑 E-GSM 频段的信道。
- CLSLEVEL 定义的是每个小区空闲 TCH 的百分比，当达到或低于该百分比时，触发 Ranking Recaculations。
- HOCLSACC 用于定义本小区是否允许来自其他小区的由负荷分担触发的切换。
- CLSACC 用于定义本小区有多少空闲信道的时候，才可以接受来自其他小区的负荷分担。分流话务的方法还可以通过调整动态半速率和 900/1800 站间话务均衡来实现。

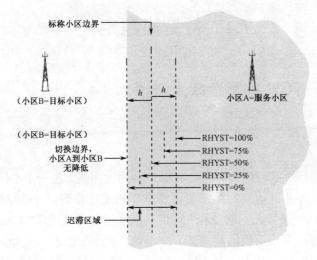

图 7.33　小区负荷分担

4．解决 IP 传输中断的工作流程

IP 传输中断主要指标有 TBF Minutes per Interrupt（DL），用于反映 GPRS 或 EDGE IP 下行中断情况。该指标类似于电路交换的话务掉话比，数值越高意味着 PS 性能越好，即 TBF 在被非正常释放前保持时间越长（以 min 计算）。

由图 7.34 所示的解决 IP 传输中断问题的流程图可知，改善无线网络环境、减少干扰有利于提高该指标。同时应尽量减少频繁地跨 BSC 间的位置重选，特别是乒乓重选，可以减少资源的无谓占用并提升用户的使用感受。

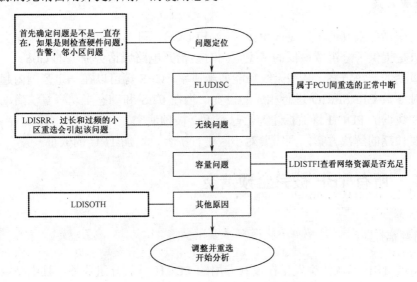

图 7.34　解决 IP 传输中断问题的流程图

7.4　常见问题定位

7.4.1　由于 TCH 拥塞造成无法接入

1．问题描述

在多数的网络里，电路域的语音业务具有最高的优先级。在一个小区里，TCH 资源可用率备受关注。当某个小区电路域拥塞而导致没有 PDCH 资源时，GPRS/EDGE 手机将由于分配不到 PDCH 而无法接入网络。系统收到手机发送的信道请求（Channel Request）后，因为没有可用的资源，会给手机回复立即分配拒绝（Immediate Assignment Reject）消息，一旦手机收到该拒绝消息，在 10s 内（T3122）将被禁止再次尝试接入同一小区。

在 GPRS/EDGE 网络中，手机基于空闲模式的 C1/C2 算法（如果使用 PBCCH 则算法 C31/C32 适用）进行小区选择、重选，网络不能直接控制手机驻留在哪一个小区。如果当前驻留的最佳小区出现拥塞，手机也只能继续驻留在该小区进行周期性的信道申请尝试。

2．问题定位

相关的性能指标：High T_HRDCGTU、High T_HRDCGO、Low P_ALLPDCH、Low P_PEAK、Low IA_PS_SUC、High PDCH_FAIL、High T_SFTCGU。

3．解决方案

为分组域话务很高的小区定义至少 1 个 FPDCH，可以避免分组业务被完全阻塞。然而这样做只是提供了分组域最低的带宽，同时会抬升电路域话务业务的 GoS。

作为短期的解决方案，某些无线功能如半速率、CLS 等可以在一定范围内起到缓解作用。可以对参数 GPRSPRIO 进行相应的设置，当在 CLS 和动态半功率算法启动时，正在传送 GPRS 数据的 PDCH 将被标注为忙碌而不会被预清空。

若是要长期的解决方案，则需要对小区进行扩容，增加 TRU 的数量。

7.4.2　所有 TBF 被完全预清空

1．问题描述

PDCH 或 TBF 的预清空发生在没有专用的 PDCH 承载分组业务，且电路域又具有比分组域更高的优先级的时候。由于没有充足的 TCH 供电路域话务使用，作为最后的选择，系统会对承载 GPRS/EDGE 数据业务的 PDCH 进行预清空。丢失一个 PDCH 会降低 TBF 的吞吐率，不过通过 TBF Re-reservation （TBF 重预留），TBF 会很快重新配置。最坏的情况就是由于 TCH 拥塞，TBF 被完全地预清空。

2．问题定位

相关的性能指标：High PREEMPTTBF、High PREEMPTPDCH、High LDISTFI、Some T_HRDCGTU、High PDCH_FAIL。

3．解决方案

预清空的结果可以是 TBF 的完全丢失。重建 TBF 是否成功取决于小区里是否存在可用的 PDCH 资源（IA_PS_SUC, PREJTFI）。可以通过 STS 中的计数器 PREEMPTPDCH 和 PREEMPTTBF 对 PDCH 和 TBF 的预清空进行监测。如果 TBF 被预清空时 PCU 中仍然存有数据，PCU 将清空其相应的缓存（该动作可通过计数器 LDISTFI 记录）。

将参数 PDCHPREEMPT 设置为 4，就可以避免 TBF 被预清空。不过这样一来，如果分组域的话务很高，小区里电路域的 TCH 资源就有可能大幅度减少（有很多的 PDCH 携带 TAI 信息）。与问题"由于 TCH 拥塞造成无法接入"类似，作为短期的解决方案，某些无线功能如半速率、CLS 等可以在一定范围内起缓解作用。可以对参数 GPRSPRIO 进行相应的设置，当在 CLS 和动态半功率算法启动时，正在传送 GPRS 数据的 PDCH 将被标注为忙碌而不会被预清空。

如果电路域话务量依然很高且接近拥塞，建议对该小区进行扩容，增加 TRU 的数量。

7.4.3 多时隙分配不足

1．问题描述

GPRS/EDGE 手机会根据本身多时隙的级别与能力向系统申请信道资源。如果当前小区可用的 PDCH 数量不足，则手机仅能得到少于所申请的时隙数量，从而降低数据吞吐率。PDCH 资源不足可能是由于空闲 TCH 不足、PSET 不完整或与服务速率相匹配的资源不足（如 EDGE 信道不足）造成的。

2．问题定位

相关的性能指标：Low MUT_ALL、Low MUT_ALLOC 与 MUT_TER、Low MUT_ GPRS/MUT_BASIC/MUT_EGPRS、Low P_ALLPDCH、High PDCH_FAIL。

3．解决方案

多时隙分配低的原因可能是由于小区的电路域话务量很高而导致 PDCH 数量不足造成的。类似于前面两种情况，CLS 和动态半速率可用于减轻电路域的话务量。但长期方案还是需要对小区进行扩容，增加 TRU 数量。

把参数 PILTIMER 设置为较长时间对具有很高分组话务的小区比较有利。系统会在计时器时间里保留分组域里空闲的 PDCH，避免电路域分配不利于分组业务的信道（电路域不会优先分配 PDCH）。但是，这种设置会增加 RPP 的负载，建议仅在 RPP 负载受监控且不高的情况下使用。

7.4.4　PDCH 共享过多

1．问题描述

同时有很多用户共享 1 个 PDCH 信道的情况，通常是由于分组域话务很高且小区信道资源不足以满足用户所需求的数量造成的。它揭示了不同的 TBF 在可用的 PSET 上是如何分布的。当用户共享 PDCH 信道时，业务的吞吐率会受影响而产生下降。

2．问题定位

相关的性能指标：High TBF_EPC_DL/TBF_EPC_UL、High TBF_BPC_DL、TBF_BPC_UL、TBF_GPC_DL、TBF_GPC_UL PDCH_FAIL、P_ALLPDCH、P_PEAK。

3．解决方案

小区的分组话务量很高，尤其是当 PDCH 资源受限于小区电路域话务量时，就会发生 PDCH 共享过多的情况。

当观察到某小区存在 PDCH 共享过多而电路域话务量又不是太高的情况时，就需要对该小区 PDCH 的分配情况进行分析。PDCH 分配受限于参数 TBFxxLIMIT，如果 TBFxxLIMIT 设值较大，可以考虑减小，不过减小以后可能会在 BSC 范围里引发更多的 PDCH 分配请求，修改前需要对 RPP 负载进行评估。

如果 EDGE 时隙上的共享用户过多 (TBF_EPC_DL，TBF_EPC_UL)，同时小区里的 PSET 共享又比较低，则可能是由于 EDGE 的话务量很高所造成的，可以通过分析 STS 的计数器 TBFDLEGPRS 和 TBFDLGPRS 来确认。在这种情况下，可以对该小区的 EDGE 信道容量进行扩容。

如修改参数之后还得不到改善，那么就需要考虑增加 TRU 的数量了。

7.4.5　RPP 拥塞造成 PDCH 资源不足

1. 问题描述

RPP 资源（GSL 设备）对网络中的 PDCH 容量影响很大，如果 PCU 拥塞（RPP 里 GSL 设备不足），则系统将不能分配更多的 PDCH 信道。

2. 问题定位

相关的性能指标：High PS_GSLUTIL、High PCU_FAIL_N、High PS_RPPLOAD、High CELLMOVE。

3. 解决方案

GSL 设备利用率很高会引起很多小区出现 PDCH 容量不足问题。RPP 拥塞会导致较少的 PDCH 分配数量或很不稳定的 PDCH 可用率，因此之前提及的存在很高电路域话务量的小区所会出现的问题都应该应该予以重点关注。

参数 PILTIMER 的时长可以设短一些，这样有助于降低 GSL 设备利用率。至于改善的程度则取决于网络中话务分布。

案例 1：RPP 拥塞严重，网络中的分组话务量很高。如果网络的分组域话务很高同时业务质量不容乐观，那么对 RPP 进行扩容是最好的解决方案。

案例 2：RPP 拥塞严重，网络中的分组话务量很低。如果网络的分组域话务很低，那么 FPDCH 的数量可以相应减少，或者在分组话务非常低的小区干脆就予以全部删除。

如果 EDGE 设备遍及全网，则需要对 RPP 容量进行重新规划。作为暂时的方案，可以删除没有 EDGE 话务小区的 EDGE 资源。

提高 TBFxxLIMIT 会减少 PDCH 分配尝试的次数，但是会增加高分组话务小区的信道共享因子。

第 8 章　EDGE 的网络性能

本章要点

- ● EDGE 的关键性能指标（KPI）

- ● EDGE 的链路性能

- ● EDGE 的无线资源管理

- ● EDGE 的系统容量

- ● 语音和数据混合业务容量

- ● EDGE 现网测试性能

 **本章导读**

　　了解关键性能指标和链路级性能对于理解整个系统的性能非常重要，本章首先将介绍 EDGE 网络的关键性能指标（KPI）及基本链路性能；随后对在干扰和噪声受限的情况下的吞吐量进行分析；然后介绍 EDGE 所需的主要无线资源管理（RRM，Radio Resource Management）功能，对算法设计以及它们对性能的影响进行探讨；再对 GPRS 和 EDGE 的系统容量和测量进行对比分析，其中包括采用跳频时和不使用跳频时的 EDGE 容量；接着对分组交换和电路交换混合业务下的 EDGE 系统性能进行探讨，分析详细说明了 CS 业务和 PS 业务之间的相互影响；最后通过 EDGE 现网的实测结果来对 EDGE 的网络性能进行更加直观的说明。

8.1　EDGE 网络的关键性能指标（KPI）

　　本节将对 EDGE 网络性能分析中经常用到的关键性能指标（KPI，Key Performance Indicator）进行详细的介绍，同时还将说明这些指标之间的相互关系。

8.1.1　可靠性

　　EDGE 系统的可靠性是指传递给逻辑链路控制层（LLC）的差错无线链路控制（RLC）块的最大概率。可靠性主要取决于 RLC 层的工作模式。在多数情况下，数据应用对差错是不能容忍的，所以必须要进行重传。重传一般是通过 RLC 层的确认模式（ACK）来实现的。在 RLC ACK 模式下，由于循环冗余校验域长度的限制（EDGE 中该域为 12 比特），仍然存在无法检测错误块的可能性。对于 EDGE 而言，确认模式下 RLC 层的残余 BER 为 2×10^{-4}。一些对延时敏感的业务可以通过非确认模式来操作，这种情况下它们可以容忍稍高的误块率。这些操作模式都需要在业务建立过程中进行协商。

8.1.2　吞吐量

　　吞吐量是单位时间内向 LLC 层（即 RLC 净荷）所传送的数据量，即其单位是比特/秒（bps）。吞吐量适用于对较大的数据量进行测量的场合，可以通过对 TBF 的统计来测量，其公式为

$$吞吐量 = \frac{\sum b_i}{T_{\text{TBF}}}$$

　　　　　　　　　　　　　　　　　　　　　　　　　　　　　　　　（8.1）

其中，b_i 是每个 RLC 块的比特数，取决于采用的 MCS 模式；T_{TBF} 是 TBF 持续时间。每个 TBF 都有一个相关的吞吐量。根据网络的负荷和网络的配置，每个网络都有不同的吞吐量概率分布。除了使用整体的概率分布外，最常用的吞吐量表示方式是计算平均吞吐量和百分比吞吐量。平均吞吐量就是对所有的 TBF 吞吐量求平均值。而 10% 吞吐量则是指 90% 的 TBF 都能达到的最小吞吐量，这是主要的质量准则之一。

当然，用户吞吐量也可以通过应用层来进行测量，如在实际中常使用文件传输协议（FTP，File Transfer Protocol）来下载文件，所以可以根据下载文件所需的时间来计算应用层的吞吐量。

8.1.3　延时

EDGE 的延时是指 LLC 协议数据单元从分组控制单元（PCU）发送到 MS 或从 MS 发送到 PCU 的时间。LLC 层延时包括差错 RLC 块所需的重传时间。在 RLC ACK 确认模式下，延时主要取决于无线接入往返时间（RA RTT，Radio Access Round Trip Time），该时间对应用层的性能有很大的影响。RA RTT 定义为从发送 RLC 分组到接收到 ACK/NACK 消息之间的时间间隔。轮询策略在 RA RTT 中起着非常重要的作用。它的典型值为 250ms。通过对网络架构的充分优化，可以进一步减小 RA RTT。随着数据负荷的增加，LLC 延时会缓慢地增加，直至网络达到饱和点，即 LLC 延时已大到无法为业务提供正常服务。对于 RLC NACK 模式的实时数据业务而言，可以通过在调度器中分配较高的优先级来减少延时。

同样，延时也可以在应用层进行测量。最常用的方法就是对一个特定的服务器通过 PING 命令来测量其应用层的延时。对于负荷较重的网络而言，其响应延时会变得越来越长，最终可能会导致业务的不可用。

8.1.4　网络负荷

EDGE 网络负荷的一种比较有效的表示方式就是每时隙利用率，网络负荷可以用数据爱尔兰或时隙利用率来表示。该测量包括在 PDTCH 信道上传输的用户数据、重传和控制信息。该定义对于理解平均有多少个时隙被 EDGE 业务占用是非常有帮助的。数据爱尔兰和时隙利用率可以通过有效计数器方便地计算出来。数据爱尔兰的计算公式为

$$数据爱尔兰 = \frac{(发送的无线块数 \times 0.02(s))}{忙时时长(s)} \qquad (8.2)$$

需要注意的是，1 爱尔兰对应于每 20ms 有一个无线块进行连续传输。数据爱尔兰由初始 RLC 块传输、重传 RLC 块和控制 RLC 块构成。重传必须在确认模式下进行，可以分为两类：普通重传和抢占式重传。当收到否定确认消息后便会进行普通重传。抢占式重传是指

没有收到任何确认消息而进行的重传。这些块被称为待确认块。在两种情况下当没有要传输的 RLC 块时便可以进行待确认块的抢占式重传：第一，当 RLC 协议停滞且发射窗口不能再移动；第二，此时没有要发送的用户数据，但是还没有收到确认消息。抢占重传对于网络和 MS 都是可选的。尽管抢占重传对于 RLC 协议是有利的，但是它们会增加网络的数据爱尔兰。

8.1.5　时隙利用率

时隙利用率指标用于测量有多少硬件资源已经被 EDGE 业务所使用。时隙利用率的计算公式为

$$时隙利用率（\%）\frac{数据爱尔兰}{EDGE有效时隙数} \tag{8.3}$$

时隙利用率考虑了 EDGE 业务可用的平均时隙数。它可以反映当前网络的数据业务负荷。当网络的时隙利用率接近 100%，即饱和点时，终端用户的性能将变得非常差。

8.1.6　时隙容量

时隙容量用于测量网络在 1 数据爱尔兰时可以传输多少数据。它用于说明传输数据的硬件的效率。时隙容量主要取决于网络干扰程度，以及 RLC 协议的效率。其计算公式为

$$时隙容量 = \frac{小区吞吐量}{数据爱尔兰} \tag{8.4}$$

时隙容量取决于 RLC 的设计算法和数据业务的突发程度，为此可引入 RLC 效率因子，得到公式为

$$时隙容量 = \frac{RLC效率因子 \times 每小区吞吐量}{最优数据爱尔兰} \tag{8.5}$$

其中，最优数据爱尔兰是指排除了待确认块重传后的数据爱尔兰。RLC 效率因子用于反映 RLC 的效率，主要取决于 RLC 窗口的停滞情况和业务的突发情况。对于 EDGE 的非突发业务而言，由于其窗口一般不会出现停滞，所以其 RLC 效率因子将接近 1。

8.1.7　TBF 阻塞率

TBF 阻塞率用于说明小区的业务饱和程度。当到达阻塞率极限后，核心网中便会出现丢包现象。随着网络负荷的增加，阻塞率会成指数递增。所以一旦网络发生阻塞，即使负荷只再增加一点也会导致较高的阻塞率。在高阻塞率下，性能会急剧下降，LLC 延时会呈指数增加。在 EDGE 网络中应采取各种手段来保证较低的 TBF 阻塞率。

8.1.8　吞吐量减少因子

吞吐量减少因子用于说明当一个时隙被多个用户共享时 TBF 吞吐量的减小程度。已知时隙容量和吞吐量减少因子，就可以计算出平均用户吞吐量，公式为

$$\text{TBF 吞吐量} = \text{时隙容量} \times \text{分配的时隙数} \times \text{吞吐量减少因子} \tag{8.6}$$

对于低负荷小区来说，其吞吐量减少因子接近于 1，也就是说多用户共享的时隙数较少。理想情况下，吞吐量减少因子不依赖于所分配的时隙数。在实际中，对于不同的时隙数和实际的信道分配算法，吞吐量其减少因子会有差别。

8.1.9　频谱效率

1．等效复用系数

等效复用系数是量化频谱效率的一种比较常用的方式。等效复用系数用于说明网络中相同频率的复用程度。其计算公式为

$$R_{\text{eff}} = \frac{N_{\text{freqsTOT}}}{N_{\text{TRXave}}} \tag{8.7}$$

式中，R_{eff} 表示等效复用系数；N_{freqsTOT} 表示总共可用的载频数量；N_{TRXave} 表示每扇区平均 TRX 数。

等效复用系数是通过每个扇区的 TRX 数量来说明有效载频率的，但是该方法有些局限：

- 使用的 TRX 数并不能表示 TRX 是满负荷的；
- TRX 数和最大承载业务之间的关系受不同质量标准的限制；
- 对于相同的阻塞率，每个 TRX 的爱尔兰数会随着 TRX 的增加而增加；
- 由于 TRX 数和承载的业务都不是固定的，所以等效复用系数不能准确地说明频谱效率。

2．分数负荷

在跳频网络中与等效复用系数相关的一种测量方式称为分数负荷。它表示小区内所分配的载频数要大于部署的 TRX 数，当然这仅对 RF 跳频有效。分数负荷反映了跳频网络在一定 TRX 配置下的负荷能力，当然它也存在与等效复用系数相同的局限性，其计算公式为

$$L_{\text{frac}} = \frac{N_{\text{TRX}}}{N_{\text{freqs/cell}}} \tag{8.8}$$

式中，L_{frac} 表示分数负荷；N_{TRX} 表示小区内的 TRX 数量；$N_{\text{freqs/cell}}$ 表示一个小区内所配的频率数。

3. 频率负荷

频率负荷可以表示为

$$L_{\text{freq}} = L_{\text{HW}} \times L_{\text{frac}} \tag{8.9}$$

式中，L_{freq} 表示频率负荷；L_{HW} 表示时隙的占用时间；L_{frac} 表示分数负荷。该指标用于反映一个频率的负荷程度，即有效的频谱可以承载多少业务。因此，它是用于说明网络频谱效率的一种比较好的手段，但是这取决于实际的复用。为了解决这个问题，就要求定义的频谱效率能够用于各种网络配置中，所以又引入了等效频率负荷（EFL，Effective Frequency Load）这一指标。

4. 等效频率负荷（EFL）

等效频率负荷用于反映每个频率的负荷程度。它取决于复用的频率和网络中部署的 TRX，计算公式为

$$\text{EFL}(\%) = \frac{L_{\text{HW}}}{R_{\text{eff}}} \tag{8.10}$$

经过变换后可以重新写为

$$\text{EFL}(\%) = \frac{\text{Erl}_{\text{BH}}}{N_{\text{freqTOT}}} \cdot \frac{1}{\text{Ave}\left(\dfrac{\text{TSL}}{\text{TRX}}\right)} \tag{8.11}$$

式中，Erl_{BH} 表示平均忙时业务量；N_{freqTOT} 表示系统中可用的载频数；$\text{Ave}(\text{TSL}/\text{TRX})$ 表示业务使用时每个 TRX 的平均时隙数，通常该值为 8。

EFL 可以直接变换为其他频谱效率指标。例如，使用如下公式可以变换为 Erl/MHz/cell

$$\text{频谱效率（Erl/MHz/cell）} = 40 \times \text{EFL}（\%）$$

EFL 很容易通过网络计算出，它可以直接反映出频谱的负荷程度。如果对于一个有效频率，每个扇区仅配置一个 TRX，而且这些 TRX 都是完全负荷，即 8 爱尔兰/TRX，那么 EFL 将是 100%，其相对应的谱效率（Erl/MHz/cell）为 40。

8.2 GPRS 和 EDGE 的链路性能

本节将对干扰和噪声受限情况下单无线链路的性能进行研究，主要讨论不同调制编码机制（MCS）下的误块率（BLER，Block Error Rate）和每时隙的吞吐量。需要注意的是，EDGE 数据容量的增强完全是基于链路性能的改善，所以理解链路性能对于研究整个系统

的性能非常重要。

8.2.1　简介

实际中通常采用链路仿真来评估物理层的性能。这些链路仿真结果可以用于随后的系统级仿真。链路是发射机和接收机之间的点到点连接，如图 8.1 所示。

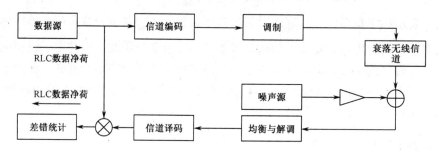

图 8.1　链路级仿真的一般结构

仿真链路包括特定的调制方式（高斯最小移频键控（GMSK）或八进制相移监控（8PSK））、信道编码、信道估计和接收算法。输入参数有信道类型（如都市环境、农村环境等）、移动速度、频率带宽、跳频的使用、载干比（C/I，Carrier-to-Interference Ratio）或符号能量与噪声密度比（E_S/N_0）。输出参数包括译码前的信道比特差错率（原始 BER）、译码后的信息比特差错率（BER）、译码后的块差错率（BLER）和吞吐量。

EDGE 采用了很多改善措施，所以性能明显优于 GPRS。它采用 8PSK 调制（MCS-5 到 MCS-9 调制编码机制）来提高数据传输速率；通过增量冗余来进行链路自适应并改善链路性能。并且，EDGE 的所有 GMSK 模式都增加了冗余。

本节中 GPRS 和 EDGE 链路仿真的环境是典型的都市环境。仿真的带宽是 900MHz，在 800MHz 时可以得到类似的结果。对于 1800MHz 和 1900MHz，将 MS 的速度除以 2 后便可以得到一致的结果（由于其波长是 900MHz 的一半，所以快衰落过程比 900MHz 快一倍）。这就是说 900MHz 下 TU3（都市环境，3km/h）的结果与 800MHz 下 TU3 的结果是一致的；而对于 1800 和 1900MHz 来说，其结果与 MS 在 1.5km/h 时的结果是一致的。仿真中的干扰受限、噪声受限场景均参考 GSM 规范[1]。

8.2.2　GPRS 和 EDGE 的峰值吞吐量

GPRS 和 EDGE 发送的最大比特速率的逻辑链路控制（LLC，Logical Link Control）块取决于选择的 CS 或 MCS。在一个无线块中传送的 LLC 比特数由每个 CS 或 MCS 中应用的信道编码来决定。表 8.1 列出了 20ms 内一个无线块中的 LLC 的比特数和不同 CS、MCS 下 LLC 层的峰值吞吐量。

表 8.1　GPRS 和 EDGE 的峰值吞吐量

	编码机制	调制方式	RLC 块数	FEC 码率	用户比特数	比特速率（bps）
GPRS	CS-1	GMSK	1	0.45	160	8000
	CS-2		1	0.65	240	12000
	CS-3		1	0.75	288	14400
	CS-4		1	n/a	400	20000
EDGE	MCS-1		1	0.53	176	8800
	MCS-2		1	0.66	224	11200
	MCS-3		1	0.85	296	14800
	MCS-4		1	1	352	17600
	MCS-5	8PSK	1	0.38	448	22400
	MCS-6		1	0.49	592	29600
	MCS-7		2	0.76	448+448	44800
	MCS-8		2	0.92	544+544	54400
	MCS-9		2	1	592+592	59200

从表 8.1 中可以清楚地看出，EDGE 在 GMSK 调制下最大吞吐量为 MCS-4，其吞吐量要低于 CS-4 的吞吐量。从整体来看，在较好的无线链路条件下，如果 EDGE 不采用 MCS-5～MCS-9，那么 EDGE 的吞吐量要略低于 GPRS CS-1～CS-4 的吞吐量。

8.2.3　RF 损害

由于频率合成器不理想，MS 和 BTS 中的参考时钟信号都有相位噪声。当 C/I 较高时，相位噪声和干扰噪声就成为了重要的干扰源。与 GSMK 调制相比，8PSK 调制对相位噪声更加敏感，因为 8PSK 调制具有更小的符号间距离，所以采用较低保护机制的 MCS 更容易受到影响。

当功率放大器以满功率发射时，功率放大器将失去线性特征，即此时发送的信号会产生失真。从接收机的角度来看，在高 C/I 时，信号畸变是另一种噪声源。GMSK 具有恒定的幅度，所以它对于功率放大器的非线性而言就有更强的容忍度。8PSK 信号具有更大的幅度变化，即功率放大器的非线性会使信号更容易发生畸变而导致噪声更大。为了避免过多的信号畸变，要求 8PSK 的发送功率比 GMSK 低 2～4dB。通常，对于 BTS 而言，回退 2dB 就足够了；而对于 MS 来说，由于其放大器的线性特征更差，所以一般要回退 4dB。

无论是相位噪声还是功率放大器的非线性特征都会给 RF 带来损害，在较高 C/I 时都会影响较高的 MCS，从而降低性能。如图 8.2 所示为有/无 RF 影响情况下 EDGE 的 BLER 值。由于 MCS-9 没有采用任何信道编码机制，所以更容易受到 RF 损害的影响。

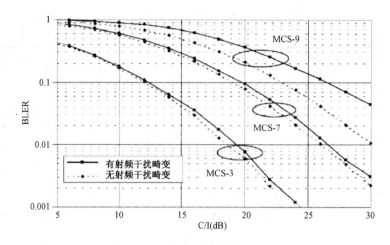

图 8.2　RF 损害对链路性能的影响

如图 8.2 所示的仿真假设在 BTS 和 MS 中采用了典型的相位噪声频谱和低记忆噪声放大器非线性模型。本章中所有链路级仿真都考虑了 RF 受到的影响。

8.2.4　干扰受限的性能

当干扰电平高于接收机接收灵敏度时就称该无线链路是干扰受限的。多数网络都是干扰受限的，因为为了有效地利用可用频率，相同的频率在不同的小区中进行了重用。干扰受限网络通常认为是容量受限，即干扰电平决定了网络频谱效率的极限。另一方面，噪声受限网络通常认为是覆盖受限，即网络的小区范围受限，其频谱效率并不受限。

1．BLER 性能

在系统中一些接收到的无线链路控制块（RLC，Radio Link Control）可能发生错误。链路级的健壮性取决于码率和调制方式。不同的 CS 和 MCS 可以获得不同的 BLER，具体情况如图 8.3 所示。通常在相同的 C/I 条件下，较高的 CS 或 MCS 具有较高的 BLER，但是 MCS-4（无前向纠错码）和 MCS-5（FEC 码率最小但采用 8PSK 调制）可能会不符合该规则。

3GPP 规范中给出了干扰受限场景下 BTS 和 MS 的最小性能。最小性能是指 BLER 为 10% 时所需的最小载干比 C/I，可参考表 8.2。在实际中根据接收机的实现，MS 和 BTS 可以超越该最小性能。

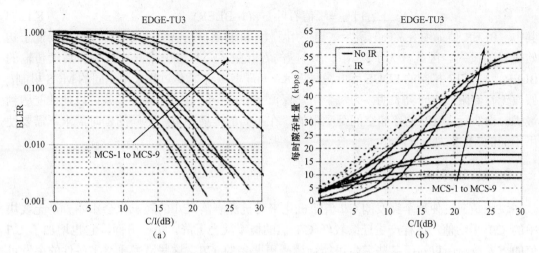

图 8.3 干扰受限情况下 EDGE 的链路性能（TU3，900MHz）

表 8.2 干扰受限情况下 BLER<10%所需的最小 C/I（900MHz）

信道类型	传播环境 TU3 （无跳频）	TU3 （理想跳频）	TU50 （无跳频）	TU50 （理想跳频）
PDTCH/CS-1	13dB	9dB	10dB	9dB
PDTCH/CS-2	15dB	13dB	14dB	13dB
PDTCH/CS-3	16dB	15dB	16dB	15dB
PDTCH/CS-4	19dB	23dB	23dB	23dB
PDTCH/MCS-1	13dB	9dB	9dB	9dB
PDTCH/MCS-2	15dB	13dB	13dB	13dB
PDTCH/MCS-3	16dB	15dB	16dB	16dB
PDTCH/MCS-4	21dB	23dB	27dB	27dB
PDTCH/MCS-5	18dB	14.5dB	15.5dB	14.5dB
PDTCH/MCS-6	20dB	17dB	18dB	17.5dB
PDTCH/MCS-7	23.5dB	23.5dB	24dB	24.5dB
PDTCH/MCS-8	28.5dB	29dB	30dB	30dB
PDTCH/MCS-9	30dB	32dB	33dB	35dB

2. 确认模式下的吞吐量

数据传输中必须要求无差错传输，GPRS 和 EDGE 网络可以重传出错的无线块。EDGE 在重传机制中还引入了增量冗余方式。

根据基本的重传机制，可获得的吞吐量可以通过 BLER 的函数来进行计算：

$$吞吐量=峰值吞吐量×(1-BLER) \qquad (8.12)$$

其中，BLER 值如图 8.3（a）所示。当使用了 IR 机制后，差错块连续重传的概率要低于初始传输的概率。因此，为了计算每个时隙的吞吐量，必须考虑第一次传输和后续传输的 BLER。具有 IR 机制的 EDGE 吞吐量如图 8.3（b）所示。重传过程采用相同的 MCS 机制，假设无存储限制。研究表明，为每个用户保留 20000 个软值的存储空间就可以使性能达到最优。而实际中 IR 的存储空间是受限的，在不同的传播环境、不同的延时需求下需要使用不同的 MCS。

3．跳频的影响

跳频是通过使每个突发的 C/I 值随机化来对抗深衰落。C/I 的随机化会影响一个无线块中的 C/I 平均值，这样产生连续较低 C/I 值的概率就会下降。另一方面，它也增加了 C/I 值的方差值，所以对于某些突发可能会遭受更恶劣的 C/I。这些遭受更恶劣条件的突发可以通过使用信道编码和交织技术来进行补偿。但是，如果无线块没有较好的保护机制（即没有较强的信道编码），那么 C/I 的随机化会带来负面影响，因为信道编码无法克服较差的 C/I。因此，对于一些编码机制使用跳频技术并不会带来好处，即跳频增益可能为负。

如图 8.4 所示为一些 MCS 机制在 BLER 为 10% 的条件下的链路性能。从结果可以看出，MCS-1 和 MCS-7（信道编码码率分别为 0.5 和 0.76）可以从跳频中获益 4dB 和 1.8dB。而 MCS-3 和 MCS-9（信道编码码率为 0.85 和 1）的跳频增益则分别为–0.9dB 和–3.9dB。需要注意的是，MCS-9 只能在两个突发中进行交织，以避免跳频带来的性能劣化。

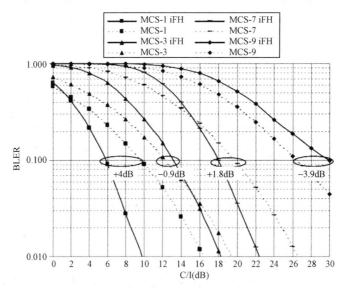

图 8.4　有、无跳频时的 EDGE 链路性能（900MHz、TU3 环境）

较高的跳频增益可以获得较低的 BLER 值。但是,当采用 LA 以实现吞吐量最大化时,正常情况下 CS 和 MCS 工作点的 BLER 都不会低于 10%。这是因为当 BLER 较低时,LA 就会选择更高的 CS 或 MCS。

当用户以更快的速度移动时(如在 TU50 环境下),快速衰落过程会变得更加不相关。所以跳频带来的增益或损失可以忽略。

4. 理想链路自适应

GPRS 和 EDGE 都可以自动选择最适合的 CS 或 MCS 以获得最大吞吐量,这取决于无线链路条件。因此,链路性能就是在不同 CS 或 MCS 下的 CIR 与吞吐量的关系。如图 8.5 所示为在最优 C/I 切换点的理想条件下,采用 LA 可获得的链路性能。对于同样的吞吐量,在 5kbps 条件下,EDGE 与 GPRS 相比具有几个 dB 的增益;而在 20kbps 时,增益可达 15dB。吞吐量越大,所获得增益也越大。从结果可以看出跳频会导致一些损失,尤其在吞吐量较高的区域。图 8.5 还显示了 IR 增益与 CIR 的关系,从图中可以清楚地看出 IR 始终可以改善链路质量,在一些情况下可以获得 3dB 增益(没有跳频时)。在没有使用 IR 时,每时隙吞吐量包络与 C/I 的关系取决于 MCS 切换点,但是当使用 IR 时,每时隙吞吐量包络将更加平滑。IR 增益会随着吞吐量包络的改变而改变,所以,对于 C/I 而言,IR 增益不是恒定的。在多数情况下没有跳频时可以获得更大的 IR 增益。需要注意的是,在实际中 RRM 算法也对给出的链路仿真产生一定的影响。在实际情况下,LA 所基于的无线链路状态估计是由 MS 或 BTS 来报告的,它们都不是理想值。所以实际 LA 算法将导致非最优 CS 或 MCS 判决。但是,IR 可通过在后续的重传中增加编码能力来使传输适应无线链路状态,实际证明这可以有效地补偿 LA 算法的不足。所以通常把 LA 和 IR 一起看做是自适应传输的一种有效机制。总之,LA 和 IR 算法可以使网络工作在接近最优状态。

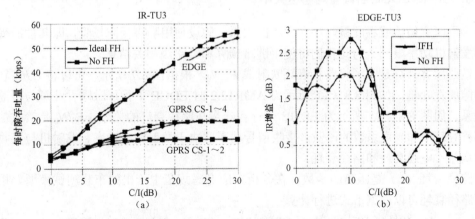

图 8.5 每时隙吞吐量及 IR 增益与 CIR 的关系(900MHz,TU3 环境)

5. 快速移动终端

当 MS 处于高速移动状态时（如 250～300km/h），链路的性能会受到一定的影响。由于多普勒效应，到达信号的相位会发生迅速变化，所以在无线接入突发过程中不能把它看做是恒定的。该相位噪声会使接收机发生错误接收，从而导致出现 BER 平台，如图 8.6（a）所示。保护能力较差的 CS 或 MCS 将无法对差错比特进行纠错。所以在实际中将无法使用。GPRS 的 CS-1～3 都采用了信道编码机制，但是 CS-3 仍然会产生较高的误块率。8PSK 调制对相位噪声更加敏感，但是保护能力较强的 MCS 可以对差错比特进行纠错，所以 EDGE 的吞吐量要高于 GPRS，如图 8.6（b）所示。

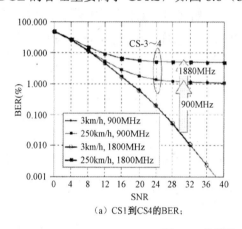
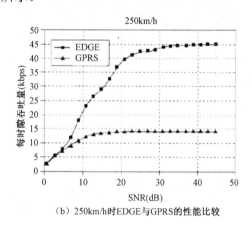

（a）CS1 到 CS4 的 BER；　　　　（b）250km/h 时 EDGE 与 GPRS 的性能比较

图 8.6　快速移动对链路性能的影响

6. GPRS/EDGE 吞吐量与小区大小

为了研究覆盖或吞吐量与小区大小的关系，假设使用噪声受限场景，即其性能受热噪声和发射机功率限制。为此我们将使用链路预算和链路级相关结果。

链路预算计算是为了将路径衰耗映射成 E_S/N_0，根据图 8.7 所示，可以将 E_S/N_0 转换成每时隙的吞吐量。如图 8.8（a）所示为 AMR12.2 时 EDGE 下行每时隙吞吐量与覆盖范围的关系。如图 8.8（b）所示为 EDGE 下行吞吐量与路径衰耗的关系。E_S/N_0 是接收信号功率、符号速率和噪声系数的函数。接收信号功率取决于发射输出功率、发射机与接收机的天线增益、电缆衰耗和路径衰耗。

路径衰耗（L）是距离的函数，在分析中应考虑规范中给出的车载测试模型。根据参考，路径衰耗可以根据下式进行计算：

$$L = 40\left(14\times10^{-3}\Delta h_{\mathrm{b}}\right)\log_{10}\left(R\right) - 18\log_{10}\left(\Delta h_{\mathrm{b}}\right) + 21\log_{10}\left(f\right) + 80\mathrm{dB} \tag{8.13}$$

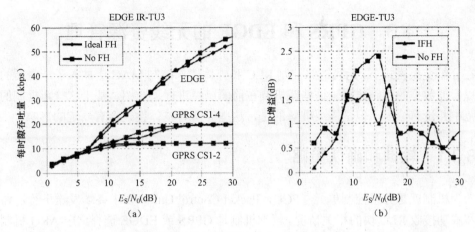

图 8.7　EDGE LA&IR 下每时隙吞吐量和 IR 与 E_S/N_0 的关系（900MHz，TU3）

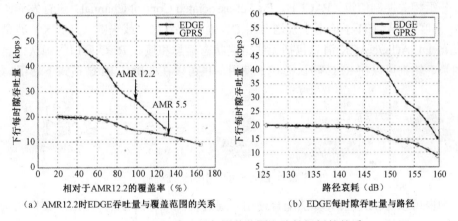

（a）AMR12.2时EDGE吞吐量与覆盖范围的关系　　（b）EDGE每时隙吞吐量与路径

图 8.8　EDGE 吞吐量与覆盖范围和路径损耗的关系

式中，R 是基站和移动台之间的距离，单位是 km；f 是载频频率，单位是 MHz；Δh_b 是基站天线高度，单位是 m。

只要作为距离函数的路径衰耗已知，那么 E_S/N_0 与小区覆盖大小的关系便可以得到。最后将该函数与链路仿真所得到的每时隙吞吐量进行组合便可以得到每时隙吞吐量与小区覆盖大小之间的关系。

根据链路预算，对于 AMR5.5 而言，其上行路径衰耗为 163.2。假设采用车载路径衰耗模型，如果天线高度是 15m，那么小区的覆盖半径便是 13.36km。同样，AMR12.2 的路径衰耗为 158.4，对应的小区覆盖半径是 9.95km。下行的每时隙吞吐量以 AMR12.2 的覆盖半径作为参考。于是 AMR5.15 的相对覆盖半径可以表示为 13.36×100/9.95=134%。

8.3　GPRS 和 EDGE 的无线资源管理

在分组交换模式下，无线链路控制 RLC 和媒体接入控制 MAC 层加入了一些新的优化机制以保证数据的正确传输。这些新机制在前面已经进行了介绍。基于这些新机制的算法在规范中并没有给出。但是需要理解的是，这些算法对整体性能会有一定的影响。

8.3.1　轮询和确认策略

轮询机制就是分组控制单元（PCU，Packet Control Unit）要求终端发送下行链路状态信息和成功接收 RLC 块的相关情况。轮询机制是 GPRS 或 EDGE 选择请求 ARQ 机制的一部分。PCU 是通过将 RLC 数据块中的轮询比特设置为"1"来对移动终端进行轮询。该消息通过分组相关控制信道（PACCH，Packet-associated Control Channel）进行发送。终端在由 PCU 调度的 PACCH 子信道上发送分组 DL 确认（ACK）或失败（NACK）消息，如图 8.9 所示。DL ACK/NACK 消息包括无线链路状态信息和接收 RLC 窗口的确认信息。需要注意的是，轮询可以在 RLC 确认模式下使用，也可以在非确认 RLC 模式下使用。

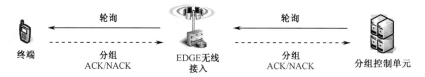

图 8.9　EDGE 系统中的轮询机制

轮询也可以与 TBF 丢失算法配合使用。通过检测下行过多的 ACK/NACK 丢失消息，便可以检测出无线链路状态。

对于轮询机制而言，找到最优的轮询频率非常重要。轮询算法可以适应不同的链路状态，当检测到较高的 BLER 时，就需要提高轮询频率。另外，还必须考虑 RLC 块调度的频率。如果移动终端没有被频繁地轮询，那么在传输过程中 RLC 窗口有可能停滞。相反，如果移动终端被频繁地轮询，那么又会在上行产生过多的信令开销。

为了处理 RLC 块，发射机有一个窗口。在该窗口中，RLC 块被分为未传输、等待确认、已确认和未确认 4 种状态。如果 RLC 块一次都没有被传输，那么它处于未传输状态。一旦传输，它就变成了等待确认状态。当收到下行 ACK/NACK 消息后，PCU 将按照如下规则更新窗口：如果接收到该块的 ACK 消息，那么该块被设置为 ACK 状态；如果接收到NACK 消息，那么该块将被设置为 NACK 状态；如果没有接收到该块的 ACK 消息，该块状态仍然是等待确认状态。一旦发送窗口进行更新，那么该窗口将滑动到第一个未确认的块，如图 8.10 所示。

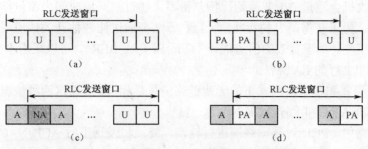

U：未发送；A：确认；NA：否定确认；PA：等待确认

图 8.10　确认模式下 RLC 窗口的滑动

轮询机制仅在下行方向使用。但是在上行方向也可以采用类似的机制。在上行方向，PCU 可以向移动终端发送 ACK/NACK 消息以通知 MS 哪些块已经被成功接收。收到上行 ACK/NACK 消息后，终端将更新发射窗口。如果收到数据块 ACK 消息，那么终端将该块状态标记为 ACK 状态；如果收到的是 NACK 消息，那么将该块标记为 NACK 状态。在标识为 NACK 状态时要等到定时器到期，这是为了避免不必要的重传。这样，发射窗口将滑动到第一个未确认的 RLC 块。控制上行 ACK/NACK 的算法称为上行确认算法。

RLC 窗口停滞也会产生一定的影响。

在上行和下行方向都会发生停滞。当标识 NACK 的块进行重传后其状态将变为等待确认状态。如果在 RLC 窗口中没有数据块的状态是 NACK 或未传输，这就意味着所有的 RLC 数据块都已经发送但是还没有收到确认消息，此时窗口处于停滞状态。在该情况下，新的 RLC 块将不能再被发送，直到收到确认消息，这样 RLC 窗口才能变动。在停滞状态下，RLC 层会从发射窗口的开始部分重传等待确认的数据块。

如图 8.10 所示说明了停滞过程。在下行方向，对于 GPRS 来说 RLC 窗口的大小是 64 个 RLC 块，而对于 EDGE 而言则是 1024 个 RLC 块。在 EDGE 中进行了两处改善以防止出现停滞现象：①发射窗口显著增大；②重传机制效率更高。

8.3.2　GPRS 和 EDGE 的链路自适应算法

1. 简介

在 GPRS 或 EDGE 中发送的分组会通过不同的信道编码方式进行发送。其目的就是当无线链路状态发生改变后通过编码来改善发射质量。

通过增量冗余可以使纠错得到很大的改善，但是同时又会减少发送的净比特数量。为了使吞吐量最大化，在较差的无线链路状态下应使用健壮的编码机制，而在较好的无线链路状态下则应使用较低保护能力的编码机制。

LA 算法用于选择最优的 CS 或 MCS。编码机制的选择是基于对信道状态的估计。通常在 LA 中接收机会测量 C/I 或原始比特差错率，通过对一段时间内测量结果取平均值来估计信道质量。为了获得最大的吞吐量，LA 算法会通过比较估计的信道质量和特定门限值来决定编码机制。基于有效的信道估计（C/I、BLER、BER），可以采用不同的 LA 算法。

（1）下行和上行的 LA 算法

RLC 确认模式和非确认模式下的无线链路测量是相同的。在这两种情况下都会发送相同的下行 ACK/NACK 和上行 ACK/NACK 消息。

在下行链路中，PCU 对移动终端进行轮询，终端将发送下行 ACK/NACK 消息来进行响应。这些消息中包含链路质量的测量信息。GPRS 报告包括服务小区有效的干扰电平、接收的信号质量（RXQUAL，Received signal Quality）、C（接收信号电平）和接收信号电平的平均方差（SIGN_VAR）。类似的信息也包含在 EDGE 中。根据无线链路状态信息，网络便可以为下行链路的确认和非确认模式选择最优的编码机制。

在上行链路中，网络会通过上行 ACK/NACK 消息将测量信息通知移动终端。上行的调制编码方式是根据基站的测量，利用与下行类似的 LA 算法来进行选择。

（2）与功率控制算法的协调

LA 算法和功率控制算法都采用链路质量测量作为输入。两个算法的质量门限应协调一致。功率控制算法不应该干扰 LA 算法，即输出功率的减小不应导致编码机制的改变和吞吐量的下降。LA 算法的优先级通常要高于功率控制算法。

（3）LA 算法对 QoS 的要求

LA 算法的门限可以通过用户的 QoS 特征来确定。在 ACK 模式下，选择 CS 或 MCS 的一般规则是使每时隙的吞吐量最大。然而，对时延要求严格的用户最好采用码率较低的编码机制，从而避免因过多重传而引入过多延时。如果 RLC 采用的是非确认模式，则应当采用较低码率的编码机制以获得可靠的 QoS 需求。

2. GPRS 中的 LA 算法

GPRS 中的理想 LA 算法应该满足如图 8.11 所示的不同编码机制下 C/I 值与吞吐量的关系。在 GPRS 中，该算法通常是基于 BLER 和 CIR 测量的。这两个测量可以从 MS 或 BTS 报告的信息中计算得出。如果 LA 算法使用 C/I 值，那么对于跳频和非跳频必须设置不同的门限。这是因为上面各种 CS 下 C/I 值与吞吐量的关系都是在使用跳频的情况下得到的。

3. EDGE 中的 LA 算法

正如在前面所述，在 EDGE 中由于使用了增量冗余，所以重传机制更加高效。为了实现最优性能，LA 应该与 IR 协调工作。

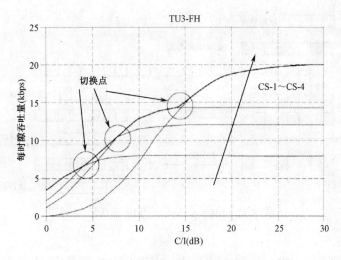

图 8.11　GPRS 系统中基于 C/I 门限的 LA 算法

（1）增量冗余

对于 EDGE 的 RLC 确认模式，IR 可以实现物理层性能的增强。根据信道状态，IR 会通过增量冗余信息来调整编码码率，直至译码成功。自动重传请求（ARQ，Automatic Repeat Request）协议会要求重传没有正确接收的数据块。IR 会通过原始传输信息与新重传的数据块的结合来改善重传数据的接收，这样便可以增大正确接收的概率。在后续的重传中既可以改变调制编码方式，也可以改变凿孔方式。在 EDGE 中 IR 采用类型 II 的混合 ARQ 传输机制。

如图 8.12 所示为 MCS-9 所采用的 IR 的实例。原始数据首先进行码率为 1/3 的卷积码编码。在第一次传输之前，对编码的数据进行凿孔，凿掉 2/3 编码比特。剩余的比特通过空中接口进行发送，此时等效的信道编码码率为 1，即发送的比特数与原始比特数相同。此时如果无线信道状态足够好，那么接收机便可以译出原始数据。否则，网络将对编码数据进行重传，但是此时要采用不同的凿孔机制，凿掉不同的比特。接收机在译码前会将接收到的信息存储在存储器中。当接收到第二次传输的信息后，接收机将拥有 2/3 的编码数据，所以此时等效的编码码率为 1/2，因而译码的成功率要大于第一次传输。如果数据块仍然不能正确译码，网络同样将采用不同的凿孔机制对相同的编码数据进行发送，即发送原始编码数据中的剩余比特。此时等效的编码码率为 1/3，所以译码成功的概率会更高。

如果没有 IR，那么每次传输潜在的 BLER 是相同的。但是在采用了 IR 后，每次重传经过合并后的 BLER 都要低于初始传输的 BLER。因此，没有采用 IR 的净吞吐量将低于采用了 IR 后的吞吐量。为此，在决定门限时应该考虑是否使用了 IR 机制。

对于 MS 而言，IR 是必需的；但是对于网络而言，IR 并不是必需的。如果 MS 内存不足，便无法存储接收到的无法正确译码的数据块。此时 MS 会通知网络，网络获知后在考虑 LA 机制时将认为 MS 侧没有采用 IR。

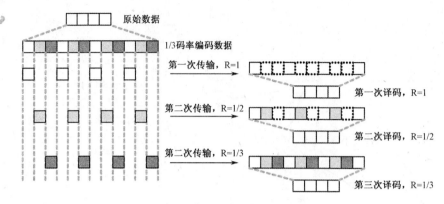

图 8.12　MCS-9 方式下的 IR 重传机制

（2）EDGE 重传

EDGE 有 9 种不同的编码机制（MCS-1～MCS-9）。编码机制 MCS-1～MCS-4 采用的是 GMSK 调制，而 MCS-5～MCS-9 采用的则是 8PSK 调制。这些编码机制被分成了 3 个族。族 A 包括编码机制 MCS-1 和 MCS-4，族 B 包括 MCS-2、MCS-5 和 MCS-7，族 C 包括 MCS-3、MCS-6、MCS-8 和 MCS-9。

在 GPRS 中，RLC 块的重传必须采用与最初传输相同的编码机制。其实这样很容易造成发送窗口的停滞，从而增加时延。在 EDGE 中，RLC 块的重传可以采用不同的编码机制。但是这些重传必须使用同一族中的 MCS。MCS-6 和 MCS-9 可以自由选择，因为它们具有相同的 RLC 块大小。一个 MCS-9 无线块包括两个 RLC 块，这两个 RLC 块可以分别通过两个 MCS-6 无线块进行传输。同理适用于 MCS-5 和 MCS-7。在这些场景中，两种不同 MCS 之间可以进行 IR 合并。需要注意的是，相同 MCS 之间的重传总是可以进行 IR 合并的。

为了允许采用其他编码机制进行重传，必须支持分段和填充机制。但是，由于这些过程在信道编码之前已经对数据进行修改，因此这种情况下将不能再进行 IR 合并。当使用填充时，对 MCS-8 块添加虚比特后便可以适用于 MCS-6，形成一个 MCS-6 填充块（如图 8.13 所示），填充只对 MCS-8 适用。当使用分段时，一个 RLC 数据块会被分成两个单独的部分进行传输，但是通过一个确认消息进行确认。下列分段是有效的：一个 MCS-4 块分成两个 MCS-1 块，一个 MCS-5 或一个 MCS-7 块分成两个 MCS-2 块，一个 MCS-6 块或一个 MCS-9 块分成两个 MCS-3 块，一个 MCS-6 填充块分成两个 MCS-3 填充块。不同 MCS 族内的分段和填充如图 8.13 所示。

填充和分段是非常有用的。原则上，当无线链路状态发生改变而需要用更低的 MCS 重传相同的无线块时，就需要用到分段和填充。如果应用对延时不十分敏感，那么对重传无线块的 IR 合并后便可以获得最优的性能。因此，分段和填充在很多情况下是可以避免的。

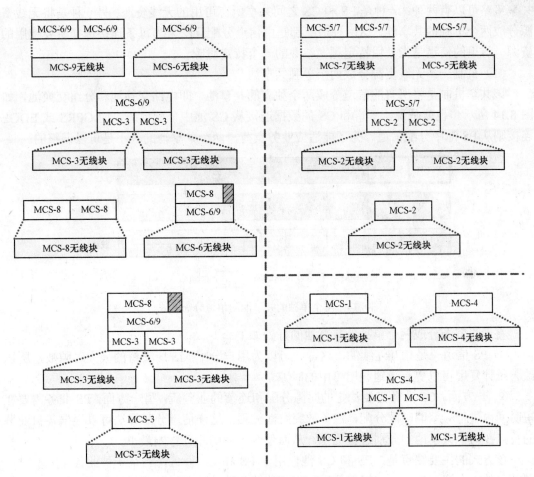

图 8.13　不同 MCS 族内的分段和填充

　　在接收机中的链路自适应可以基于 BEP 的估计值来实现。前面已经介绍过，MS 通过报告向 BTS 通知 BEP 的均值（MEAN_BEP）和方差（CV_BEP）。BTS 通过查表（CV_BEP，MEAN_BEP）来决定传输无线块所使用的编码机制。

8.3.3　EDGE 的信道分配

　　信道分配算法负责向 EDGE 的 MS 分配信道。在该过程中有两点需要考虑：与 CS 的相互影响以及与其他 GPRS 或 EDGE 用户的相互影响。

1. 与 CS 业务的相互影响

　　在 GSM/EDGE 网络中，CS 与 GPRS 或 EDGE 的每条连接都必须共享相同的无线资源。

共享策略可以有两种：一种是 PS 和 CS 之间共享所有可用的无线资源；另一种是将无线资源分成两个单独的共享池。这两种情况都是由信道分配算法来为每条连接选择所要使用的资源。这里的信道是指使用特定频率参数的一个特定时隙。

（1）机制一：无线资源分成两个单独共享池

该共享机制是将所有的信道分成两个独立的共享池，即电路交换池和分组交换池，如图 8.14 所示。也就是说，语音和 CS 的数据连接从 CS 池中分配信道，而 GPRS 或 EDGE 连接则从 PS 池中分配信道。为了能适应业务负荷，两个共享池的大小是可以调整的。

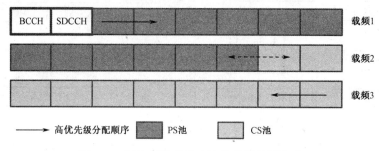

图 8.14　两个单独的共享池的信道分配方式

将无线资源分成两个单独的共享池的好处如下：

① PS 信道总是相互连续的，这样便可以为用户分配 MS 所支持的最大时隙数，所以改善统计复用可以更有效地利用可用的时隙。

② 一方面，CS 业务需要稳定的时隙分配和连续的业务流；另一方面，PS 业务需要在短时间内进行频繁的时隙分配，业务的突发性较强。这样信道分配算法可以根据各自业务的特点在两个共享池中分别进行优化，从而使两个池的相互影响最小。

该方式的主要缺点是：PS 和 CS 池仅用于 PS 和 CS 业务，当某一种业务量突增时，即使另外一个资源池中有空闲的信道，也不能分配给该业务，从而导致资源利用率不高。

（2）机制二：无线资源成为一个公共共享池

该方式下所有的无线资源成为一个共享池，CS 和 PS 共享这些资源。这两种连接必须竞争使用这些资源，如图 8.15 所示。

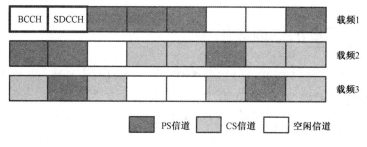

图 8.15　一个公共共享池的信道分配方式

该方法的主要优点是：共享池中的有效信道数变大，从而在信道分配时可以进行更加灵活的选择。当然该方式也存在一些缺点：它不能对 PS 和 CS 业务的信道分配进行单独的优化，在信道分配时很可能会将资源池分割成不连续的信道，这样就使支持多时隙的 PS/CS 终端无法有效地使用这些时隙。

2. EDGE 用户间的相互影响

EDGE 用户发起业务请求后，就需要为 EDGE 连接选择最适合的信道。最简单的信道选择方式就是选择利用率最小的连续信道。对于普通用户来说，信道利用率可以通过使用该信道的用户数来表示。如果该信道已经有 N 个移动用户使用，那么对于一个新用户而言，它加入后只能获得 $1/(N+1)$ 的时隙容量。具有最大容量的信道就是当前分配用户数最小的信道，它将被选择作为新的连接。如果 EDGE 连接具有不同的优先级，那么为了计算分配信道的比例，信道分配时就必须考虑不同用户的优先级。对于 EDGE 中吞吐量需要得到保证的业务，信道分配时可以为该业务预留出相应的资源。

8.3.4　EDGE 的调度器

一旦分配了资源、时隙和频率，PS 用户便可以与其他 PS 用户复用相同的信道。该复用在上行和下行方向均由调度机制进行控制。

调度器是按照一定的准则来对每一个用户进行调度。对于每个时隙，可以把调度器看做一个排队系统，如图 8.16 所示。

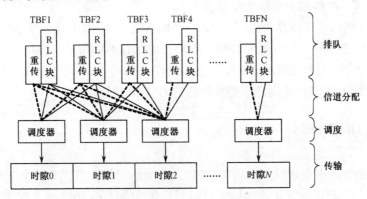

图 8.16　每时隙不同用户的调度器

（1）调度算法：Round Robin 法

最简单的调度算法就是罗宾环（Round Robin）法。使用这种算法时，分配给每个用户的发送优先级都是相同的。当所有的用户都发送一次后，第一个用户才能开始第二次的发送。该调度算法可以应用于每个时隙。

（2）调度算法：加权的 Round Robin 法

由于不同的用户有不同的优先级，使用加权的罗宾环调度算法时，每个用户便不再平均共享相同的时间片。分配给用户的时间片与鉴权因子或优先级成正比。该方式下分配给每个用户的加权因子是固定的。当 EDGE 用户被分成不同的级别（如金牌、银牌、铜牌用户）时就可以使用加权的罗宾环调度算法。

（3）调度算法：保证吞吐量的调度算法

流媒体业务在空中接口中需要保证一定的吞吐量。为了做到这一点，可以采用两种方法：专用时隙（类似于 CS），或者与其他业务共享时隙。当采用共享时隙时，调度器会分配合理的时间片以保证最小吞吐量。剩余的时间片可以用于其他用户。

8.3.5　EDGE 与 GPRS 的复用

尽管 EDGE 的 R99 终端可以完全后向兼容，但是由于 R97 终端不能接收 8PSK 调制数据，所以在实际设计实现时必须要考虑到这一点。这是因为当 GPRS 和 EDGE 终端共享同一时隙时，网络需要向 R97 终端分配一个上行状态标志（USF，Uplink State Flag）。为了能使 GPRS 终端接收到，USF 必须通过 GMSK 调制的无线块来进行发送。在下行方向强制使用 GMSK 调制就会限制 MCS 的选择从而会影响 EDGE 下行方向的吞吐量。同时如果在下行方向强制使用 GMSK 调制，那么就需要对重传且开始用 8PSK 调制发送的 RLC 进行重分段。在实际应用中，当 RLC 层不产生 GMSK 调制块时将不向 R97 终端发送 USF，这样就可以避免重分段。但是该解决方法也存在一定的问题：当下行存在大量的 EDGE 重传时就会影响到 R97 终端上行的吞吐量。

为了解决 GPRS 和 EDGE 的复用问题，在 RRM 的实现中进行了如下改进：

- 修改信道分配，从而避免 GPRS 和 EGPRS 用户共享同一时隙；
- 同步下行、上行调度器，从而使发给 R97 终端的 USF 通过 R97 无线块进行发送；
- 使用 USF 粒度，从而减小需要发送的 USF 的数量。

8.3.6　功率控制

在分组交换业务中也可以使用功率控制。由于分组交换业务固有的突发性，所以 GPRS 或 EDGE 的功率控制比语音业务的功率控制更具有挑战性。GPRS 或 EDGE 在上行、下行都可以应用功率控制。

1. 上行功率控制

上行功率控制的目的是为了节省移动终端的电量，当然也有助于降低干扰。当无线链路环境很好时，MS 将降低发射功率。终端的发射功率由终端根据网络提供的一些参数来自主决定。在功率控制算法中没有考虑干扰，仅仅考虑了路径衰耗。

对于功率控制，运营商可以修改参数 α 和 Γ_{CH}。参数 Γ_{CH} 用于决定移动终端的最小输出功率，α 用于决定接收电平（C）改变多少时对应的 MS 输出功率应改变多少（即改变斜率）。如图 8.17 所示为不同参数 α 和 Γ_{CH} 时，移动终端输出功率与下行接收信号功率之间的关系。

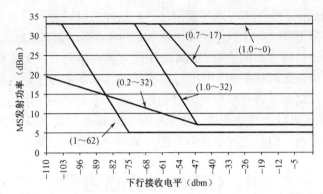

图 8.17　不同参数（$\alpha - \Gamma_{CH}$）下移动终端输出功率与下行接收信号电平之间的关系

在一个无线块中移动终端应该使用相同的输出功率来发送 4 个突发。当移动终端通过 PRACH 或 RACH 接入小区且在接收到第一个功率控制参数之前，终端会使用由 PMAX 定义的输出功率，这是 MS 所允许的最大发射功率。

2．EDGE 的下行功率控制

下行功率控制的目的是为了优化基站的输出功率，使连接维持相同的质量。下行功率控制还能减小系统的干扰。在分组交换和电路交换的混合场景中，分组交换的功率控制可以减小对语音业务的干扰。

如图 8.18 所示说明了下行功率控制主要包括两步。首先，移动终端在下行方向进行质量测量；然后，基站基于这些测量来更新其输出功率。根据测量的方式和使用的标准可以定义多种下行功率控制算法。

图 8.18　EDGE 的下行功率控制

BTS 的发射功率可以表示为

$$BTS\ PWR = BCCH\ PWR - P0 - Delta \tag{8.14}$$

式中，BCCH PWR 是 BCCH 信道的发射功率；$P0$ 是恒定的非负偏置值；Delta 取决于无线链路状态。不同的用户可以分配不同的 $P0$ 值。当使用动态上行 RLC 块分配时，Delta 的最大值限定为 10dB。这主要是为了防止共享同一时隙的用户没有接收到 USF。这一点对于 USF 非常重要，因为 USF 具有一对多的传输特性，共享同一时隙的任何用户都要对 USF 进行译码，从而实现上行传输。当采用静态上行 RLC 块分配时，USF 就不再需要了，因此对 Delta 值没有限制。

下行功率控制应该工作于 LA 工作窗口之外，这样可以避免因输出功率减少而导致编码机制改变和吞吐量下降。如果仅使用 CS 或 MCS 的子集，如 CS-1～CS-2，下行功率控制窗口会更大并且会获得更高的增益。EDGE 中所有调制编码方式的实现会大大减小下行功率控制的工作窗口，此时减小的干扰是非常有限的，除非牺牲一定的数据容量。在任何情况下，下行功率控制对于语音和数据混合业务都是非常必要的，因为这样可以减小对语音业务的干扰。$P0$ 便可以实现该功能。GPRS 或 EDGE 发射功率减小 3dB 对平均数据容量不会产生很大的影响，但是它对语音业务的质量将产生很大的影响。

8.4　GPRS 的系统容量

8.4.1　简介

本节将对 GPRS 系统的性能进行评估。由于数据流是非对称的，而且下行吞吐量是容量瓶颈，所以这里将主要关注下行性能。通常，上行方向主要用于传送 TCP 确认消息，当然某些情况下也需要传送用户数据。

这里的性能指标（吞吐量、延时）是在基站控制器（BSC）和 MS 之间测得的，所以它不是端到端值。端到端值主要取决于高协议层（包括应用层）、GPRS 核心网元以及它们之间的传输线路，所以本节不探讨端到端性能。

8.4.2　模型与性能测量

如图 8.19 所示为 GPRS 和 EDGE 仿真模型的草图。影响分析性能的所有细节都需要在仿真中加以考虑。

1. 无线链路模型

仅对下行用户业务进行仿真。下行分组 ACK/NACK 消息在上行方向建模。这些块受到的干扰与下行 C/I 相关，关系为

$$C/I（上行）=C/I（下行）+N(2, 4) \tag{8.15}$$

式中，所有的单位都是 dB；N(2,4)表示均值为 2，方差为 4 的正态分布。仿真分别对上行

和下行单独进行，其业务量是非对称的，比值为 1:9。

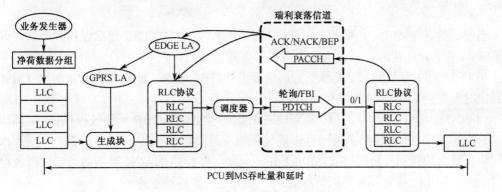

图 8.19　GPRS/EDGE 仿真模型

2．业务模型

到达网络的所有 GPRS 会话都服从泊松过程，并且当所有的数据块都得到确认后该会话结束。所有 GPRS 用户的业务模式都是类似 FTP 的业务（下载 120KB 的文件）。注意仿真中没有考虑 LLC 层的实现。

3．无线资源管理模型

信道选择算法会从相同收发器中选择占用最少的连续时隙。如果所有的时隙都已满（每个时隙最多同时支持 6 个用户），TBF 将被阻塞，5s 后将开始新的 TBF 建立过程。可以应用 Round Robin 调度算法，这样每个激活的 TBF 都可以轮流传输固定的时间片。调度算法基于每个时隙，即每个 TRX 的每个时隙都有自己的队列。对于网络轮询模型而言，每个 MS 都有一个轮询计数器，起始值为 0。每当一个 RLC 块被重传（由于收到 NACK 消息），轮询计数器就增加 3，其他情况下（正常发送或者由于停滞而进行的重传）增加 1。当计数器值达到 18 后，下一个 RLC 块的轮询比特将设置为 True，计数器将重置为 0。

小区重选由带有惩罚定时器和迟滞的功率预算算法来触发。如果 MS 处于分组空闲模式，那么它将附着在新的小区上。当 MS 处于分组传输模式时，它将释放掉当前的 TBF，并且尝试跟新小区建立新 TBF。如果至少分配了一条信道，那么 1s（处理延时和信令延时）后 MS 便可以继续发送数据。旧小区中没有得到确认的 LLC PDU 将被复制到新小区是进行传送。如果信道分配失败，经过 5s 延时后 MS 将转移到分组空闲模式。

链路自适应机制是基于 C/I 的，且使用 GPRS 的 4 种编码机制。对于编码机制 2 到 4，该算法会利用优化的最小 C/I 值。跳频采用的是随机跳频。移动分配指数偏置（MAIO，Mobile Allocation Index Offset）管理采用 1/1 重用机制。不使用功控。

4．MAC 层模型

当发送给某个 MS 的新数据到达 PCH 时就会触发下行的 TBF 建立过程。此时需要考虑下行 TBF 的建立延时，延时的大小可以参考相关规范。

当 PCU 无法为 MS 分配无线资源时就会发生 TBF 阻塞。此时会启动定时器 T3190，直到定时器到期后 TBF 才能进行重建。

当 PCU 的缓存中没有等待传输的 LLC 数据时就会进入 TBF 释放过程。在实际释放之前，发送窗口中的所有块都必须已被正确地接收并且要等到 TBF 释放定时器到期。当 PCU 收到带有最终块指示（FBI，Final Block Indicator）的 ACK/NACK 消息后该定时器就会启动，如果有发送给特定 MS 的新数据到达，那么定时器将被重置。

TBF 丢弃是基于上行轮询的丢失。当网络从 MS 接收到一个有效的 RLC/MAC 控制消息时，它就会重置计数器 N3105。对于每个无线块，如果网络没有接收到有效的 RLC/MAC 消息，那么将增加该计数器。如果 N3105 达到了 N3105max，那么网络将释放下行 TBF。

5．RLC/LLC 层模型

与 RLC 协议相关的特性都应在仿真中加以考虑，包括激活的发送和接收窗口、可选择的 ARQ、最终块指示、轮询比特和带有测量报告的下行分组确认消息。RLC 层工作于确认模式，而 LLC 则工作于非确认模式。

6．上层模型

在分析中，LLC 层以上各层，如 TCP/IP、RTP/IP 等，均不进行明确的建模。

7．仿真参数

与 GPRS 相关的重要仿真参数及其默认值见表 8.3。

表 8.3　与 GPRS 相关的重要仿真参数

参 数 名 称	参 数 值	单 位	备 注
仿真中的时间分辨率	4.615	ms	每一个业务突发均被仿真
小区半径	1000	m	对应于 3km 的站点到站点距离
BS 天线高度	15	m	无倾角
BS 天线增益	14	dBi	3dB 点
BS 天线波束宽度	65	度	使用水平天线模式
BS 发射功率	43	dBm	20W
MS 天线高度	1.5	m	未考虑身体衰耗
MS 速度	3 或 5	km/h	如果到达网络边缘，MS 则绕到另一侧

续表

参 数 名 称	参 数 值	单 位	备 注
慢衰落相关距离	50	m	
慢衰落标准差	6	dB	
载波频率	900	MHz	
邻信道保护	18	dB	考虑第一个邻信道
系统噪声水平	−111	dBm	
切换余量	3	dB	
切换时间间隔	10	SACCH 帧	小区间切换的最小周期
DTX 静默/通话时间	3.65	s	使用 DTX 时，它在两个方向上均使用上行处于静默状态时，下行处于活动状态，反之亦然
用于 GPRS 的 RLC 窗口大小	64	RLC 块	对于 GPRS 的最大值
下行 TBF 建立时延	240	ms	
RLC 确认时延	220	ms	
用于 CS-2 的最小 C/I	−2(NH)/7(FH)	dB	与 LA 有关
用于 CS-3 的最小 C/I	3(NH)/12(FH)	dB	与 LA 有关
用于 CS-4 的最小 C/I	9(NH)/17(FH)	dB	与 LA 有关
T3190 超时期限	5	s	
T3195 超时期限	5	s	
N3105max	8		
小区重选滞后量	6	dB	
小区重选惩罚定时器	4	SACCH 复帧	
TRX 数/小区	1~3		
每个 TBF 的最大时隙数	3		
每个 TBF 的最大时隙数	6		
仿真总长度	200000	TDMA 帧	

8.4.3　独立无跳频频段下的 GPRS 性能

本节将讨论独立频段无跳频情况下的 GPRS 性能，分析考虑了两种不同的 LA 算法：第一种算法仅使用最健壮的编码机制（CS-1 和 CS-2）；第二种算法使用 GPRS 全部的编码机制。

本节还对带有 8 个时隙的 TRX 的不同重用方式下 GPRS 的性能进行分析。所有仿真用户都是尽力而为的 GPRS 用户，即所有用户的优先级相同。相同 TRX 下混合 CS 和 PS 的性能分析将在 8.6 节中进行介绍。

1．平均吞吐量和平均延时

如图 8.20 所示为不同 LA 和复用方式下的平均吞吐量和延时。吞吐量是在 TBF 周期内传递给 LLC 层的平均吞吐量。延时是指 LLC 帧延时，从 LLC 帧由 PCU 发送出去开始，到被 MS 完全接收为止。

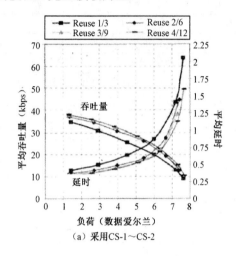
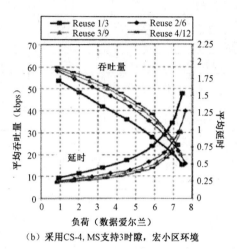

图 8.20　GPRS 网络无跳频时不同复用方式下的平均吞吐量和平均延时

从图 8.20 中可以看出最优吞吐量是在采用较松的重用方式时获得的。重用方式 2/6、3/9、4/12 具有类似的性能，而 1/3 则具有最低性能。

随着负荷的增加，造成吞吐量下降的原因主要有两个：干扰增加和用户间的时隙共享。对于 1/3 重用方式和 6 爱尔兰的数据负荷，有 50% 的吞吐量减少是由于干扰，而另外 50% 则是由于时隙复用。同样在 6 爱尔兰数据负荷 3/9 重用方式下，15% 的吞吐量下降是由于干扰，85% 的下降是由于时隙的复用。

当负荷接近最大值时（对于 1 个 TRX 而言，最大为 8 爱尔兰），性能下降主要是由于时隙的复用所致，不同的重用方式的性能类似。

当对使用 LA 后的性能进行比较时，就平均吞吐量而言，编码方式 CS-3 和 CS-4 可以增加近 50% 的吞吐量。重用方式越紧，则增益越小。这是因为重用方式越紧，干扰越大。

2．10%的吞吐量和90%的延时

前面已经对平均值进行了比较。平均值是对整个网络频谱效率的平均，但是它不能反映出用户间质量的分布。本节将关注用户质量的下界分布。如图 8.21 所示为 90% 的用户可以达到的最小吞吐量值（10% 吞吐量）和 90%LLC 帧发送的最大延时（90% 延时）。

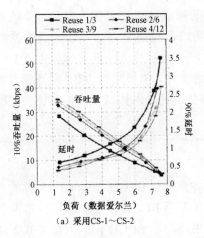
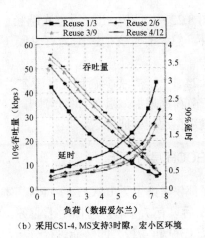

（a）采用CS-1～CS-2　　　　　　　（b）采用CS1-4, MS支持3时隙, 宏小区环境

图 8.21　GPRS 网络无跳频时不同复用方式下的 10%吞吐量和 90%LLC 帧延时

可以看出，该情况下吞吐量的下降比平均值曲线的下降更加明显。这是因为干扰可以直接影响低吞吐量用户。在这种波动下，平均值不会受到太大的影响，而百分值却会受到较大的影响。

最小吞吐量的值比平均值下降了近似 50%。从图 8.21 中可以看出，在 50%（4 爱尔兰）的负荷，重用因子 4/12 时，CS-1 到 CS-4 的 90%用户可以达到 23～33kbps 的净吞吐量。

3．频谱效率和 TBF 阻塞率

前面已对特定用户的吞吐量和延时进行了分析。本节将分析网络频谱效率。当 GPRS 业务满负荷时，根据排队论，TBF 阻塞率将开始以指数级增加，负荷的额外增加不会再带来频谱效率的提高。如图 8.22 所示为对频谱效率的评估以及 TBF 阻塞率与网络负荷之间的关系。

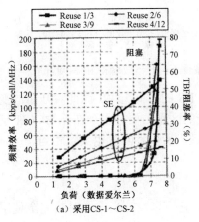
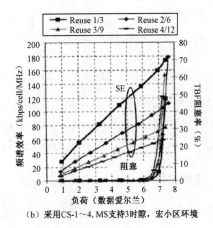

（a）采用CS-1～CS-2　　　　　　（b）采用CS-1～4, MS支持3时隙, 宏小区环境

图 8.22　GPRS 网络无跳频时不同复用方式下的频谱效率和 TBF 阻塞率

从图 8.22 中可以看出重用方式越紧，获得的频谱效率就越高。但是，单纯基于负荷的比较并非总是有意义的，因为有时候还需要考虑质量需求。二者之间的关系后面将继续分析。

图 8.24 中，当数据负荷接近 8 爱尔兰时（绝对最大值极限），TBF 阻塞率开始出现。此时随着负荷的增加，阻塞率将迅速升高，网络会迅速进入拥塞状态。在使用 GPRS 网络时应尽量避免达到该拥塞点。

4．BCCH 层的性能

前面都仅考虑了无 BCCH 的 TRX。本小节将分析在 BCCH 下的 GPRS 性能。在部署了 BCCH 后只有 7 个时隙可以用于业务，时隙 0 用于 BCCH 信道。这里仅对两种不同的重用方式（3/9 和 4/12）的性能进行分析，其结果将与非 BCCH 相同重用方式下的性能进行比较，如图 8.23 所示。从图 8.23 中可以看出，3/9 的重用方式非常适用于标准的 BCCH 配置。从无线承载质量的角度来看，BCCH 层与无 BCCH 层有很大区别。BCCH 层最主要的特征就是在 BCCH 频率上的所有下行突发必须以恒定的全功率进行发射。

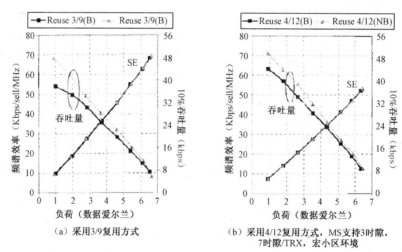

图 8.23　GPRS 在有 BCCH 和无 BCCH 条件下的频谱效率和 10%吞吐量

在 BCCH 层，每时隙容量是恒定的，且与 GPRS 的负荷无关。因此吞吐量的变化只是由于相同时隙中用户的复用。与无 BCCH 层性能的区别主要是由于在无 BCCH 层下较低负荷而带来的较低干扰。当满负荷时二者干扰接近，所以吞吐量也大致相当。

5．时隙容量

时隙容量对于 GPRS 容量来说是非常重要的，它可以反映当一个时隙完全使用时可以发送多少数据。时隙容量取决于干扰和 RLC 协议性能。如图 8.24 所示为无 BCCH、不同重用方式下的每时隙容量。如图 8.24（a）所示为不考虑抢先重传时的时隙容量。抢先重传是指在 TBF 释放过程中和 RLC 协议停滞情况下，一些挂起的 ACK RLC 块仍被发送。如果不考虑这些重传，时隙容量仅取决于干扰程度。所以网络负荷的增加，会导致干扰增加，最终使每时隙容量下降。当考虑抢先重传时，每时隙的容量曲线将发生变化，如图 8.24（b）所示，在高干扰和低数据爱尔兰负荷时该变化更明显。对于 FTP 应用，影响每时隙容量的主要原因是 RLC 窗口停滞。当网络负荷较重时（8 爱尔兰），网络在相同的时隙中进行复用，这样就会减少抢先重传的次数，因为它们的优先级要低于用户数据。该仿真假设终端支持 3 个时隙。如果终端支持的时隙数减小，那么 RLC 协议停滞的概率也将降低。如图 8.25 所示为 BCCH 下 GPRS 在 CS-1～CS-4 条件下的时隙容量。如果抢占重传不考虑，时隙容量将是恒定的，因为在 DL 下行方向连续发送。对于任何 BCCH 重用，CS-1～CS-2 的时隙容量都接近 12kbps。

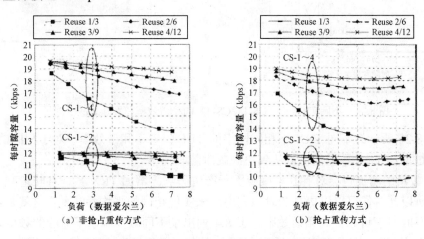

图 8.24　GPRS 无 BCCH 条件下的每时隙容量

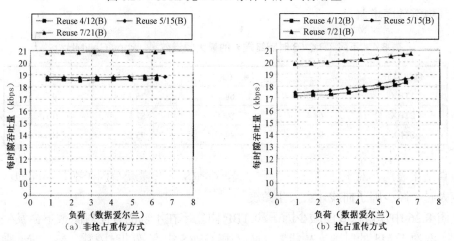

图 8.25　GPRS 在 BCCH 条件下的每时隙容量（CS-1～CS-4）

6．中继效率分析

当 GPRS 中使用多个 TRX 时就会产生一定的中继增益。如图 8.26 所示为无跳频 1/3 重用方式每个扇区分别有 1 个、2 个和 3 个 TRX 时的仿真结果。从图中可以看出阻塞率和吞吐量减少因子都是时隙利用率的函数。它可以反映出不同用户数共享一个时隙对吞吐量的影响。时隙利用率反映了对于 GPRS 和 EDGE 来说有多少时隙是可用的。

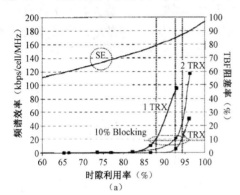 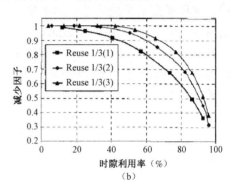

图 8.26　不同 TRX 数（CS-1～CS-4）的频谱效率和吞吐量减少因子

如图 8.26 所示为不同 TRX 下相同网络的 TBF 阻塞率和谱效率。对于相同的 TBF 阻塞率，通过增加 TRX 数量便可以达到更高的时隙利用率。

TRX 数量的增加也会对吞吐量减少因子产生影响。增加 TRX 数，吞吐量减少因子随之增加，所以此时便可以以更高的时隙利用率来实现相同的平均吞吐量。这就是说，在相同的平均吞吐量下可以提高频谱效率。表 8.4 列出了不同减少因子下对应的频谱效率。从表中可以看出，减少因子为 10% 时，3 个 TRX 的频谱效率比一个 TRX 的频谱效率高 50%。这就是纯中继效率增益。

表 8.4　不同 TRX（3 时隙终端）的最大频谱效率（kbps/Cell/MHz）

减少因子	0.9	0.8	0.7	0.5
1TRX	52.5	68.4	75.4	96.6
2TRX	68.4	80.4	87.5	101.5
3TRX	80.5	89.5	95.2	103.6

仿真结果表明，对于任何频率复用方式，GPRS 吞吐量减少因子都是相同的。只有当干扰较大时，减少因子曲线才会发生改变。

从图 8.26 中还可以看出减少因子和 TBF 阻塞率在不同的分配时隙数下会发生改变。中继效率取决于 MS 的时隙支持能力（Nu）和 GPRS 中有效的时隙数（Ns）。Ns 乘以 2 与 Nu 除以 2 是等效的。所以中继效率实际取决于二者的比值 $N=Ns/Nu$。例如，具有一个时隙的 TRX 与具有三个时隙的三个 TRX 具有相同的中继效率。

为了改善中继效率，应分配单时隙，但是这样会降低用户的吞吐量。在一定的假设下，TBF 阻塞率和减少因子可以通过理论计算求出。该理论结果与仿真结果非常接近。与仿真相比，理论分析有以下两个主要因素没有考虑。

① 在仿真中，负荷并不总是在所有的有效时隙中进行共享。这是因为信道分配有一定的限制（分配的时隙必须连续）。尤其对于已存的 TBF 定期的信道重分配是不会执行的。因此在 80% 的时隙利用率时，该影响就会使吞吐量减少因子恶化。

② 当干扰变大时，时隙容量不再恒定且不再与时隙的动态分布无关，此时理论分析将不再准确。在该情况下，中继效率曲线的形状会发生改变。在高有效频率负荷（EFL，Effective Frequency Load）下的跳频就属于这种情况。

8.4.4　独立跳频频段下的 GPRS 性能

1．跳频和无跳频的比较

本节将对跳频和无跳频的性能进行比较。为了进行公平比较，系统配置一个 TRX 且带宽相同。无跳频配置的重用方式为 3/9，而跳频配置的重用方式为 1/1。

如图 8.27 所示为跳频和无跳频方式下的频谱效率和 10% 吞吐量从图中可以看出与无跳频相比，采用跳频并不能带来质量或者容量增益。而实际情况下还会降低系统性能，尤其是在 CS-1～CS-4 时。该特性与语音业务有很大的不同，在语音业务时采用跳频可以获得很大容量增益。产生该差别的主要原因如下。

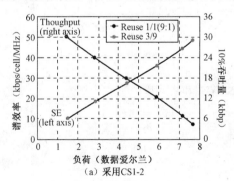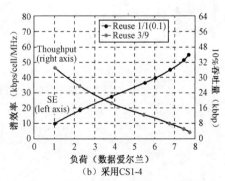

图 8.27　跳频和无跳频方式下的频谱效率和 10% 吞吐量

当采用了 LA 和重传后，跳频带来的链路级增益很有限。在实际中，当 BLER 很低时跳频的增益才比较明显；但是对于确认模式吞吐量而言，较低的 BLER 不会产生很大的影响。

最高的 CS（CS-3 和 CS-4）拥有纠错能力更弱的信道编码，所以对于 CS-3 和 CS-4 而言，语音信道获得的跳频增益几乎为零。但是 CS-1 和 CS-2 则可以获得一定的频率增益。

在某些重用方式下，共道干扰非常高（如 1/1 重用方式）。所以要克服这些强干扰，有限的交织深度（四个突发）和有限的编码能力是不够的。对于具有 CS-1～CS-4 的 GPRS 而言，跳频只能导致性能恶化。其中 CS-3 和 CS-4 受跳频的影响最大，会严重影响频谱效率。

对于 1/1 重用方式，最多可以引入 3 个 TRX，可以避免来自相邻小区的共道干扰。这样可以消除硬件限制，从而使网络成为纯干扰受限网络。此时网络将获得比 3/9 复用方式更好的频谱效率。

2. 1/1 重用方式跳频分析

本节将对 QoS 相关的软容量进行分析。1/1 重用方式下跳频数固定为 18。

如图 8.28 所示为 TSL 和 EFL 容量的对比，分析考虑了 1 个、2 个和 3 个 TRX 时的情况。可以看出只要不同用户间的时隙共享较低，那么同样的 EFL 就可以获得同样的 TSL 容量，它与 TRX 数量无关。这是因为 RLC 协议较高的停滞概率会产生大量的抢先重传。当每时隙共享增加时，增加的时隙容量是由于抢先重传，而且在无跳频时也会产生。假设 EFL 为 6%，对于支持 3 时隙的终端而言，它对应于用户的平均吞吐量为 3×12=36kbps。图 8.30 还给出了 1 个、2 个、3 个 TRX 下减少因子的值。如图 8.29 所示为纯软容量情况下，10%吞吐量和90%延时。

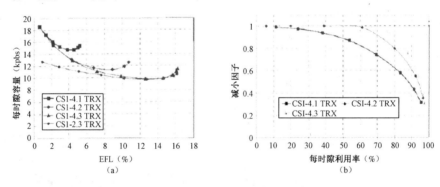

图 8.28　跳频时 GPRS 的 TSL 容量和减少因子

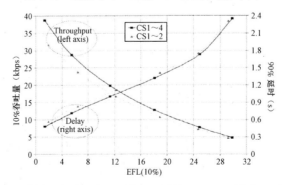

图 8.29　跳频（1/1 复用）10%的吞吐量和 90%延时与 EFL 的关系

8.4.5　QoS 准则下的 GPRS 谱效率

　　QoS 准则在容量评估中起着非常重要的作用。通常，频谱效率会随着输入负荷的增加而增加，直至网络满负荷；同时，呼叫的质量会下降。所以，很容易理解即使对于尽力而为业务，也必须满足一定的最小 QoS（这是部分高层协议的要求，如 TCP）。在仿真时提供的负荷不断增加，直至达到该最小 QoS。由于测量的是用户感知质量，而不是平均网络链路质量，所以 QoS 必须是特定用户的。如图 8.30 所示为不同重用方式和最小 QoS 准则下的 GPRS 频谱效率。这里考虑了四种不同重用方式，未使用跳频。从图中可以看出，频谱效率既受硬件限制也受干扰阻塞限制。由于 RLC 协议停滞，尤其是在 GPRS 的 CS-1～CS-4 情况下，跳频会使性能恶化。由于抢先重传，停滞会人为地增加负荷和干扰。随着用户吞吐量的下降，停滞的发生概率也将下降，从而使频谱效率得到改善。

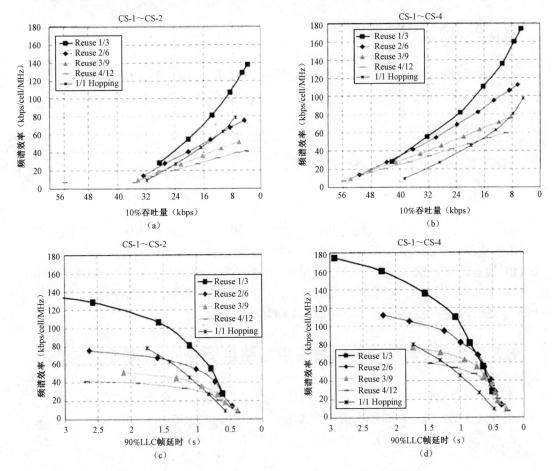

图 8.30　最小吞吐量和延时准则下 GPRS 中的频谱效率

从图 8.30 可以看出，在用户数据传输速率较低和重用方式较紧时可以获得最好的谱效率。该假设非常适用于尽力而为数据。但是，在小区边缘的某些位置上，重用方式无法满足高质量准则。在较紧的 QoS 准则下，即假设较高的用户百分比位于最低的质量之上，那么频谱效率将降低，并且较松的重用方式可以得到更好的谱效率。

8.5　EDGE 的系统容量

8.5.1　简介

本节将对 EDGE 的性能进行分析。就像前面对 GPRS 进行分析一样，本节也是主要关注下行性能，将从容量（谱效率）和质量（吞吐量、延时）两方面对性能进行评估。

8.5.2　模型和性能测量

EDGE 的业务模型与 GPRS 的业务模型一致。除了支持 GPRS 已有的特征外，EDGE 还引入了许多新的增强特征，下面的仿真中将一一进行说明。

1．RRM 算法

EDGE 的链路自适应的内容参见 8.3.2 节。

2．RLC 层

对于使用增量冗余的接收机，其存储空间是有限的。在 IR 过程中，如果未正确接收的 RLC 块没有存储在存储器中，那么该数据块将被丢弃，从而无法进行软合并。对于每个 TBF 而言，使用 IR 的终端可以存储 61400 个软信息。这个大小对于 IR 来说是够用的。在 EDGE 的 RLC 块中，对于相同的 MCS 族内部可以进行块分割和重分段。RCL 窗口的大小是 384 个数据块，对于支持 3 时隙的 EDGE MS 而言，这是最大值。

8.5.3　单独频段、无跳频采用链路自适应的 EDGE 性能

本节将对单独频段、无跳频下的 EDGE 性能进行分析。该分析考虑了 1 个 TRX 下不同重用方式下的性能。假设所有的用户都是尽力而为的 EDGE 用户，即仅仿真 EDGE 业务，用户之间没有优先级差别。

1. 平均吞吐量和平均延时

进行单独频段、无跳频下的 EDGE 性能仿真获得的平均吞吐量和延时如图 8.31 所示。从图中可以看出获得值要明显好于 GPRS。同样，1/3 重用方式在吞吐量和延时性能上是最差的，因为它具有较高的干扰。在低负荷时，对于所有的重用方式，其吞吐量均接近理论最大值。即使在较高负荷时，也可以看出其性能优于 GPRS。对于同样的负荷水平，EDGE 吞吐量要比 GPRS CS-1~CS-4 的吞吐量高 2.5~3 倍，比 GPRS CS-1~CS-2 的吞吐量高 3~4 倍。

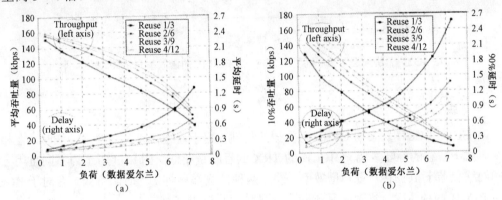

图 8.31　无跳频 EDGE 的吞吐量和延时性能

2. 10%吞吐量和90%延时

如图 8.31（b）所示为 10%吞吐量和 90%延时性能。同样可以看出 1/3 重用方式与其他重用方式相比性能有明显下降。在某一负荷下其绝对吞吐量和延时性能都要优于 GPRS 性能。与 GPRS 的 CS-1~CS-2 相比，吞吐量增加 2~3.5 倍。与 GPRS 的 CS-1~CS-4 相比，其增益为 1.5~2.5 倍。在较紧复用方式下 EDGE 的增益将下降，因为此时干扰增大，所以码率较高的编码方式就很少使用。

3. 频谱效率和TBF阻塞率

如图 8.32 所示为 EDGE 网络中频谱效率和负荷的关系，图中显示了 TBF 阻塞率。与 GPRS 相比，EDGE 的频谱效率是其 2~3 倍。与 GPRS 相同，当网络负荷接近最大值时（8 爱尔兰）便会出现 TBF 阻塞。尽管 1/3 重用方式具有最差的吞吐量性能，但是由于它对频率的利用率，所以具有最高的频谱效率。

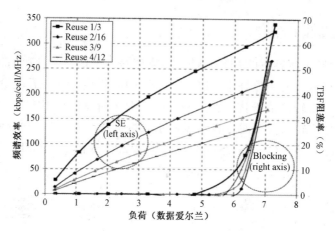

图 8.32　无跳频宏网络不同复用方式下，EGPRS 的谱效率和 TBF 块阻塞率

4. BCCH 层的性能

EDGE 在 BCCH 层上与 GPRS 有类似的特性。由于连续传输，当网络较低时，在相同重用方式下，它的吞吐量比无 BCCH 的 TRX 的吞吐量要低。图 8.33 所示为不同重用方式不同网络负荷下 10%吞吐量和谱效率，注意两种情况都只有 7 个时隙有效。有对于 BCCH 和无 BCCH 两种情况，谱效率是相同的，只是吞吐量仍有差异。

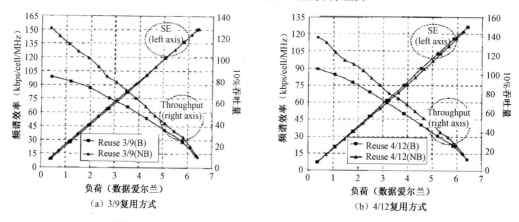

（a）3/9复用方式　　　　　　　　　（b）4/12复用方式

图 8.33　有、无 BCCH 下 EDGE 的谱效率和 10%吞吐量

5. 时隙容量

如图 8.34 所示为 EDGE 中每时隙的吞吐量。由于较大的 RLC 窗口和较好的重传技术，与 GPRS 相比，其窗口停滞的概率明显降低。因此，抢先传输并不会明显影响时隙容量。与 GPRS 相比，EDGE 的时隙容量具有更大的动态范围。例如，1/3 重用方式下的时隙容

量在较高的负荷下变为一半。但是，在 BCCH 层时隙容量则保持恒定。因此，BCCH 很适用于获得较高的吞吐量。对于支持 4 时隙的终端和 5/15 重用方式的 BCCH 而言，高优先级用户的吞吐量接近 4×48=192kbps，且与 BCCH 负荷无关。

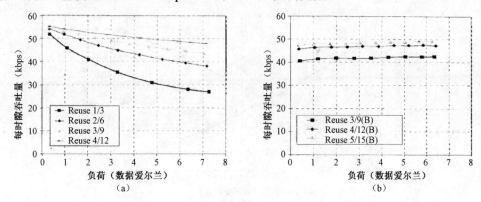

图 8.34　有、无 BCCH 时 EDGE 的时隙容量

6．中继效率分析

如图 8.35 所示为 1 个 TRX、不同重用方式下 EDGE 的减少因子。对于重用方式 2/6、3/9 和 4/12，它们都具有类似的减少因子。

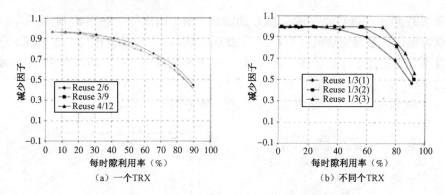

图 8.35　EDGE 不同复用因子下的减少因子

8.5.4　单独频段、具有跳频的 EDGE 性能

本节将先对无跳频和有跳频时的性能进行比较，然后对 EDGE 系统的软容量进行分析。

1．跳频和无跳频性能的比较

为了公平比较，假设仅配置 1 个 TRX 且带宽相同。无跳频配置采用 3/9 重用方式，跳频配置采用 9 个载频的 1/1 重用方式。由图 8.36 所示可以看出，在配置 1 个 TRX 时，跳频不会带来任何质量或容量增益。

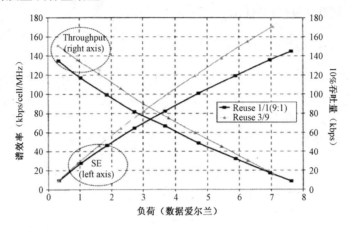

图 8.36　有/无跳频时 EDGE 的谱效率和 10%吞吐量

对于 9 个载频的 1/1 跳频复用，可以将 TRX 增加到 3 个。这样可以将硬件限制所造成的影响降到最低，此时网络将变成纯软容量受限网络，其频谱效率要高于 3/9 方式。

2．1/1 重用方式跳频分析

如图 8.37 所示，每时隙容量是 EFL 的函数。图中给出了 9 载频和 18 载频下的相应结果。可以看出，只要网络负荷具有相同的 EFL，每时隙的容量就相同。在 EDGE 下，TSL 容量特性不会受抢先重传的影响，因为 RLC 阻塞概率很低。1 个和 3 个 TRX 的减少因子如图 8.37（b）所示。1 个 TRX 下的 1/1 重用方式与无跳频具有类似的减少因子。在 3 个 TRX 和 9 个载频时，较高的软阻塞成分将改变减少因子的形状。

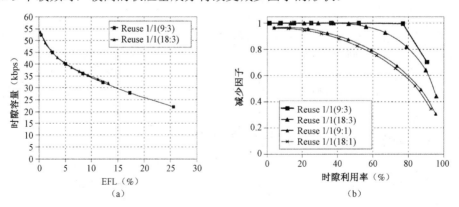

图 8.37　EDGE 时隙容量与 EFL 的关系（(X,Y) 表示 X 个载频和 Y 个 TRX）

8.5.5 QoS 准则下的频谱效率

如图 8.38 和图 8.39 所示为最小 QoS 准则下支持 3 个时隙终端的 EDGE 谱效率。考虑无跳频时的不同频率复用方式，图中还给出了采用跳频的 1/1 重用方式的结果。对于低质量准则，相同质量下的频谱效率是 GPRS 的 2 倍。随着 QoS 标准变紧，EDGE 频谱效率也会增加。例如，在 10%吞吐量为 48kbps 时，EDGE 频谱效率是 GPRS CS-1～CS-4 频谱效率的 10 倍。EDGE 的频谱效率增益主要有两个原因：第一，EDGE 确认模式下具有更好的链路性能，从而使 EDGE 在较低 C/I 条件下便可以获得相同的吞吐量；第二，EDGE 的峰值吞吐量是 GPRS 的 3 倍。采用跳频的 1/1 复用是完全干扰受限的。在该情况下，网络负荷将逐渐增加，直至达到最小 QoS 标准。这就是 EDGE 的完全软容量性能。无跳频的 1/3 重用方式会受到 HW 和干扰的限制。但是无跳频 1/3 复用方式的频谱效率要优于 1/1 完全软容量的频谱效率，当然差别没有在 GPRS 情况下那么大。

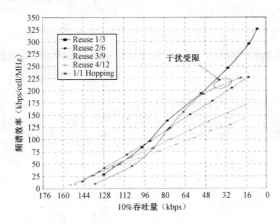

图 8.38 最小吞吐量准则下 EDGE 的谱效率

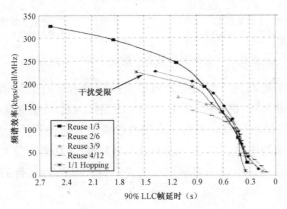

图 8.39 最小延时准则下 EDGE 的频谱效率

1/3 重用方式很适合对吞吐量和延时要求较低的场景，但是对于吞吐量和延时要求较高的场景，更松的重用方式会更加适合。

下面介绍不同时隙能力下的频谱效率。

前面的分析都是针对支持 3 个时隙的终端。通过增加终端支持时隙的能力就可以为每条连接分配更多的时隙，从而为每条连接提供更高的吞吐量。根据最小质量准则，在干扰受限场景下便可以获得更高的吞吐量和更好的频谱效率。另一方面，如果分配的时隙数减小，结果则相反。

可以根据已有的结果来对分配时隙数的频谱效率进行分析。根据如图 8.34 所示来计算不同网络负荷和不同频率重用方式下的时隙容量。根据如图 8.35 所示可以考虑不同减少因子时，EDGE 的有效 TRX 数。在跳频情况下，如图 8.37 所示可以用于对时隙容量和减少因子进行评估。

平均吞吐量值可以估计为

$$用户吞吐=时隙容量×时隙数×减少因子 \tag{8.16}$$

改变分配的时隙数就会影响传输效率，进而影响减少因子。在任何情况下，较高的分配时隙数都会使平均用户吞吐量增加。如图 8.40 所示为一个 TRX 且重用方式为 3/9 时的平均吞吐量。时隙容量的计算依据来自如图 8.37 所示。该图还可用于对不同分配时隙数的平均吞吐量进行评估。

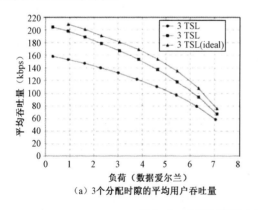
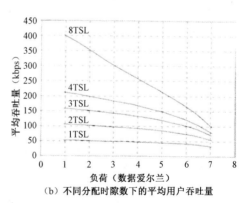

图 8.40　分配时隙数与平均用户吞吐量的关系

（a）3个分配时隙的平均用户吞吐量　　　　　（b）不同分配时隙数下的平均用户吞吐量

在最小质量准则下更高的分配时隙数可以直接转换成更好的频谱效率。如图 8.41（a）所示为最小吞吐量准则下（10%吞吐量），1 个、3 个、4 个分配时隙时可以获得的频谱效率。当干扰受限区域当最小质量较高时，该频谱效率增益会更明显。当降低最小吞吐量时，分配更多时隙数所带来的增益会消失，因为此时网络将成为硬件受限。总之，分配的时隙数越多，频谱效率就越高。所以网络应尽量为终端分配其所能支持的最大时隙数。

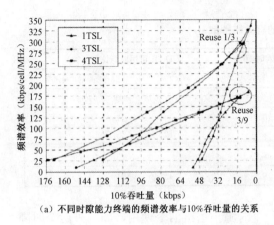
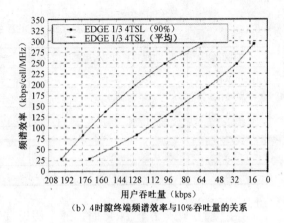

（a）不同时隙能力终端的频谱效率与10%吞吐量的关系　　　　（b）4时隙终端频谱效率与10%吞吐量的关系

图 8.41　不同时隙终端频谱效率与 10%吞吐量的关系

　　如图 8.41（b）所示为在采用支持 4 个时隙的终端时所获得的 10%吞吐量。在 R99 中，终端支持 4 个时隙是最高配置。在 R5 中引入了可以支持 6 个时隙的终端。最高频谱效率是在平均数据传输速率 64kbps 时候获得的。为了使平均吞吐量加倍（128kbps），频谱效率降低了 30%。此时，90%用户获得最小吞吐量为 56kbps。另一方面，在最高频谱效率时，最小吞吐量会更低（16kbps）。

8.6　语音和数据混合业务容量

　　前面章节仅对 GPRS 或 EDGE 的业务进行了分析。这并不是整个 GPRS 或 EDGE 系统的绝对性能。在实际部署时，不同的用户（语音和数据）会使用相同的频率和硬件资源。不同的业务会相互影响。可以通过无线资源管理来将这些影响控制到一定程度。不同业务会有不同的优先级，所以将会直接影响容量特性。尤其在 GPRS 和 EDGE 开始部署时，它们使用的是 GSM 语音用户的空闲时隙。GPRS 或 EDGE 可以使用的时隙数可以通过每小区的平均语音爱尔兰数和每小区的有效时隙数来计算，方法如下。

$$空闲时隙数(FR)=总时隙数-语音爱尔兰-RRM 因子 \tag{8.17}$$

　　计算时，RRM 因子要考虑到在管理 PS 和 CS 共享资源时的实际限制。例如，在 PS 和 CS 使用独立资源池时，需要在边界处分配一个或多个保护时隙以防止连续的 PS 边界升级或下降。分配重配置还涉及资源的重新打包，以便为 GPRS 或 EDGE 提供空闲时隙，所以引入的 GPRS 或 EDGE 资源分配延时也会对 RRM 因子产生影响。表 8.5 列出了不同小区配置和 RRM 因子为 0 的时空闲时隙数。该表中的占用语音时隙数是根据爱尔兰 B 公式在 2%呼损下计算的。

表 8.5　EDGE 的有效时隙数

TRX 数	2%呼损的语音爱尔兰	空闲时隙数	EDGE 可用时隙比例（%）
1	2.9	4.1	58
2	9	6	40
3	14.9	7.1	32
4	21.9	8.1	27
5	29.2	8.8	23
6	36.5	9.5	21

在配置 1 个或 2 个 TRX 时，通常假设有一个时隙预留给信令使用，而另外两个时隙用于其他配置。通过增加额外的 TRX 便可以使小区容量得到很大的改善。当然也可以为 GPRS 或 EDGE 分配出专用的时隙。这样便可以为最小的数据容量提供保证。使用半速率语音信道模式可以减少语音占用的时隙数，因此其改善的小区数据容量为

$$空闲时隙数（HR\&FR）=空闲时隙数（FR）+语音爱尔兰×\gamma/2-0.25 \qquad (8.18)$$

其中，γ 是半速率连接的百分比，由于半速率连接仅占用 0.5 个时隙，所以使得整个时隙无法使用 GPRS 或 EDGE；0.25 表示平均减少。要计算数据容量，关键问题是要求出一个充分利用的时隙可以传输多少 GPRS 或 EDGE 业务，这在前面称为时隙容量。每小区最大数据容量可以表示为

$$最大小区数据容量（kbps/cell）=空闲时隙数×时隙容量 \qquad (8.19)$$

时隙容量取决于平均网络负荷。如图 8.28 和图 8.37 所示可以用于估计时隙容量。当然图中曲线都是在 100%数据业务时获得的，在应用到语音、数据混合业务时应该先将语音爱尔兰转换成等价的数据爱尔兰，即在该负荷下数据业务产生与原始语音业务相同的干扰。混合业务下爱尔兰转换因子将在后续章节中介绍。

下面用一个具体实例来更好地解释这个概念。假设跳频层有 12 个频率，支持 5 爱尔兰语音业务和 200kbps 的数据业务。GPRS 或 EDGE 以最大功率进行发射。若初始时隙容量为 45kbps，则需要的时隙数为 200/45=4.4。5 爱尔兰的语音对应于 2.5 爱尔兰数据业务，这是因为语音业务使用了功控。根据图 8.34 所示有 EFL=100×(2.5+4.4)/(8×12)=7.1%，对应的时隙容量为 37kbps。由于该值与初始值不同，所以应该进行迭代计算。第二次迭代计算可得所需的时隙数为 200/37=5.4。第二次迭代计算可得 EFL 为 100×(2.5+5.4)/(8×12)=8.2%，其对应得时隙容量为 36kbps，该值与前次的值 37kbps 非常接近，所以可以认为这是有效值。所需的时隙数为 200/37=5.5 时隙。

8.6.1　尽力而为业务

对于 GPRS 或 EDGE 而言，充分利用空闲时隙可以达到最大小区数据容量。此时网络

的负荷非常高，网络工作点接近业务饱和点，而用户的吞吐量则是非常低的。若要考虑用户吞吐量，空闲时隙的利用率就无法达到 100%。空闲时隙的利用率与网络测量和 QoS 准则有关：

$$小区数据容量（kbps/cell）=空闲时隙数×时隙容量×时隙利用率 \qquad (8.20)$$

为了测量具有 QoS 准则的尽力而为数据业务，必须对空闲时隙的最大利用率进行定义。这样时隙的复用量可以满足最小质量准则。若考虑将平均用户吞吐量作为 QoS 准则，那么下面的式子可用于检查空闲时隙是否可以满足 QoS 准则：

$$平均用户吞吐量=时隙数×时隙容量×减少因子 \qquad (8.21)$$

8.6.2　相对优先级

即使网络接近饱和，通过改变某些用户的 QoS 仍能使用户获得较高的吞吐量。QoS 差异可以通过改变 RLC 调度器中的相对优先级来实现。对于相同的时隙利用率，不同的调度优先权会改变减少因子。

给某些用户分配高优先级就会降低低优先级的性能。因此，减少因子的加权平均就等于没有优先级的减少因子，即

$$RF(no\ priorities) = S_1 \cdot RF(TC_1) + S_2 \cdot RF(TC_2) + \cdots \qquad (8.22)$$

其中，S_i 是分配比例（$0 < S_i \leqslant 1$），$RF(TC_i)$ 是业务类 i 的减少因子。

8.6.3　数据传输速率保证业务

数据传输速率保证业务是通过 RLC 调度器控制时间片来为特定用户保证最小的数据传输速率。相关计算公式如下：

$$流媒体数据爱尔兰=用户数×（保证吞吐/时隙容量） \qquad (8.23)$$

8.6.4　爱尔兰转换因子

在跳频层面，总的业务量会决定干扰程度，所以会影响语音业务和数据业务的网络质量。即使对于相同的业务量（语音爱尔兰＋数据爱尔兰），如果数据业务和语音业务的比例不同，那么它们对下行造成的干扰也不同，因为二者的功率控制方式是不同的。由于不可能通过仿真来决定二者的比例分配关系，所以引入爱尔兰转换因子是非常重要的。该方法是将相同的干扰等价为不同的业务量。

最简单的情况就是下行语音业务不使用功率控制和不连续发射，且 GPRS 或 EDGE 也不使用功率控制。此时二者产生的干扰是等价的。因此，可以将数据爱尔兰转换成语音爱尔兰。本章对数据和语音的软容量分析时都认为总爱尔兰是语音爱尔兰和数据爱尔兰之

和。小区的数据容量可以通过数据爱尔兰和时隙容量来进行计算。时隙容量与 EFL 的关系可以用于计算时隙容量。例如，支持跳频的系统具有 8 爱尔兰语音负荷和 4 爱尔兰数据负荷，如果跳频的频率数为 24，则网络的 EFL 负荷为 6.25%。根据如图 8.37 所示，可得时隙容量为 38kbps，所以整个小区的数据容量为 4×38=152kbps。

如果语音用户在下行使用功率控制和 DTX，那么数据爱尔兰和语音爱尔兰之间就无法进行直接转换。如图 8.42 所示为在帧差错率大于 4.2% 和 2% 的中断概率下语音质量与 EFL 曲线的关系。没有功率控制和 DTX 的 EFL 曲线对应于具有 100%GPRS 业务的语音性能。最大的数据 EFL 可以达到 4.8%。另一方面，没有功率控制的 EFL 对应于接近 100% 语音业务的性能。在下行有功控时，最大的语音 EFL 可达 7%，对应的容量增益为 45%。通过激活下行 DTX 可以获得额外 30% 的增益，因此，最大语音 EFL 是 9.1%。这几乎是 100% GPRS 情况下的两倍。通过上述分析可以得出简单的结论：就语音质量而言，数据爱尔兰等价于语音爱尔兰的两倍。需要注意的是对于 EFL 计算，DTX 激活不会改变语音爱尔兰值。根据最小质量目标和不同的网络拓扑，可以找到不同的转换因子。

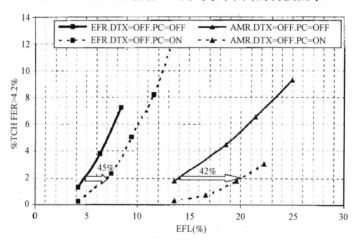

图 8.42　EFL 与较差性能（FER>4.2% 且 2% 中断概率）之间的关系

如果 EDGE 下行使用了功率控制，那么分析时便需要考虑下行功率控制。当采用 8PSK 调制方式时，8PSK 调制回退（在基站需要回退 2～3dB）可以看做是应用负传输功率偏置的下行功控的特殊情况。如果 EDGE 的干扰减少，那么语音质量将明显改善。如图 8.43（a）所示为 50% 业务负荷时的业务质量情况。从图中可以看出，在下行采用了功控后，在保持相同的数据业务时可以达到较高的 EFL 值。如图 8.43（b）所示为不同功率设置下平均用户吞吐量。其中 NO_PC 为无 EDGE 功控，backoff 表示回退。

如图 8.44 所示为当下行采用功控或回退时的数据转换因子。具有功控或回退的 1 个数据爱尔兰等价于无功控和回退时的 1/转换因子数据爱尔兰。转换因子与业务共享无关。

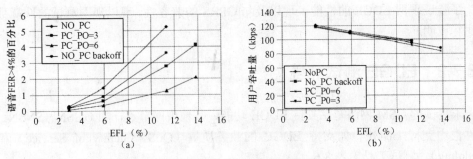

图 8.43　50%语音 50%数据业务的语音质量

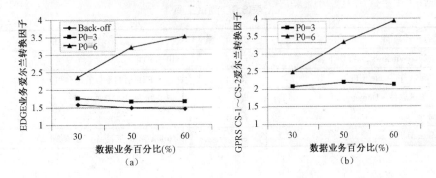

图 8.44　当采用下行功控时 GPRS 的 CS-1/CS-2 和 EDGE 的转换因子

具有 8PSK 回退的 1 EDGE 数据爱尔兰等价于 1/1.5=0.66 个无回退的数据爱尔兰。根据前述可以知道无回退的 1 数据爱尔兰等价于 2 语音爱尔兰，所以具有回退的 1 数据爱尔兰等价于 0.66×2=1.33 语音爱尔兰。

8.7　EDGE 网络的现网测试性能

8.7.1　EDGE 的测试背景

　　EDGE 技术使用在 GPRS 领域时也叫做 EGPRS 技术，是对 GPRS 功能的增强，它可以提供 4 倍于 GPRS 现网（CS-2）的数据传输速率。从应用的角度来看，EDGE 是提高 GPRS 网络无线容量和性能的最佳选择。截至 2008 年 3 月，全球 EDGE 网络数量已达 283 个，分布大北美、欧洲及亚洲新加坡、中国香港，泰国等国家和地区。同时很多拥有 GSM 和 WCDMA 牌照的运营商，也开始对使用 EDGE 功能来增强 GSM/GPRS 网络性能表现出更大的兴趣。GSM/EDGE 和 WCDMA 网络可以长期共存互惠，为 3G 用户提供连续、不间断业务的服务，同时也可以为运营商提供网络容量和覆盖的互利互补。目前已经有 60 个运营商选择了 GSM/EDGE 与 WCDMA 相结合的方式建设他们的 3G 无缝网络。

为了验证现网 EDGE 的性能表现以及与 GPRS 的兼容性，现以现网测试的性能数据来对其进行说明。

8.7.2　EDGE 测试环境

要求测试的 GSM 网络基站支持 EDGE 功能，其他现网节点，如 GGSN、SNSN、BSC 的软件也均支持 EDGE，如支持 EDGE 的业务质量（QoS，Quality of Service）和调度（Scheduling）。测试工具见表 8.6。

表 8.6　测试工具

设　　备	数　　量	备　　注
笔记本电脑，Windows 2000 操作系统	一台	用于 FTP 和流媒体业务测试
FTP 客户端软件（Cute_FTP）	一套	记录 FTP 层的下载的速率和上传的速率
网络速度测试软件（Dumeter）	一套	记录 IP 层的下载速率
测试 SIM 卡	一张	
EDGE 测试手机	一台	Nokia 6230 支持（4＋1 或 3＋2）

8.7.3　EDGE 测试结果分析

1．EDGE 功能说明

EDGE 引入了 8PSK 的无线调制方式，定义了 9 种调制编码方式。基于 EDGE 的链路质量控制方式，系统会根据终端所在位置的无线环境的变化，动态地选择最适合无线环境的编码方式来传送数据，从而在无线链路上达到最优的下载速率。本次测试是在 LQC 激活的前提下，启用 LA/IR 模式进行的 EDGE 多项性能测试。

2．EDGE 定点测试

（1）测试地点及测试基站的情况

测试小区的配置载频数量为 12。

测试步骤如下。

① 现网 GPRS 定点测试，测试内容包括：FTP 上传、下载，WAP，流媒体业务。

注意：现网 GPRS 只支持 CS-2。

② 在测试小区定义了 4 个支持 EDGE 的 E-PDCH 信道，并在 BSC 开启相关功能。

③ 在同样地点进行 EDGE 的测试，测试内容同上。

（2）FTP 下载速率测试结果

① 测试方法

● 从 FTP 服务器下载 2M 的文件（GPRS 测试）。

● 从 FTP 服务器下载 6M 的文件（EDGE 测试）。

在选取的定点测试点进行 3 次测试，分别测试 GPRS 和 EDGE 的下载数据传输速率情况，结果如图 8.45 所示。

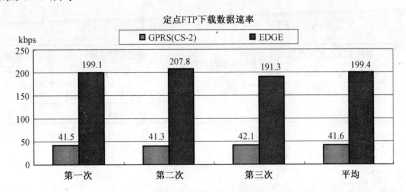

图 8.45　定点下载数据传输速率测试结果

② 利用 DU Meter 记录的 IP 层的吞吐速率

● GPRS FTP 下载时的情况如图 8.46 所示。

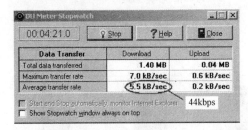

图 8.46　DU Meter 记录的 GPRS FTP 下载时的测试结果

● EDGE FTP 下载时的情况如图 8.47 所示。

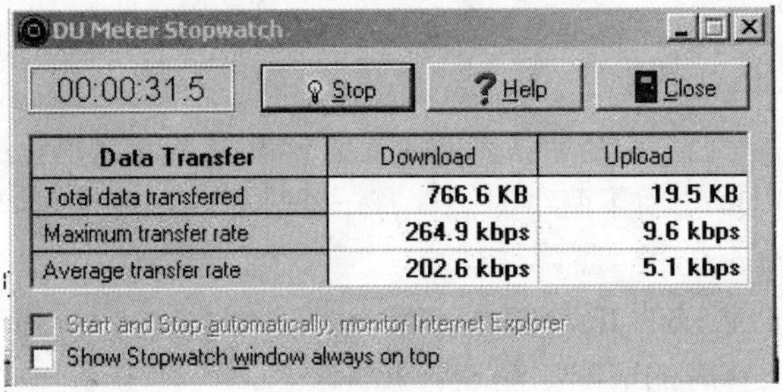

图 8.47　DU Meter 记录的 EDGE FTP 下载时的测试结果

由于 DU Meter 记录的是 IP 层的流量，除了需要下载的应用层的数据外还包含一些 IP 包的包头，因此比 FTP 层的速率还要高一些。

③ 测试结果分析

从上面的测试结果可以看出，使用 EDGE 时 FTP 下载平均速率是使用 GPRS（CS-2）时的 4.8 倍。由于无线环境比较好，无论是 GPRS 还是 EDGE，定点测试的速率都已经接近理论极限速率了，参见表 8.7。

表 8.7　FTP 下载实测速率与理论极限速率的对比

	单时隙理论最大速率（RLC 层）（kbps）	手机使用的时隙数量	理论极限速率（RLC 层）（kbps）	实测速率（IP 层）（kbps）
GPRS (CS-2)	12	4	48	44
EDGE	59.2	4	236.8	202.6

（3）FTP 上传速率测试结果

① 测试方法

● 　向 FTP 服务器上传 2M 的文件（GPRS 测试）。

● 　向 FTP 服务器上传 2M 的文件（EDGE 测试）。

在选取的定点测试点进行 3 次测试，分别测试 GPRS 和 EDGE 的下载数据传输速率情况，结果如图 8.48 所示。

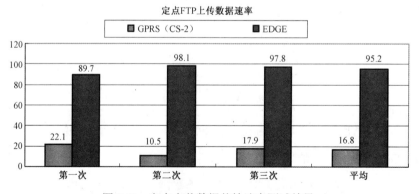

图 8.48　定点上传数据传输速率测试结果

以上结果为 FTP 软件记录的应用层（这里是 FTP 层）的速率。注意：GPRS 上传的第二次测试中有一部分时间使用了两个时隙，有一部分时间只使用了一个时隙。所以最终的上传速率较其他两次低。

② 利用 DU Meter 记录的 IP 层的吞吐速率

● 　GPRS FTP 上传时的情况如图 8.49 所示。

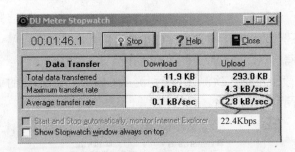

图 8.49　DU Meter 记录的 GPRS FTP 上传时的测试结果

● EDGE FTP 上传时的情况如图 8.50 所示。

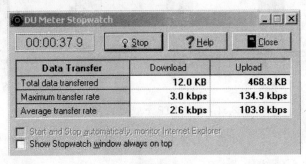

图 8.50　DU Meter 记录的 EDGE FTP 上传时的测试结果

③ 测试结果分析

从上面的测试结果可以看出，使用 EDGE 时 FTP 上传平均速率是使用 GPRS（CS-2）时的 5.6 倍。由于无线环境比较好，无论是 GPRS 还是 EDGE，除了第二次 GPRS 的测试外，定点测试的 FTP 上传速率都已经接近理论极限速率了，参见表 8.8。

表 8.8　FTP 上传实测速率与理论极限速率的对比

	单时隙理论最大速率 （RLC 层）（kbps）	手机使用的时隙数量	理论极限速率 （RLC 层）（kbps）	实测速率 （IP 层）（kbps）
GPRS (CS-2)	12	2	24	22.4
EDGE	59.2	2	118.4	103.8

3. EDGE 路测性能

测试路段的小区均定义了 4 个可以支持 EDGE 的 E-PDCH 信道。

（1）FTP 下载路测

① 测试方法

采用 EDGE TEMS Nokia 6230 进行路测，按照通常的车速进行测试，用 Du Meter 记录速率。

- 从 FTP 服务器下载 2 M 的文件（GPRS 测试）。
- 从 FTP 服务器下载 2 M 的文件（EDGE 测试）。

在选择的路测路段上进行 3 次测试，分别测试 GPRS 和 EDGE 的下载数据传输速率情况，结果如图 8.51 所示。

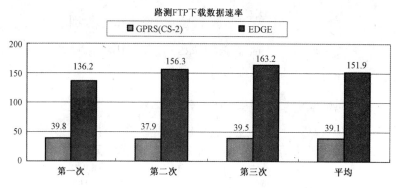

图 8.51　路测 FTP 下载测试结果比较

EDGE 路测过程中所使用的编码的变化情况和 RLC 层的速率分别如图 8.52 和图 8.53 所示。

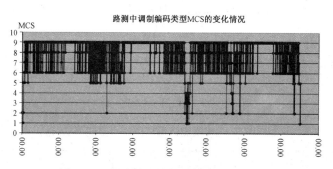

图 8.52　路测中调制编码类型的变化情况

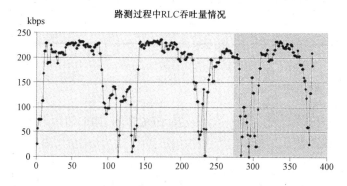

图 8.53　路测中下行 RLC 层速率变化情况

② 测试结果分析

从以上的测试结果可以看出：

- 在路测过程中，除了小区重选过程外，大多数时间手机都能使用比较高的编码方式 MCS6～MCS9，使用这些编码时的速率也很高，RLC 层的速率经常在 200kbps 以上。
- 在路测过程中，每次测试都会发生 6、7 次小区重选。小区重选时，数据传输会暂时中断，重选完成后再在新的小区恢复数据传输。这样路测的平均速率就比定点测试时要低一些。
- 路测过程中 GPRS 的平均下载速率达到 39.1kbps，而同样条件下使用 EDGE 时可以达到 151.9kbps，是 GPRS 的 3.9 倍。

（2）FTP 上传路测

① 测试方法

采用 EDGE TEMS Nokia 6230 进行路测，按照通常的车速进行测试，用 Du Meter 记录速率。

- 向 FTP 服务器上传 2M 的文件（GPRS 测试）。
- 向 FTP 服务器上传 2M 的文件（EDGE 测试）。

在选择的路测路段上进行 3 次测试，分别测试 GPRS 和 EDGE 的下载数据传输速率情况，路测时 FTP 上传测试终端为 Nokia 6230（EDGE 4+1/3+2），结果如图 8.54 所示。

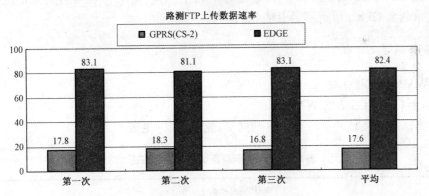

图 8.54　路测 FTP 上传测试结果比较

② 测试结果分析

从以上的测试结果可以看出：

- 在 EDGE 的路测中，Nokia 6230 上传测试的平均吞吐量为 82.4kbps，分配的上行时隙为 2 个，达到了较高的上传速率。
- 路测过程中 GPRS 的平均上传速率为 17.6kbps，而同样条件下使用 EDGE 时可以达到 82.4kbps，是 GPRS 的 4.7 倍。

（3）EDGE 与 GPRS 的兼容性

EDGE 与 GRPS 的兼容性测试是用于验证在业务连接建立的情况下，EDGE 终端在 GPRS 和 EDGE 覆盖区之间来回移动的性能表现。其测试结果如图 8.55 所示。

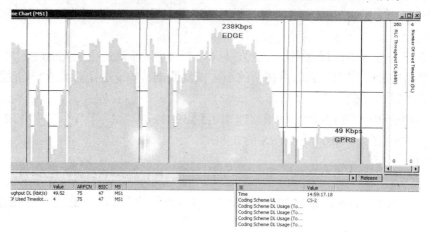

图 8.55　EDGE 与 GPRS 兼容性测试

从上面的测试结果可以清楚地看出：重选前 EDGE 小区内使用的编码方式为 MCS-9，RLC 层的速率达到 238kbps；重选后 GPRS 小区内使用的编码方式为 CS-2，RLC 层速率为 49 kbps。EDGE 与 GPRS 间的小区重选没有造成连接的中断，数据业务可正常进行，只是从 EDGE 重选至 GPRS 后速率会有明显的降低。

4．业务感受

（1）WAP 业务定点测试

① 基于 GPRS CS-2 的 WAP 测试

全部测试都能顺利浏览网页，打开网页需要的时间见表 8.9。

表 8.9　WAP 定点测试结果（GPRS）

WAP 定点测试（GPRS）			
测试网页：移动梦网主页		测试网页：移动梦网新闻频道	
测试次数	打开页面用时（s）	测试次数	打开页面用时（s）
1	11	1	14
2	14	2	14
3	10	3	13
4	11	4	14
5	10	5	14

续表

WAP 定点测试（GPRS）			
测试网页：移动梦网主页		测试网页：移动梦网新闻频道	
测试次数	打开页面用时（s）	测试次数	打开页面用时（s）
6	10	6	13
7	9	7	14
8	10	8	14
平均用时	10.63	平均用时	13.75

② 基于 EDGE 的 WAP 测试：

全部测试都能顺利浏览网页，打开网页需要的时间见表 8.10。

表 8.10　WAP 定点测试结果（EDGE）

WAP 定点测试（EDGE）			
测试网页：移动梦网主页		测试网页：移动梦网新闻频道	
测试次数	打开页面用时（s）	测试次数	打开页面用时（s）
1	6	1	7
2	7	2	7
3	7	3	7
4	8	4	7
5	7	5	11
6	7	6	7
7	6	7	7
8	6	8	8
平均用时	6.75	平均用时	7.625

③ 测试结果分析

- 在 WAP 测试中，EDGE 依然体现了其上传、下载速度快的特点。打开两个 WAP 网页的时间上分别比 GPRS 提高了 57%和 80%。
- 对于数据量较大的网页，如梦网新闻频道的页面图片较多，这时 EDGE 的优势就更加明显。

（2）流媒体测试

① 测试条件

分别在 GPRS 和 EDGE 两种状态下进行流媒体业务的测试，持续 5min 以上，观察业务质量。

② 测试环境

测试终端为 Nokia 6230，流媒体测试使用的网址为 www.sou23.com/tv/cctv2.htm。

③ 测试结果分析

- 使用 GPRS 进行观看时，图像不够清晰，图像播放时有断续现象；经常会发生较长时间的中断，进行缓冲（Buffering），然后继续播放。整体效果不够理想。
- 在使用 EDGE 时，由于速率比较快，观看时图像比较清晰，声音连续，感观良好，效果明显好于使用 GPRS 时的情况。

8.7.4 EDGE 测试结论

测试时，EDGE 在定点和路测过程中都体现了较高的传输速率和非常好的稳定性。通过各个测试项目的测试结果和分析可以看出，开启 EDGE 功能后，数据业务在下载、上传、WAP、流媒体等业务的性能上都有了非常大的提高。无线传输速率上的明显提高使得更多的数据业务应用成为可能，如视频流媒体直播。目前的手机电视业务还只是下载较小的片断后，再进行播放，使用 EDGE 后将完全可以在手机上实现视频节目的直播或点播。当然，原来的传统数据业务在使用 EDGE 后，其性能也会有大幅度的提高，从而提高终端用户对数据业务质量和性能的满意度。

在现网中实际应用 EDGE 功能时，还可结合具体厂家的辅助功能进一步完善 GPRS/EDGE 网络性能，提高无线流程的效率，优化无线信道分配机制，进一步提高数据传输速率，改善终端用户对基于无线高速数据传输的各项业务的感知度。

爱立信系统可以提供的 GPRS/EDGE 辅助功能，主要有以下几个方面：

（1）利用"网络辅助小区重选"来缩短小区重选时间，提高跨小区移动过程中的数据传输速率，有效降低终端用户对由此引起的任何业务的延缓或暂停的感知度。

（2）使用"延缓 TBF 释放时间"来弥补在上层 GSN 网络或外部 IP 网络的数据传输时延而引起的无线网络中 GPRS/EDGE 逻辑连接 TBF 的中断和重新建立，避免由此导致更多次的 TBF 建立的时间，从而使每个 TBF 可以传输更多的数据包，提高终端用户每个数据传输任务的速度。

（3）使用"动态调整上/下行方向可使用的信道数量"来适应在数据传输过程中上行、下行方向上数据传输量的对比关系，保证高性能终端能够提供的最大的上行或下行信道数量得以使用。例如，4+1/3+2 能力的终端在由主要是下行方向数据传输改变为主要是上行方向传输时，可以由 4+1（下行 4 个信道，上行 1 个信道）对应改变为 3+2 （下行 3 个信道，而上行 2 个信道），以保证终端用户在使用过程中总是可以在任意一个更大量传输数据的方向上享受最大可能的速率。

（4）通过"为现有 TBF 增加信道"和"将现有 TBF 移动到可以提供更高传输速率的信道"上的方法，有效提高数据传输速率。

以上这些辅助功能可以提高 EDGE 速率，提升终端用户感受度和满意度，在 EDGE 现网中可以配合使用。

参考文献

[1]　3GPP TS GSM 05.05 Version 8.8.0 Release 1999: Digital Cellular Telecommunications System (Phase 2+); Radio Transmission and Reception.

[2]　3GPP TS 03.64 Overall Description of the GPRS Radio; Stage 2 (GPRS).

[3]　3GPP TS 23.060 Service Description, Stage 2 (GPRS).

[4]　3GPP TS 29.060 GPRS Tunneling Protocol (GTP) Across the Gn and Gp Interface.

第9章　EDGE 的杀手应用：手机电视业务

本章要点

- 手机电视实现方式
- 手机电视主要技术标准
- EDGE 系统中的手机电视业务
- MBMS 技术
- 手机电视市场发展状况
- 手机电视运营模式

前面已经介绍过，在实际应用中 EDGE 的数据传输速率可以是 GPRS 的 3 倍多，在正常的无线链路状态下，其数据传输速率可以超过 100kbps，所以 EDGE 可以支持很多对传输速率有较高要求的业务，如手机电视业务。本章首先介绍手机电视的实现方式和主要实现技术；然后重点介绍 EDGE 系统中的手机电视业务，包括系统架构、流程，以及未来移动网络中的多媒体广播组播 MBMS 技术；最后对手机电视业务的运营模式、需要关注的问题以及未来的发展方向进行相应的探讨。

9.1　引　　言

手机作为新的传播终端，以其高效、便携、及时、互动等特性，使人们随时随地发布、接收、处理和加工信息成为可能。手机电视这种全新的公众互动参与型的现代文化消费形式，就是借助数字化交流空间的产生而发展起来。作为媒体业务个性化发展趋势的一个重要组成部分，手机电视正在逐渐成为一种独特的新媒体形态。由于电视在资讯传播和娱乐市场领域的强势影响力以及手机在社会生活和信息交流方面的应用普及性，所以手机电视颇受关注。

手机电视的业务本质是一种移动数据业务，即利用手机终端为用户提供视频资讯服务。手机电视业务最初是采用传统移动流媒体的方式来实现的，而随着移动数据业务的普及、手机性能的提高以及数字电视和网络技术的迅速发展，国际上的一些相关研发机构和公司开始对在手机上实现以广播的形式接收广播质量的视、音频内容进行多种形式和多种技术的探讨和试验。目前，手机电视的相关技术正在逐渐成熟，并得到了一定程度的应用。

手机电视是多技术、多媒体融合的产物。在技术上，它可以兼得广电网络的带宽和传播优势，以及电信网络的个性化管理和交互式服务的特长；在内容和业务形态上，由于手机电视环境下的内容产品具有广泛选择性、充分交互性及高度移动性，所以手机终端的播放内容应该是个性化、灵活度、参与性都很强的，综合了多媒体信息构成特征的，形态和特色独具的节目信息。

9.2　手机电视的实现方式

手机电视业务的实现方式主要有三种：第一种是基于数字广播电视网络或与移动网络结合来实现的手机电视服务模式，这种方式类似于传统的广播电视网络经营模式，因此也被称为广电模式，已在一些国家和地区试用；第二种是利用卫星广播的方式，韩国的运营商正在力推这种方式，但目前采用的还较少；第三种是利用蜂窝移动网络实现，目前美国和我国的移动运营商主要是依靠这种方式来推广手机电视业务的，该方式被认为是手机电视的发展方向。下面对这几种方式进行简单的介绍。

9.2.1　地面数字广播方式

广电模式主要是基于地面数字广播网，此类实现技术主要是针对地面数字广播电视产生的，需要投资建设一个独立的数字广播电视网络，使用的频率一般为广播电视频段，然后通过在手机终端上增加相应的模块来提供服务，可以不通过移动通信网络的链路，直接获得数字电视信号。为了适应移动终端的特点，有些技术是在原有为地面数字广播电视设计的技术基础上加以改进，成为移动视频广播技术；而另一些技术目前还只是针对地面数字广播电视系统设计的，若要应用到移动视频广播业务中，可能还要进行一些改进。这些基于数字广播网的实现技术多是由地面数字广播电视技术发展而来的，因此在视、音频的下行传输方面比较完善。但传统的广播电视网络一般没有上行链路，需要依靠移动通信网络协助实现上行传输，这样才能够提供手机电视业务所需的用户业务认证、用户管理以及互动应用等功能。

地面数字广播方式的典型技术包括欧洲的 DVB-H、美国高通的 MediaFLO、韩国的 T-DMB、日本的单频段转播标准等。我国清华大学和上海交大也分别在其数字电视标准 DMB-T 和 ADTB-T 的基础上进行了研究开发。

9.2.2　卫星广播方式

卫星广播方式的本质是通过卫星提供下行传输实现广播方式的手机电视业务。在此方式中，视、音频信号经转换和压缩后发送到卫星上，再由卫星转发，用户通过接入特定的解码设备和接收天线可直接接收。这种方式需要在手机终端上集成直接接收卫星信号的模块，以实现多媒体数据的接收。卫星广播方式与所需覆盖的范围关系密切，当覆盖范围比较小、用户比较集中时，使用卫星开展移动视频广播业务效率较高，也比较经济。但当覆盖范围较大时，则成本较高。特别是在我国，很难仅靠一颗卫星就覆盖全国范围；而另一方面，由于卫星无法对室内形成覆盖，所以还需要建设大量的地面直放站，成本也相当可观。从终端来看，若使用其他的卫星频段，则需要增加一套新的射频，终端成本将有较大增加。目前通过卫星广播方式开展手机电视业务的典型技术有日韩的 S-DMB、欧洲的 S-DVB 等。

9.2.3　蜂窝移动网络方式

蜂窝移动网络方式是通过移动通信网络，采用移动流媒体的方式实现的。流媒体是指视频、音频等数据以实时传输协议承载，并以连续的流的形式从源端向目的端传输，在目的端接收到一定缓存数据后就可以播放出来的多媒体应用。流媒体技术应用到移动网络和终端上，就称为移动流媒体技术。通过 GPRS 或 EDGE 流媒体技术提供手机电视业务应该满足的要求是：系统设计采用分布式体系结构，具备对网络带宽的适配功能和负载均衡功能，软件系统具有较强的稳定性和容错性等。为了在网络上实现多媒体（包括视频、音频、数据等）的广播，各国又相继推出了 MBMS 和 BCMCS 等技术。此类技术可以在现有的移动通信网基础上进行改造，向用户提供下行广播信道，使用的频率仍然为移动通信系统所在频段，为通过移动数据网络实现手机电视业务提供条件。基于移动网络的实现技术继承了移动网所固有的诸多能力，如用户管理、业务计费、个性化定制和点播、互动应用的实现等。

9.2.4　几种实现方式的比较

从 2002 年年底开始，国际上的一些研发机构和运营公司相继研发并推出了各种手机电视的解决方案，将手机电视这种新型的多媒体数据业务作为移动业务的新的增长点进行应用尝试。目前出现的三种手机电视业务的实现方式各有千秋、利弊共存，在方式选择时还应注意扬长避短，有的放矢。选用的方式，要能够提供完善的手机电视服务，以及找到合适的商业模式，这对于运营商和用户来说才是最为关键的。相关比较结果见表 9.1。

表 9.1　不同手机电视实现方式的比较

	地面数字广播方式	卫星广播方式	蜂窝移动网络方式
技术特点	下行传输信道比较完善，频谱资源丰富，信号传输质量高，点对面传输，对用户数量敏感度低，不受网速和带宽的限制。但一般没有上行链路，互动功能受影响	卫星广播网布局效果较好，与地面传输相比，可以适应更大范围的覆盖要求，能够较好地应对移动接收环境下信号质量下降的多路径干扰问题，数据传输量大，可提供高质量图像，但受卫星频段资源局限性的制约	采用流媒体方式实现，可利用现有的移动通信网络，无须更改手机的硬件平台。但带宽问题突出，图像质量在用户数量饱和时将严重下降，甚至网络拥塞不能传送信号。采用 MBMS 方式可有所缓解，以广播大面积覆盖用户群，以组播满足互动
运营情况	标准认可度高，服务终端和网络设施的提供者和运营商为多方市场，运作体系相对完善。DVB-H 和 T-DMB 已在欧美和韩国等多个国家和地区开始试用	卫星方式的研发和试应用目前主要在韩国和日本展开，特别是韩国主要力推 S-DMB 方式	目前有美国的移动运营商以及我国的中国移动、中国联通已经利用这种方式推出了手机电视业务
业务成本	传输资源丰富，服务质量较高，业务成本费用相对适中。允许灵活的网络基础设施设计，可以在现有的地面数字电视网络中提供手机电视业务，经济适用性相对较强	覆盖范围较小，用户比较集中时，业务效率较高，成本比较经济，但覆盖范围较大时，成本高昂。另外，建设地面直放站成本也相当可观	传送视频数据占用网络资源较大，资费较贵对于运营商和用户成本负担都比较重

9.3　手机电视的主要技术

9.3.1　主要技术标准

1．DVB-H　（Digital Video Broadcasting Handheld）

手持式数字视频广播 DVB-H 是欧洲的数字电视标准组织（DVB）技术研讨小组于 2005 年 2 月批准的地面数字广播网络向便携/手持终端提供多媒体业务的传输标准。该标准是欧洲的数字电视标准（DVB-T）的扩展应用，是 DVB-T 标准针对移动设备的优化版本，核心还是数据广播。与 DVB-T 相比，DVB-H 终端具有功耗更低、移动接收和抗干扰性能更强的特点。

对于手持终端，功耗是一个关键因素。DVB-H 采用时分复用技术，分成许多时间分片，以高速猝发方式接收节目，然后进行缓冲和长时间播放，其他时间分片处于待机模式，从而可以大大节省能量消耗。DVB-H 还采用多协议封装技术和前向纠错编码以保证在各种移动速率下稳定接收并能更有效地抵抗脉冲干扰。DVB-H 系统支持漫游并提供足够的灵活性，以适应不同传输带宽和信道带宽应用。

DVB-H 在协议上分为网络层、数据链路层和物理层。网络层主要负责 IP 数据流传输；数据链路层包括媒体访问控制层（MAC，Media Access Control）、业务信息（SI，Service Information）和编程业务信息（PSI，Program Service Information）；物理层仍采用 DVB-T 标准中编码的正交频分复用（COFDM，Coded Orthogonal Frequency Division Multiplexing）技术。

在 DVB-H 标准下，当使用 DVB-H 技术进行组网时，其实现方式有两种：一种是和 DVB-T 共同组网，另一种是 DVB-H 单独组网。DVB-H 技术规范了业务承载网络的相关要求，但要实现手机电视业务的运营，还必须有相应的应用来支持，这包括双向交互、内容加密、业务导航和计费等。DVB-H 网络以 IP 网为核心网，所有的广播流媒体业务都是以 IPDC（IP Data Cast）的形式进行的。所有用于广播的流媒体服务和内容信息资源都直接接入 IP 核心网，它们在经过 DVB-H 网络运营商的认证和处理后，以传输流的形式分发给每个 BS（Base Station）。BS 把这些会话流（TS，Translation Stream）按照 DVB-H 的协议封装成数据包，最后这些数据包经前向纠错编码（FEC，Forward Error Correction）和调制后由天线发送出去。用户手持终端接收到信号，按照相反的方向恢复成数据流后送给视、音频解码器或存储单元。用户在移动时，流媒体服务可以在 BS 之间进行无缝切换。基于 DVB-H 的 IPDC 解决方案融合了广播网络下行低成本、高带宽及移动网络中业务管理（订购、计费等）成熟和简单易行的优点，同时该解决方案还可以和移动网络中现有的视、音频点播方案结合起来，为用户提供广播/点播一体化业务，以满足用户多样化的需求量。

DVB-H 在欧洲获得了广泛支持，因为对于已经采用 DVB-T 的国家（主要集中在欧洲）来说，推广 DVB-H 的代价相对较低。目前，芬兰、挪威等国家就多采用 DVB-H 标准，终端支持厂家有诺基亚、三星、飞利浦、摩托罗拉和 NEC 等。诺基亚和索尼爱立信宣布在 DVB-H 手机电视方面的合作，这给这一阵营增加了一股强大的力量。

2. MediaFLO（Media Forward Link Only）

MediaFLO 是美国高通公司专为手机终端接收广播式多媒体节目而设计的全新移动多媒体广播系统。MediaFLO 系统采用单向广播网络与 2.5G/2.75G/3G 通信网相结合的网络结构，单向广播网用于节目广播，移动通信网用于用户管理、授权和计费。它可以工作在 450MHz～2GHz 的频率范围之内，带宽 5/6/7/8 MHz，最佳工作频段为 UHF 频段的上半段。

MediaFLO 是媒体分配系统（MDS，Media Distribution System）和单向推送技术（FLO，Forward Link Only）的集合体，FLO 部分用于手机发送实时和非实时的视频信号。在视、音频源编码方面，FLO 系统分别采用 H.264 和 AAC Plus 等先进的视、音频源编码技术，信道编码采用的是 Turbo（内码）+RS 码（外码），在编码效率上就比以上几个系统高出几 dB 增益，业务复接采用自定义协议栈。它具有独特的复用结构和交织模式，系统同时采用了时分复用和频分复用，但接收机可以很容易地定位任意一小段未交织的无线发射信号，从而轻松实现其特有的本地业务地域切换功能，同时也可以更有效地降低接收机的功耗，延长手机电池的连续工作时间。在射频部分，FLO 系统采用了和 DVB-H 系统类似的 COFDM 调制方式，每个载波都可以使用 QPSK 或分层 16 QAM 调制，在 6Mbps 带宽中可以达到 5.6Mbps（信道编码率 1/2 时），可以最多支持十几路实时视频节目及其他多路非实时视、音频节目（视频格式可以是 QVGA 或 QCIF）。MDS 部分用于整合内容资源，其独特的复用结构可以通过互联网将分布于各地的内容提供商制作的节目整合起来，并且将业务划分为全国性业务和地区性业务，通过 FLO 技术建立全国范围内的单频网。它与众不同之处在于其统一频点单频网中的业务可以是相同的全国性业务，也可以是不同的地区性业务。在信号重叠区域，接收机可以根据接收到的信号区分为两种业务，内容相同的全国性业务可以保持相当好的接收质量，而内容不同的地区性业务则可在一定距离范围内实现屏蔽，不会造成相互干扰和冲突。

MediaFLO 在系统和终端表现上优于 T-DMB 和 DVB-H，但在频率利用效率和终端耗电等方面存在一些问题。另外，MediaFLO 的实施成本较高，而且不像 T-DMB 和 DVB-H 是开放标准，MediaFLO 则是高通公司自有产权的标准，专利费等因素也有可能会制约其发展。

3. T/S-DMB（Digital Multimedia Broadcasting）

DMB（数字多媒体广播）是韩国推出的数字多媒体广播系统。它分为两个标准：地面波 DMB（T-DMB）和卫星 DMB（S-DMB）。DMB 是在 DAB 基础上发展起来的，无论是传输还是编码方案都继承了 DAB 的特点。DMB 并不像 DVB-H 那样用 IP 网作为核心网，它有自己的传输专用网。DMB 的传输协议也是为 MPEG-2、MPEG-4 等视频流传输设计的，这种传输协议兼容性差，不便于未来信息网络的融合。另外，DMB 的发射网络为同步单频网。但无论何种 DMB 技术，核心的思想都是利用 DAB 系统提供的基本功能，差别仅仅在于信道调制部分针对不同的信道有不同的考虑。

T-DMB 系统是韩国在尤里卡 147DAB 系统（ETSI 标准 EN300401）基础上增加了新的视、音频编码方案和附加信道保护而形成的，2005 年已成为欧洲 ETSI 标准，并作为标准草案提交 ITU，目前已经进入商业试运营阶段。

T-DMB 系统在视频信源编码部分采用 MPEG-4 AVC/H.264 技术，在音频信源编码部分采用 MPEG-4 BSAC 技术，数据广播采用 MPEG-4 BIFS 标准，多路复用采用 MPEG-4 SL 和 MPEG-2 TS 标准的组合应用，并有针对性地增加了 RS 编码（RS-204，188）作为附加信道保护。其传输标准采用 DAB 系统传输标准，信道调制采用 COFDM 方式，信道编码为 RS 加卷积码，信道模拟带宽 1.536MHz，一般移动接收情况下其主业务通道 MSC 的可用净码率为 1.152Mbps（卷积编码率为 1/2 时）。

T-DMB 系统传输部分和 DAB 标准完全一致，因此系统的净码率和复用结构都可以不变。由于 DAB 一开始就是专门针对移动接收的，采用了独有的时间交织技术，所以更适合车载接收机或者高速移动接收，相同条件下与 DVB-H 相比，覆盖范围更大，移动接收效果更好。我国广东、上海、北京现在都已部署了 T-DMB。

与 T-DMB 系统类似，S-DMB 系统也是在 S-DAB 系统的基础之上添加了视、音频编码方案改进而来的，选择了国际电联（ITU）推荐的五种卫星数字音频广播标准之一的 SystemE 方式。

与 T-DMB 系统相同，S-DMB 系统在视频信源编码部分采用 MPEG-4 AVC/H.264 技术，在音频信源编码部分采用 MPEG-4 AAC Plus 技术，复用结构采用码分复用，信道编码采用 RS 编码和卷积码相结合，调制方式是基于 QPSK 调制，信道编码为 RS 加卷积码，利用同步轨道卫星转发 DMB 节目，上行频率为 Ku 波段，13.824～13.883GHz，下行频率为 S 波段和 Ku 波段，S 波段为 2.630～2.655GHz，带宽为 25MHz，30 个频道，可用净码率为 7.078Mbps（卷积编码率为 1/2 时），用于地面移动目标直接接收卫星信号。Ku 波段卫星信号被接收后，通过转发器变成 S 波段后再发射，用于覆盖卫星直播信号接收不好的地区。

S-DMB 系统采用卫星传输方式，可以覆盖较大的范围和地区，但对城市闹市区等卫星信号覆盖不好的地方需要增加补点发射机以便全方位地覆盖。

由于起步较早，韩国的 DMB 技术和其他基于广播网的手机电视技术相比要成熟得多，这种标准在韩国比较流行，目前已经实现商用。

4. ISDB-T（Terrestrial Integrated Services Digital Broadcasting）

日本于 1996 年开始启动自主研发的数字电视标准。它在欧洲 DVB-T 系统的基础上，增加了具有自主知识产权的技术，形成 ISDB-T 地面数字广播传输标准，于 1999 年 7 月在日本电气通信技术审议会上通过。2001 年，该标准正式被 ITU 接受为世界数字电视传输国际标准之一。

频谱分段传输与强化移动接收是日本 ISDB-T 标准的两个主要特点，是对地面数字电视体系众多参数及相关性能进行客观分析优化组合的结果。日本规划的移动电视广播是在 ISDB 的基础上开发了专有的地面数字电视标准，即 ISDB-T 单频段转播传输规格。采用 ISDB-T 技术把一个 6MHz 频道切割成 13 个频段，每个分段可以独立调制，各段可灵活组合，以此实现带内频广播按需分配，多种业务 DTV/SDTV/DAB/DATA 灵活组合分层传输。段间提供保护，不同分段可以传输不同业务。利用各段独立，采用相应调制方式（QPSK、16QAM、64QAM）并配以各自独立可调的时间交织，可以获得强健的信号传输性能，使之能够适应移动接收的苛刻要求。

单频段传输是利用 UHF 频段（470～770MHz）来发送无线电波，每个频段约为 433kHz，最大能传送约 21Mbps 的数字数据。在这种速度下，每个频段可以传送 1920×1080 像素的 MPEG-2 格式高画质节目，提供的传输速度大约为 200～300kbps。

ISDB-T 系统在视频信源编码部分采用 MPEG-4 AVC/H.264 技术，在音频信源编码部分采用 MPEG-4 AAC 技术（SBR 为可选项）、AIFF-C 编码技术及文件传输方式，复用结构采用 MPEG-2 TS 流复用，信道编码采用的 RS 编码和卷积码相结合，调制方式为 QPSK/16/64 QAM 调制。节电方案没有时域上的节电考虑，主要依靠终端通过只接收部分子带降低功耗和复杂度，节电效率有限；计划播出频段为 UHF 频段。ISDB-T 标准的最大特点在于可以很好地恢复电波扩散过程中的信号衰减。日本的运营商目前还只是在小范围内对 ISDB-T 进行了试验性推广。

5. MBMS（Multimedia Broadcast/Multicast Service）

MBMS（组播和广播）方式是 WCDMA/EDGE/GPRS/GSM 全球标准化组织 3GPP 提出的，这种技术在移动网络中可以实现一个数据源向多个用户发送的功能，这样可以实现网络资源共享，提高网络资源的利用率。MBMS 不仅能实现纯文本低速率的消息类组播和广播，还能实现高速多媒体业务的组播和广播。这些移动多媒体业务与一般的数据相比，具有数据量大、持续时间长、时延敏感等特点。MBMS 为大用户量的支持提供了可能，可以开展如视频点播、电视广播、视频会议、网上教育、互动游戏等业务。而且，MBMS 技术只需对现有 GPRS/EDGE/3G 网络进行升级，不需要建设新的基础设施，可以大幅度节约投资。

MBMS 包括组播模式和广播模式。组播模式需要用户签约相应组播组，进行业务激活，并产生相应的计费信息。由于组播和广播模式在业务需求上存在不同，导致其业务流程也不同。运营商可以通过广播来大面积覆盖用户群，以组播来满足特定用户群的互动。

6. 各种技术标准的比较

适用于手机电视广播的技术标准各有优劣，为综合考虑不同技术的应用方向，在此对手机电视广播系统的特性进行一些比较，见表 9.2。

表 9.2　不同手机电视技术标准的比较

	DVB-H	MediaFLO	T-DMB	S-DMB	ISDB-T
系统	DVB-T	MediaFLO	DAB（Eureka-147）	DAB（Eureka-147）	ISDB-T
调制技术	4K OFDM	4K OFDM	1K OFDM	CDM	2K、4K、8K OFDM
信源编码	欧洲 H.264、美国 WMV 9	H.264（增强型）	H.264	H.264	H.264
信道编码	RS+ 卷积码	RS+Turbo 码	RS+ 卷积码	Walsh 编码+M 序列编码	RS+ 卷积码
业务复接	TS 流	协议栈	TS 流	TS 流	TS 流
逻辑信道	时分	时频分	时分	时频分	时频分
节电模式	时分	时频分	时分、频带	时频分	时频分
带宽	6、7、8MHz	6MHz	1.536MHz	25MHz	6、7、8MHz
最大净传输速率	12Mbps 以上	11Mbps 以上	1.15Mbps	7.8Mbps	12Mbps 以上
频率分集	良，8MHz	良，6MHz	中，1.5MHz	优，25MHz	差，430kHz
时间分集	0.25s	0.75s	0.384s	3.5s	0.5s
频道切换	5s	1.5s	1.5s	5s	1.5s
信道的标准化	ITU	—	ITU	ITU	ITU
视频节目编码	H.264	H.264	H.264、VC1	H.264	H.264
音频节目编码	AAC	AAC	MUSICAM、BSAC/AAC	AAC	AAC
统计复用增益	良	良	差	良	无
时域功率减少	有	有	差	无	无
频域或码域功率减少	无	有	无	有	有
使用 850mAh 电池时的视频观看时长	2h	目标 4h	2h	1.2h	目标 4h
每个发射机的频道数（384k）	9	20	3	20	13
每频道带宽	300kbps	300kbps	250kbps	512kbps	230kbps

9.3.2　实现手机电视的技术条件

1. 信道

手机电视系统是通信系统的一个子类，信道处理对手机电视传输具有重大影响，这主要体现在手机电视系统前端调制器部分。不同的标准都在信道处理上大做文章，目的都是实现好的信道传输，尽力降低干扰。

每种标准都优化了信道调制技术。例如，DMB 与 DVB-T 都使用了 COFDM 传输方法，但两者在载波数目、载波间隔占用带宽及保护间隔等参数上都有所区别。

T/S-DMB 主要是基于 DAB 技术体系统，而 DAB 系统本身已经综合考虑了传输过程可能遇到的干扰因素，所以可以说 DAB 的信道处理技术就是 T/S-DMB 的信道处理技术。

2. 信源编码

信源编码方面，H.264 凭借高压缩率和优异的图像质量，正在逐步取代 MPEG-2，成为手机电视中最为理想的信源压缩编码标准。

H.264 标准是 ITU-T 的 VCEG（视频编码专家组）和 ISO/IEC 的 MPEG（活动图像专家组）的联合视频组（JVT，Joint Video Team）开发的标准，也称为 MPEG-4 AVC，它作为 MPEG-4 Part10，是"高级视频编码"。在相同的重建图像质量下，H.264 比 H.263 节约 50%左右的码率，压缩率比 MPEG-2 高出 2～3 倍，1Mbps 速率的图像数据接近 MPEG-2 中 DVD 的图像质量。

H.264 的应用范围非常广阔，可以适用于多种网络，其高效的编码性能可满足多种应用的需求，目前主要应用于基于电缆、卫星、Modem 等信道的广播，视频数据在光学或磁性设备上的存储，基于 ISDN、以太网、DSL，无线及移动网络的公话服务、视频流服务、彩信服务等。在可视电话（固定或移动）、实时视讯会议系统、视频监控系统以及因特网视频传输等方面，H.264 表现同样出色。

H.264 采用了许多新技术来提高压缩效率，其主要技术特点包括：4×4 类 DCT 整数变换及其相应的量化方法；7 种宏块预测模式，运动估计和补偿更加精确；多参考帧；帧内预测；改进的去块效应滤波器（Deblocking filter）；增强的熵编码方法 UVLC（Universal VLC）、CAVLC（Context adaptive VLC）和 CABAC；1/4 像素插值；宏块级逐行、隔行自适应编码 MBAFF 等。H.264 的码流结构网络适应性强，增加了差错恢复能力，能够很好地适应 IP 和无线网络的应用。

H.264 标准的使用，提供了更高的压缩性能，降低了对网络带宽的需要，对网络传输具有更好的支持，有较强的抗误码特性，可适应丢包率高、干扰严重的无线信道中的视频传输。它可使帧速率加大，改善视频质量、降低功耗、提高传输速率、增强视频效果，以适应真正的 EDGE/3G 时代。

目前，DVD 联盟、日本广播电视公司、欧洲 DVB Steering Board、美国数字电视的卫星传送等机构都已采纳 H.264 标准。

3．终端设备

手机电视终端的开发首先需要高集成、体积小、重量轻、耗电省的手机电视芯片。如果是 3G 方式实现的手机电视，终端只需要在软件上进行修改即可。而如果采用了广播式手机电视系统，则需要在手机上安装电视接收模块和专用的电视信号处理芯片。一般来说，手机终端需要三颗独立的芯片分别完成射频、基带和存储功能。提供集成的单芯片是今后发展的趋势。手机电视标准的不同带来了芯片的多样化，所以手机电视芯片的设计应尽量降低器件成本和功耗，缩小尺寸，支持多种标准，并进一步提高集成度。

除了芯片外，手机电视终端还必须开发出高容量、体积小、寿命长的手机充电电池。手机终端在追求高性能计算通信和彩色多媒体的同时，要消耗大量电能，数字电视信号信道解调、数据解压缩等超大规模集成电路耗电量都很大，这些都对电池的电能存储量提出了更高的要求。在这种情况下，目前使用的锂离子电池似乎显得有些力不从心。手机电池要尽量延长待机时间，就需要考虑以下几方面：采用低耗电量的手机电子元件和合理设计；提高手机的发射接收效率；寻找高能活性材料，以提高手机电池的能量密度。目前新一代的手机电池有锌空电池、燃料电池、太阳电池和手摇电池等。

显示屏是手机终端的关键部件，同时也是用户操控手机的入口和观看信息内容的窗口，必须要高精细化、高像素数、大屏幕、多色彩位数，并还要低电能消耗，这样才能满足需要。过去几年来，由于 LED 效率的提高，以及透镜膜、反射膜和导光设计的改进，显示屏背光照明效率已大大提高。然而，这些改进并没有带来低功耗，因为显示亮度也在同时提高，目前超过 $200cd/m^2$ 的显示亮度已不稀罕。虽然发光效率和背光亮度的提高可获得更鲜明的彩色显示效果，但要想在户外也获得良好的彩色显示效果，这些还是远远不够的。测试结果表明，要想在户外晴天光照下看到清晰的半透反射式显示图像，背光亮度要达到目前水平的 10 倍才行。鉴于有限的移动电话电池容量，不管背光照明效率有多高，这一亮度的提高几乎无法实现。显示制造商必须开发可在反射模式下提供高质量图像的半透反射显示器以及将整个显示系统考虑进去的技术。

9.4　EDGE 系统中的手机电视业务

9.4.1　系统架构

EDGE 系统的手机电视网络架构如图 9.1 所示，从图中可以看出终端是通过 EDGE 无线接入网接入到移动核心网中的，与手机电视相关的核心网网元仍然是 GPRS 业务支持节点（SGSN，Serving GPRS Support Node）和 GPRS 网关支持节点（GGSN，Gateway GPRS Support Node）。GGSN 通过互联网与流媒体服务器相连，该流媒体服务器用于向用户提供具体的手机电视业务。

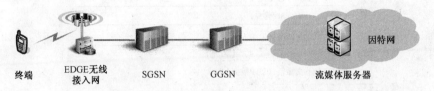

终端　　EDGE无线　　SGSN　　GGSN　　　　流媒体服务器
　　　　接入网

图 9.1　EDGE 系统的手机电视网络架构

前面已经介绍过，EDGE 技术由于物理层采用了 8PSK 调制技术，所以理论上可以达到 475kbps 的数据传输速率，是 GPRS 数据传输速率的 3 倍，已经超过了 3G 数据业务所需的 384kbps 的数据传输速率。所以 EDGE 网络可以很好地支持手机电视业务，从而使电视画面更加流畅。

9.4.2　信令流程

移动通信网络中的手机电视业务属于多媒体流业务，而多媒体流业务目前正受到越来越多的关注。在使用流媒体业务时，流媒体服务器与客户终端之间会建立起一条连接，并以译码器所需要的比特速率或播放速率（Playout Rate）向终端发送流媒体数据。播放速率由压缩算法、颜色深度、终端屏幕大小分辨率及流媒体每秒的帧数来决定。接收到流媒体数据后，终端将以很小的延时或没有延时进行播放，这取决于终端使用的缓存机制。

根据 IETF 的控制和传输协议，如实时流协议（RTSP，Real-Time Streaming Protocol）、实时传输协议（RTP，Real-Time Transport Protocol）和会话描述协议（SDP，Session Description Protocol），3GPP 已对多媒体流业务进行了规范。

RTSP 是一种应用层客户－服务器协议，它使用 TCP 作为其传输层协议。该协议用于控制实时流媒体数据的传输，它允许以某种特性建立一条或多条数据流。在传输过程中（如播放、暂停等），该协议还可以发送控制命令，但该协议本身并不能承载数据。媒体流是通过 RTP 协议进行传输的，它由 UDP 来承载。

表示描述（Describe）定义了由 RTSP 控制的一组不同的媒体流。表示描述的格式没有在规范中进行定义，但是它通常使用会话描述格式 SDP，而 SDP 已在规范中进行了详细的定义。SDP 包括数据编码信息（如平均比特速率）和媒体流使用的端口号。每个媒体流都可以通过一个 RTSP URL 来进行标识。该 URL 指向负责处理特定手机电视流媒体服务器。流媒体客户端和服务器之间的应用层信令交换如图 9.2 所示。

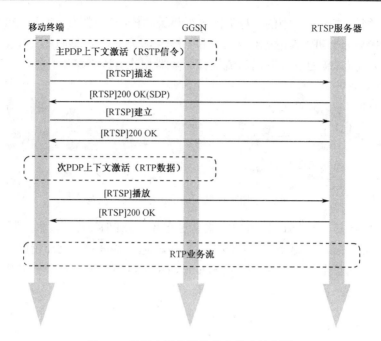

图 9.2　手机电视流媒体业务信令流程图

　　首先，在手机终端和手机电视服务器之间为 RTSP 信令激活一个主 PDP 上下文。在与手机电视流媒体服务器之间建立了一条 TCP 连接后，终端便向手机电视流媒体服务器发送一个 RTSP 描述（RTSP DESCRIBE）请求。该请求说明了服务器即将发送的流媒体的相关信息。该信息包括流媒体的编码方式和相应的 UDP 端口号。

　　随后，手机电视流媒体服务器将返回一个 200 OK 的响应，该响应包括一个 SDP 格式的表示描述。SDP 描述了终端所要接收的流媒体。需要注意的是，在 IETF RTSP 规范中对于流媒体发起阶段并没有规定必须使用表示描述方法。但是，在 3GPP 所定义的透明端到端流媒体业务规范中，必须使用表示描述方法来承载流媒体描述。

　　在接收到 RTSP 确认后，手机终端将向手机电视流媒体服务器发送 SETUP 请求。该消息指明了媒体流的传输信息，包括终端要使用的 RTP 流的 UDP 端口号。表示描述和相应的 200 OK 消息中所给出的端口号仅是建议值，该值可以被 SETUP 请求和 200 OK 响应消息中的端口号所忽略。手机电视流媒体服务器通过向终端发送 200 OK 消息来对 SETUP 请求进行确认。

　　随后，将激活一个用于媒体流（RTP 流）的次 PDP 上下文。在该过程中，终端需要与网络对 RTP 流所需的 QoS 进行协商。另外可以通过相关的控制协议，如实时传输控制协议（RTCP，Real-Time Transport Control Protocol），来监视 RTP 会话的质量。一旦流媒体所需的资源被成功预留，那么终端将向流媒体服务器发送播放（PLAY）请求，从而开始媒体流的传输。在进行了确认（200 OK）后，服务器便开始向终端发送 RTP 手机电视媒体流。

在手机电视媒体流开始传输后，手机终端的应用层并不立即处理这些数据，而是将这些数据进行缓存，以便对网络的延时抖动进行补偿。这样由于缓存原因，用户体验的初始延时就会增加。如果在传输过程中缓存中的数据低于某个门限值，就会触发重缓存过程，此时应用层将停止为终端用户处理数据。对于用户而言，较好的体验就是在整个会话过程中不会发生重缓存过程。由于 EDGE 网络有足够快的数据传输速率，因此用户对手机电视业务的体验是很不错的。

9.4.3　移动网络中 MBMS

目前，手机电视业务都是通过点到点的连接方式来实现的。这样如果手机电视内容服务器要向多个用户传送多媒体信息，就必须与每个接收者都建立并维持一条连接。然而这种手机电视的实现方式只能支持少数或中等数目的手机电视用户，一旦用户数目增大，这种实现方式将对现存的网络造成巨大的压力。一方面，内容服务器要建立多个内容相同的并行连接，虽然技术上没有问题，但是这样做是非常不经济的；另一方面，频谱资源是有限的，而且是昂贵的，因此当多个用户位于同一小区而且接收相同业务时，该小区的无线链路将成为瓶颈。由此可以看出，点到点的承载方式非常低效，必须通过点到多点的承载方式来高效地支持广播/组播业务。

几年前 3GPP 和 3GPP2 就已经开始分别为 GSM/GPRS/EDGE/WCDMA 和 CDMA2000 制定广播/组播业务了。在 3GPP 中将其称为多媒体广播和组播业务（MBMS，Multimedia Broadcast and Multicast Service），而在 3GPP2 中则将其称为广播和组播业务（BCMCS，Broadcast and Multicast Service）。本节仅介绍与 EDGE 网络有关的 MBMS 技术。

1. 多媒体广播组播业务

对与 EDGE 移动网络来说，多媒体广播组播业务 MBMS 具有下列特征：
- 具有控制广播/组播业务传送的能力，在 MBMS 中将其称为广播/组播业务中心。
- 在核心网中对广播/组播数据流具有路由功能。
- 在小区内具有用于点到多点的高效的无线承载方式。

图 9.3 所示是 3GPP MBMS 结构中各个网元的连接结构图。其中广播/多播业务中心（BM-SC，Broadcast Multicast-Service Center）是新增加的网元，主要负责提供和传送移动广播业务。BM-SC 是 MBMS 中内容传送服务的输入点。它负责建立、控制核心网中 MBMS 的传输承载，还负责 MBMS 传输的调度和传送。同时，BM-SC 会向终端设备提供业务通知，该通知包括终端想加入 MBMS 业务的所有必要信息（如组播业务标识、IP 组播地址、传输时间、媒体描述等）。此外，BM-SC 还用于产生来自内容提供商的数据话单，并负责管理组播模式下的安全问题。

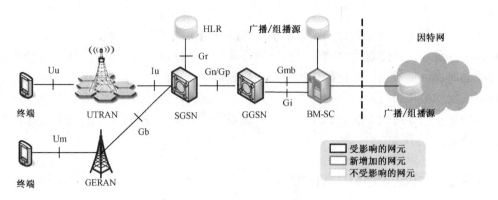

图 9.3　3GPP 中 MBMS 的网络结构图

　　MBMS 标准没有强制如何实现 BM-SC 的这些功能。制造商可以把它们做成单独的节点，也可以将它们集成到现存的网络节点中。在核心网络中，MBMS 和 BCMCS 需要增加一些用于创建、管理广播/组播数据分配树的功能和协议消息。

　　MBMS 另外一个重要特点就是允许运营商以非常小的粒度对特定区域定义广播/组播业务。这些地理区域按照 MBMS 业务区域进行配置。核心网中的每个节点将通过下游节点列表来决定它需要向哪个节点转发 MBMS 业务数据。在 GPRS 网关支持节点（GGSN，GPRS Gateway Support Node）层，上述的列表包括数据应当被转发到的每个服务 GPRS 支持节点（SGSN，Serving GPRS Support Node）。在 SGSN 层，该列表应当包括 WCDMA 无线接入网中需要接收数据的每个无线网络控制器（RNC，Radio Network Controller），或者是 GSM 无线接入网中需要接收数据的每个基站控制器（BSC，Base Station Controller）。对于以组播方式操作的其他业务，核心网会根据用户当前注册的业务来管理一个动态数据分配树。在 IP 组播时，核心网的每个节点都向服务注册用户的下游节点来转发 MBMS 数据。

　　下面的例子可以说明使用流媒体业务时移动广播实现方式的优势。图 9.4 中所示的几个手机电视用户分别观看三类不同频道的流媒体，它们都是通过单播方式来实现。在这种情况下每个用户与流媒体服务器间都要建立一条独立的流媒体连接。服务器和网络业务的负载与用户的数目直接相关。在该例子中，由于总共有 10 个用户使用该业务，因此流媒体服务器必须处理 10 个流媒体连接。不难看出，随着用户数目的增加，服务器的负载将迅速增加，同时核心网和无线接入网的业务量也会大大增加。

　　如图 9.5 所示为同样情况下由 MBMS 支持的手机电视业务。在此情况下，服务器只向 MBMS BM-SC 传送三个媒体流，每个频道一个。每个频道的数据流在核心网内根据需要单独进行复制。从图中可以清楚地看出，此时的流媒体服务器只需要同时处理三个媒体流。在无线侧 MBMS 方式使用了三条并行的广播信道，这样就可以很好地解决无线侧的瓶颈问题。其实，在 3GPP2 中 BCMCS 也是这样实现的。

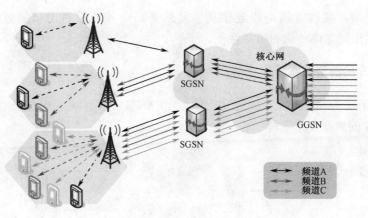

图 9.4　非 MBMS 支持的手机电视业务

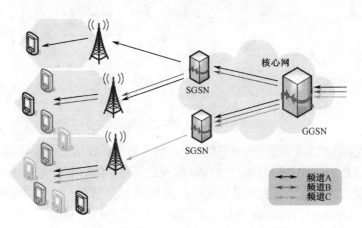

图 9.5　MBMS 支持的手机电视业务

此外，MBMS 除了支持上述的流媒体传送方式外，MBMS 还支持任意文件从一个数据源到多个接收者的高效下载。目前 MMS 的传送也是采用点到点方式，在将来则可以通过标准接口与 BM-SC 相连，用 MBMS 来传送 MMS 业务，这样便可以方便地通过 MMS 向用户发送视频片断和体育赛事。

通过 MBMS 的广播/组播方式来传送文件是需要特别注意的。在下行方向，广播和组播都是单向传送的。因此传输控制协议（TCP，Transmission Control Protocol）是不能使用的，因为 TCP 协议需要一条双向连接。为此因特网工程任务组（IETF，Internet Engineering Task Force）提出了单向传输的文件传送（FLUTE，File delivery over Unidirectional Transport）架构。FLUTE 架构是将用户数据报协议（UDP，User Datagram Protocol）作为它的底层传输协议。然而 UDP 是不可靠的，因此 FLUTE 便通过增加前向纠错码（FEC，Forward Error Correction）来增加对封装数据的保护。但是再强的纠错方式也不能保证传输得毫无差错，因此 MBMS 还定义了点到点的文件修复过程。在广播数据传送完成后，如果发现文件有错，接收者便可以连接到修复服务器上并要求对出错的数据重传，这样 MBMS 便可以保证文件传输的可靠性了。

2．MBMS 的典型工作流程

如图 9.6 所示为 MBMS 的典型工作流程。BCMCS 的工作流程也是类似的，所以此处仅说明 MBMS 的典型工作流程。

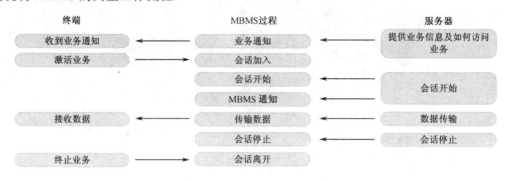

图 9.6　MBMS 会话的典型流程

开始，特定的 MBMS 业务信息被送到业务服务器中，该信息通常被看做是业务通知。业务通知提供了相应的业务信息和终端访问的方式。将 MBMS 业务通知传送给终端用户可以有多种实现方式，最简单的就是将其存储在 Web 服务器中，用户可以通过超文本传输协议（HTTP，Hypertext Transfer Protocol）或无线应用协议（WAP，Wireless Application Protocol）来下载；当然也可以利用现存的短信或彩信的推送（Push）机制来传送该业务通知；还可以利用专门的 MBMS 业务通知信道来传送。

在终端用户接收到业务通知后，用户使用业务的方式取决于业务是广播方式还是组播方式。如果业务是广播方式，那么用户终端只需要简单地"调谐"到相应的信道（在业务通知中有详细的参数描述）即可。如果业务是组播方式，那么用户必须向网络发起会话加入（session join）请求，这样用户便会成为相应 MBMS 业务组的一位成员，就可以接收到组播业务的数据了。

在传输开始时，BM-SC 必须向 GGSN 发送会话开始（Session Start）请求。然后 GGSN 将分配所需的因特网资源，并将该请求前转到相应的 SGSN，这些 SGSN 同样根据业务质量（QoS，Quality of Service）来分配所需的无线资源。最后，MBMS 业务组中的终端将被通知要开始传送组播业务数据了。

服务器接着将多媒体数据发送给 BM-SC，随后 BM-SC 会将这些数据转发到 MBMS 的承载层。这样数据便会发送到加入 MBMS 业务组的所有终端了。

最后，服务器发送会话结束（Session Stop）通知，表示数据传输阶段已经结束。想离开 MBMS 组播业务的终端用户可以向网络发送业务离开（Service Leave）请求，随后网络便会将该用户从 MBMS 业务组中删除。

3. EDGE 中的广播/组播无线承载

在 GSM 系统中，MBMS 使用 GPRS 或 EDGE 中的分组数据信道（PDCH，Packet Data Channel）作为其点到多点的无线传输承载。在数据链路层上采用无线链路控制协议（RLC，Radio Link Control）和媒体接入控制协议（MAC，Media Access Control）。

早期的仿真说明直接使用 MBMS 承载时，其性能并不令人十分满意。因此为了提高性能，又增加了下面两种增强机制。

- 具有自动请求重传（ARQ，Automatic Repeat Request）的 RLC/MAC：也称为分组下行确认/非确认（PDAN，Packet Downlink Ack/Nack）模式。该模式下在给定的小区中，最多可以提供 16 个终端的会话反馈。这样如果 RLC 数据块传输出错，便可以通过重传来增加冗余保护。
- 无 ARQ 的 RLC/MAC：也称为盲接收模式。该模式下的 RLC 数据块在传输前按照预先定好的次数进行重复，以此来实现冗余保护。

9.5　业务模式和应用环境

9.5.1　行业政策和产业标准

发展手机电视业务不能不考虑政策监管方面的问题。在国际上，各国在广播和通信领域一般都有不同的政策，多数还会由政府部门来管理，也都对相应领域的企业有着严格地限制。在我国，广电总局有关手机电视业务的相关政策尚未出台，具体操作还无法可依，而信息产业部的牌照问题也一直未予以发放。这些管理部门政策制定相对滞后，在一定程度上限制了手机电视业务的发展。此外，目前广电部门既没有建立起属于自己的产业体系，也没有形成运营体系，更没有主控的产业标准。电信部门的产业链条虽然已初显雏形，但是下一步该如何走，特别是在涉及广电部门的内容制作及节目源如何把握方面，目前还没有清晰的轮廓。如何使广电系统和电信部门联起手来制定一个明确的产业标准，已经成为手机电视发展的当务之急。此外，我国的手机电视传输标准和频率规划尚未确定也使手机电视业务发展的节奏受阻，影响投资力度。

9.5.2　市场动向和运营模式

手机电视业务发展的时间不长，但增长的势头较快。手机电视业务将是 3G 时代最重要的应用之一，随着 3G 商用前景的逐渐明朗化，手机电视业务也凸现出新的发展机遇。从全球市场来看，目前日本和韩国占据了世界范围内手机电视的绝大部分市场。此外，在美国及欧洲的英国、意大利等国也已经有了不少手机电视用户。据预测，亚洲将是手机电视服务最为普及的地区，其次是美国、欧洲及中东等国家和地区。在国内市场上，手机电视是 2005 年以来中国移动、中国联通大力推广的移动增值业务。但是目前该业务受到网络速率低、标准不统一、手机终端价格高、节目内容少、费用成本高等因素的困扰，短期内用户接受程度仍较低。据分析，中国手机电视市场还需要 2～3 年的市场预热之后才能有大规模的发展。有预计表示，在未来几年，中国手机电视市场将呈高速增长，2008年中国手机电视的用户可达到 2800 万户，手机电视业务市场规模将会达到几十甚至上百亿元。

手机电视业务的运营模式也非常重要。手机电视业务的运营模式可以有多种，按照我国的情况可能存在三种运营模式，即电信运营商单独运营、广电运营商单独运营和两者合作运营模式。运营模式的不同，会形成不同的价值链，存在不同的主导利益方。但是从大的方向看，广电与移动运营商合作模式更能够更好地发挥每一方的优势，实现利益的最大化。

受国家政策的影响，广电运营商在运营手机电视业务方面具有一些先天的优势，广电系统可以构建面向移动设备的数字广播网络，向移动用户提供手机电视业务，该网络能够进行内容的制作、采编和频道的集成等。但目前广电网络只能够提供下行通道，这对于手机电视业务的开展会产生一些障碍，如用户认证问题、计费和收费问题、无法提供节目定制和互动等用户个性化服务等。

电信运营商单独运营可以分为两种方式：一种是移动运营商利用移动通信网自身的技术作为下行向用户提供手机电视业务；另一种则是利用如 MBMS 等数字广播电视技术作为下行向用户提供平板电视业务。第一种方式由于移动网本身就具备用户认证、管理及计费等功能，因此很容易实现视频节目的定制和互动等操作，但存在频率使用的经济性问题。第二种方式则是电信运营商建设一个与其移动蜂窝网络融合的采用 MBMS 等数字广播类技术的下行网络。在此种方式下，广电运营商可能仅成为电信运营商的内容提供者，而电信运营商要获得广播电视业务的运营许可也会比较困难。

从前两种运营模式可以看出，向手机用户提供视频节目，可以使用移动网络，也可以使用广电网络。移动网络的优势在于交互性和计费优势，而广播电视网络则更适合向大规模用户传送节目，成本更低。如果将两个网络融合在一起，就可以开展更为丰富的业务。例如，可以使用广电网络接收电视节目，也可以将移动网络作为广电网络的上行信道。而手机作为融合的终端，具有得天独厚的优势。因此，广播电视技术与移动网络的融合被看成是手机电视业务的发展趋势。

合作之后的广电运营商不必再考虑移动用户管理的问题，通过与电信运营商进行网间结算即可获得收入；而电信运营商则通过合作解决了频率资源紧张和经营许可的问题，也不必增加大量建设广播电视网络的投入。另外，与广电厂商的合作也可以解决电信运营商内容匮乏的问题。

9.5.3　国内外手机电视发展状况和影响因素

目前，从全球的情况来看，尽管手机电视业务的推广还有不少障碍，但许多国家仍争相进入手机电视领域。各国的主要移动运营商都积极致力于开展手机电视业务，许多著名的企业也开始推出各自的电视手机产品。

韩国正在大力推动手机电视业务，利用卫星和移动网络向公众传送视频和音频节目的数字多媒体广播业务（DMB）。韩国 DMB 业务的主要推动者是 SK 公司。SK 建立了一个新的合资企业 TU 媒体公司，并牵头组成了由 19 个手机制造厂商参加的"手机开发协议会"，旨在开发多种类型、功能及价格的终端产品。为了建设业务系统，SK 电信公司于 2004 年 3 月发射了专用卫星，主要功能是向移动电话、手持通信设备或车载设备发射电视节目。他们还已于 2006 年开始 DMB 移动广播业务的商业运作，向用户提供个性化的电视节目，首先推出 11 个视频频道和 25 个音频频道。

在美国，手机电视业务是通过移动通信网络，以流媒体的方式来实现的。2003 年 11 月，美国 Idetic 的公司推出了 MobiTV 系统。通过该系统，运营商只需基于现有的移动网络，便可以给手机用户提供直播电视业务。但由于流媒体点播形式占用资源，因此画面不够连贯。接着，美国 SmartVideo 公司利用微软公司（Microsoft）影像压缩技术 Windows Media 9 开发了向手机实时发送电视影像的系统，画面的连贯性得到大大提高。美国 Idetic 公司又宣布推出全新手机电视直播服务，并谋求与有线电视节目提供商合作。而美国 Sprint 公司的注册用户则可以通过自己的手机观看包括三个音乐频道在内的电视节目。在美国 Sprint 公司推出的 MobiTV（移动电视）服务中，用户可以看到一些主要网络传送的电视节目，以及 MSNBC、探索频道和学习频道的电视节目。

欧洲的数字手机电视业务虽然还处在试验阶段，但他们已经采用地面广播（DVB-H）标准。目前正在进行的最大的试验性项目主要有 Instinct Project 和法国 TDF 集团在芬兰进行的 FinPilot 计划，而另一个项目移动广播整合（BMCO）计划也正在德国柏林进行。

日本的广播电信企业早先曾联合宣布，他们将推出专门针对手机的数字广播电信节目。鉴于此，日本的移动运营商正联合各方力量，研发能够收看数字电视节目的手机终端。

2005 年以来，中国移动和中国联通先后推出了基于蜂窝移动网络的手机电视业务。中国联通也把"手机电视"定位为增值业务的工作重点之一，并推出了新的业务品牌"视讯新干线"。联通手机电视业务依托于 CDMA 1x 网络，用户用支持流媒体的手机无线下载一个流媒体播放软件，设立一个缓冲区就能在线看电视。2003 年年底，中央电视台与北京移动合作完成了电视节目在 GPRS 网上的实时直播试验。在 2004 年 CCBN 展会上，中央电视台又与中国移动合作在数字奥运展厅搭建小规模 3G 试验网络环境，为参观者展现高清晰度的手机电视直播体验。中国移动在北京地区向本地手机用户开通在线直播或点播的流媒体音视频节目内容试用服务，用户可以通过登录移动梦网 WAP 站点来体验手机电视。

9.5.4　发展手机电视的策略建议

从长远来看，随着移动通信网络带宽的加大、业务资费水平的下降、具有视频功能手机的日益普及，手机电视将会获得更加广阔的发展空间，全面进入大众生活。有助于发展手机电视业务的积极策略有以下几点。

首先是颁布法律法规。国家广电总局在支持发展手机电视的同时，将会陆续出台关于新媒介的政策和法规，包括一些具体的操作细则。手机电视的未来发展将会有法可依，驶入健康发展的轨道。

其次是提供技术保障。手机电视今后将会解决视讯产品的互通性，实现不同视讯网络的互联。随着新技术的不断开发，手机电视画面质量逐步提高，各项资费显著降低，从而为手机电视进入大众生活提供强有力的技术支持。

再次是整合媒介资讯。手机电视可以充分利用自身优势，整合报纸、广播、电视、电影、网站的信息资源，发展成为复合性多媒体，成为大众生活的贴身伴侣。

最后是拓展服务领域。手机电视将会建立起多功能的服务平台，为大众生活提供各种便利，如订阅新闻、电子商务等，同时还将提供为不同的受众量身定制不同的新闻节目，而且还将开展多种形式的市场交易服务。

手机电视业务虽然极具发展潜力，但现在尚处于发展初期阶段，其实现技术多种多样，面对未来广阔的发展前景，各种实现技术之间的竞争在所难免。我们应该根据自身的实际情况尽快开展相关的技术研究，确定适合中国国情的技术标准和技术方案，探索合理的商业运作模式，制定有针对性的监管政策，为手机电视业务的良性发展奠定基础。无论手机电视采用哪样的技术形式和实现方式，能带给广大用户更方便、更快捷、更生动的应用体验，才是手机电视发展最根本的前提和保障。

9.6　手机电视市场的发展

手机电视是电信与广播行业融合的起点之一。据调查报告显示，全球在未来 5 年内将有大约 1.25 亿用户通过手机来观看电视节目，届时该项业务收入估计将由目前的 2 亿美元增加至 270 亿美元。手机电视将会把终端市场打造得更为精彩，给通信产业链上各环节都带来效益，给消费者的生活带来更加丰富的内容。手机电视的发展，受到全球业界青睐。

9.6.1　市场发展现状

英国研究公司 Portio Research 曾预测，2006 年亚太地区的手机用户将突破 10 亿，到 2011 年这一数字将增加至 20 亿。该公司还指出，从 2006 年初至 2011 年末，手机用户的增加将主要集中在中国、印度、巴基斯坦、孟加拉国、泰国、印度尼西亚、越南和菲律宾。到 2011 年，亚太地区的手机用户将占到全球手机总用户的 50%，而中国和印度的手机用户将超过 11 亿，也是世界上最大的手机市场。预计到 2010 年，亚太地区将拥有 6.84 亿移动电视用户，约占世界总用户的 55%。

1．出货量显著增加

据 IDC 发布的调查结果显示，2004 年全球手机出货量为 6.84 亿部；2005 年全球 IPTV 用户达到 370 万；到 2009 年，预计全球至少 10% 的手机用户将成为手机电视和视频广播业务的用户。而日本和韩国将走在手机电视市场的"浪尖"。

手机电视出现罕见的大幅度增长，这成为手机产业发展史上的一个重要里程碑。无论是在欧美等成熟市场，还是在非洲等的成长市场，均出现了换用新款彩屏、新功能手机的热潮。而在欧洲、日本和美国等地，部分消费者已经能够通过 3G 网络享受到全新的移动互联网服务，这促进了 3G 手机销量的持续增长，如摩托罗拉在一个季度内就售出了 200 万部 3G 手机。此外，俄罗斯和印度等新兴无线市场的需求增长，也是带动手机销量增加的主要因素。阿联酋的 Etisalat 公司于 2004 年 10 月宣布，与 Abu Dhabi 电视台签署合作伙伴协议。根据该协议，Abu Dhabi 电视台将为 Etisalat 的 3G 手机提供实时的电视节目，Etisalat 的 Mubashir3G 业务用户，可以在移动的环境下观看电视节目。另外，NTT DoCoMo 也宣布，从 2004 年 11 月 2 日开始，日本的 3G FOMA 用户可以和新加坡 SingTel 的 3G 用户互通可视电话业务、互通视频电话。日本的 FOMA 用户已经可以与和记公司在英国和中国香港的用户互通视频电话业务。

2．国外的手机电视业务

自 1999 年英国的 VideoNetworks 向用户提供 IPTV 服务起，国际运营商纷纷开展 IPTV 服务测试并推出相关业务。尤其在 2003 年后，欧洲、北美和亚太地区的运营商在 IPTV 的发展上倾注了前所未有的热情。美国、日本、韩国等国的主要运营商纷纷推出手机电视业务。

美国的手机电视业务是通过移动通信维普资讯 http://www.cqvip.com 网络，利用流媒体的方式来实现的。2005 年全美构筑了广播电视网络，进一步发展了手机电视业务。2005 年年底，美国手机电视用户数约 130 万；到 2006 年第二季度，美国的手机电视观众增长到 370 万人。整个季度的移动电视收入增加到了 8600 万美元，比第一季度增长了 67%。估计到 2008 年这个数字可以达到 1080 万，届时运营商由此获得的收入将达到 19 亿美元。

在日本，随着 3G 用户的增加，手机电视逐渐成为一种颇受欢迎的业务。预计到 2008 年底，日本将有 1080 万部手机可以收看电视广播。不过，此时的手机电视广播市场容量只会有 7900 万美元。到 2010 年，预计日本手机电视的用户将达到 2480 万，市场容量将会增长到 5 亿美元左右。

韩国也在大力推动手机电视业务的发展，利用卫星和移动网络向公众传送视频业务。SK 公司积极推进数字多媒体广播业务（DMB），其主要原因就在于韩国移动通信市场接近饱和，市场竞争不断加剧，SK 迫切需要寻找新的业务切入点。目前，韩国手机电视售价大约为 70 万韩元（5000 元人民币）。此外，月使用费大约为 3.2 万韩元到 3.4 万韩元。

欧洲的一些运营商也推出了用手机观看电视节目的业务。例如，芬兰的 Radiolinja 公司采用 WAP 技术，通过建立与移动媒体网站的连接，即可收看视频业务，视频内容包括卡拉 OK、音乐视频、喜剧片段、脱口秀和卡通节目等。波兰的 Polkomtel 推出了"VideoEraOmnix"业务，用户通过手机可以观看流行的电影和电视节目。目前，欧洲的手机电视业务还处在试验阶段，采用的是 DVB-H 数字手机 TV 标准。

3. 国内的手机电视业务

2004 年我国手机产销均突破 1 亿部。国产手机出口达 432.32 万部，占全部手机出口比例的 4%以上，外资企业生产的手机占到 95%以上。2005 年前 10 个月国产手机出口达 660 万部，增幅超过 60%。同时，国产手机的研发能力也大大提高，中兴、华为等生产的 3G 手机在国外市场受到了欢迎。2005 年外资企业加大了手机内销力度，开始由高端向低端市场渗透。面对这一市场变化，部分国产手机如联想等，在摄像、彩色等技术上快速提高，增强了适应市场的能力。中国现在已成为名符其实的手机使用国和生产国。我国的移动用户数量居世界第一，拥有全球手机近 1/3 产量、约 1/5 的销售市场。国内可以看电视的手机，都支持运营商手机电视业务。我国为手机电视业务的发展创造了良好的环境，2004 年以来，中国移动、中国联通等运营商也相继推出了手机电视业务。

（1）中国移动。2004 年 3 月底，中国移动在广州开始向全球通 GPRS 用户提供手机电视业务。2004 年 5 月，作为移动数据业务品牌的"银色干线"时尚业务正式推出。同时，广州移动还向西门子、索爱等厂家集中采购数千台手机电视终端，大力拓展市场。目前，浙江移动手机电视业务也已测试完毕，只要手机支持上网就可以实现用手机看电视；而深圳移动则已经对完成手机电视业务的技术支持。最近，上海文广与中国移动正式开通国内第一个面向全国移动用户的手机电视平台——"梦视界"，这标志着中国手机电视业务从"测试级"升级到"运营级"。中国移动全网手机 TV 业务于 2005 年 10 月下旬正式开通。

（2）中国联通。中国联通大力进军手机电视业务，把手机电视定位为增值业务的工作重点之一。2004 年 4 月，中国联通推出了基于 CDMAlX 网络的"视讯新干线"手机电视业务新品牌，目前已和 12 个电视频道达成了协议。联通手机电视业务依托于 CDMA 1×

网络，用户使用支持流媒体的手机，无线下载一个流媒体播放软件，设立一个缓冲区就能在线看电视。2004 年 12 月，天津联通开通了基于 CDMA 手机的掌上电视（GOGOTv），用户可以通过手机终端观看电影《功夫》的 10 个拆分片段。2005 年联通构建的面向 3G 网络的手机流媒体平台在重庆顺利开通，并进入试运行阶段，它采用国际标准的 3GPP2 协议，能在支持移动流媒体的手机上提供流畅、清晰的视频画面。2005 年 10 月，重庆联通手机电视业务平台顺利开通，并进入试运行阶段。目前，重庆联通手机电视可提供"城市眼"、"幽默短片"、"MTV"、"动感影院"和"在线 TV"五大内容。用户只要点击"互动重庆"栏目中的"视讯重庆"即可收看精彩的视讯节目。

（3）上海电视台。上海文广新闻传媒集团（SMG）下属的上海电视台已获得由国家信息网络传播视听节目行业主管部门核发的 IPTV 许可证。从 2005 年 1 月 1 日起，SMG 和上海移动招募 500 名有条件的上海移动用户免费试用手机电视业务，以便为今后 3G 时代手机电视业务的正式推广提供重要的商业模式参考依据。

4．设备制造商的积极投入

全球手机电视时代的到来，离不开终端产业价值链重要环节的努力。在芯片方面，芯片提供商不断开发出体积更小、集成度更高的手机电视芯片；在软件方面，软件开发商则致力于提高手机的业务处理能力，将功能更强大、占用资源更少的手机电视业务应用软件集成于手机操作系统中；在硬件方面，终端也开始配备尺寸更大、显示效果更佳的显示屏，从而提升手机电视的视觉感受。基于上述各个层面的努力，终端制造商最终打造出各种代表了发展潮流的电视手机精品。目前已经有诺基亚、摩托罗拉、索尼爱立信、LG 电子、三星电子等公司的多款电视手机上市。例如，LG 的电视手机产品就涵盖了 DVB-H、MediaFLO 及 DIVm（T-DMB 与 S-DMB）各大手机电视标准。其中，LG-V9000 可兼容 T-DMB 及 DAB，是真正意义上的一体化多媒体终端。用户可利用它独特的旋转宽屏，连续观看电视节目长达 3 小时，录制也可长达 1 小时。三星生产的型号为 SGH-P900、符合欧洲 WCDMA 标准的 T-DMB 电视手机具有强大的业务处理能力，消费者能够在打电话、发送短信的同时观看电视节目。该款手机已经在德国和法国成功地完成了测试，在德国举行的世界杯足球赛之前投放市场。

我国的中兴、华为、海信、TCL、宇阳科技等厂商也取得了可喜成绩。2005 年，中兴通讯就已经开始进入欧洲、拉美等地的高端市场，并取得了不俗的成绩。2006 年 3 月，中兴通讯在希腊主流电信运营商 Telepassport 的 IV 项目招标中中标，独享了高额的 IPTV 项目订单。

9.6.2　可观的发展前景

随着移动通信网络带宽的加大、业务资费的下降，以及具有视频功能手机的日益普及，手机电视业务还将会获得快速发展，并会形成相当大的市场规模，其发展前景非常可观。预计到 2010 年全球将有 1.25 亿用户使用手机收看电视，届时当年预计将会售出 8350 万台相关功能的手机。

1．可观的市场空间

据英国市场调研机构最新公布的一份报告显示，随着 2.75G 和 3G 手机的普及，到 2009 年，全球移动娱乐市场的销售收入将超过 590 亿美元；移动游戏市场的销售收入将分别达到 193 亿和 185 亿美元。到 2010 年，全球将有 1.25 亿用户收看手机电视节目，而亚洲将成为手机电视服务最为普及的地区，其次是美国、欧洲以及中东和非洲。

2．完善的产业链

手机电视业务的产业链主要包括播放软件开发商、手机生产商、业务内容开发商、移动运营商和手机用户等环节。随着市场的发展，运营商需要从更高层次以更有效的方式与产业链上的各方建立起新型的关系，如互动关系、双赢关系、关联关系等，以保持可持续竞争力优势。运营商应重视构筑手机电视业务市场产业链，关注产业链上各要素更多的经济利益，通过规模大、范围广、影响力强的活动来凝聚产业链的各方，充分调动其积极性，互相信任，共同发展。高通公司与 CNN、ESPN 和 Court TV 等一些电视节目供应商进行合作，对手机电视业务进行测试，并计划在 2006 年投资 8 亿美元，构建一个网络，用于向手机用户提供电视服务。运营商、内容提供商、终端制造商多方紧密合作，无疑将推动手机电视业务的快速发展。运营商和广电企业的频繁合作，为手机电视大发展奠定了基础。电信运营商双向互动的网络资源和广电企业精彩丰富的节目内容，将支撑起手机电视广阔的天空。

3．手机电视将成为杀手应用

专家们认为，移动电视和视频业务将是移动运营商提升 3G 网络业务收入的杀手级应用。调查资料显示，人们耗在电视上的时间远远高于手机，消费者对这种承载于移动网络的内容开始逐步接受。如韩国的移动电视和视频点播业务，尽管推出的时间比日本的 3G 业务迟，但现在用户比例已经是日本的 3 倍。

4．手机电视推向大众市场成为可能

由于手机电视支持视频流和视频内容下载，使运营商将移动电视推向大众市场成为可

能。移动电视和视频业务的前景就像当前无处不在的短消息业务一样，已经在全球流行。但目前过高的收费门槛影响了移动电视和视频业务应用的推广。所以，将 3G 技术和传统广播技术结合，走手机电视之路，是实现大众移动电视业务的最佳解决方案一些运营商已经开始了这方面的试验，为手机电视之路创造条件。目前已有运营商开通了移动电视业务，还有一些运营商正积极开通国际间的移动可视电话业务。

5．手机电视业务成为关注的焦点

手机功能的创新将成为企业追逐的焦点，也将成为消费者关注的重点。商务智能手机、拍照手机、电视手机、音乐手机及手机游戏已成为现在一种消费时尚。但已有运营商不再满足百万像素拍照手机、多媒体拍照手机、大众拍照手机及个性手机等的商用推广，发展手机电视将成为新方向、新时尚、新潮流。2004 年年底中国联通推出一款全新流媒体手机 LG C950，这款终端支持 3GPP2 流媒体标准的配备 324 万像素摄像头手机，可实现视频点播和下载业务、实时电视等功能。据预测，未来两三年内全球将有约 70% 的手机内置有数字电视接收装置。

6．集成终端设备将成为新亮

随着移动性应用的日渐普及，未来 3G 网络将承载各式各样的移动服务，包括流音频和视频、互动游戏及强大的商业应用，手机集成化趋势更加明显，集成终端设备将成为新亮点。消费者携带多个终端的概念（分别用于听音乐、看 DVD、玩游戏、进行无线通信等）将被集成终端设备所取代。手机在显示屏技术、CPU 处理速度、内存、操作系统等方面的迅猛发展，将使移动终端向着大存储容量、高传输速率、高清晰显示、多功能集成等方向不断迈进。

9.7　手机电视运营模式分析

9.7.1　手机电视运作模式

自从上海文广拿到第一张 IPTV 牌照，获准在手机终端上开展电视播出业务以来，南方传媒集团、中央电视台、中国国际广播电台、中央人民广播电台也相继获得了全国或地方范围的手机电视牌照，它们都在加紧筹备手机电视的播出业务。除此之外，各地运营商显然也看到了手机电视发展的巨大市场前景，纷纷绕开广电行业的壁垒，通过 WAP 渠道推出流媒体视频服务。例如，山东移动与山东广播电视局联手开通了"广视无限"，江苏移动开通了"江苏视界"，安徽移动与新华社安徽分社联合开通的"安徽移动新华手机报"也包括了手机流媒体服务的内容。手机电视行业的多方混战，不仅造成了技术传输标准难以统一，也给手机电视的市场运营带来了巨大挑战。纵观当前的手机电视市场，运营商大多采用以下几种商业运作模式。

1. 超市模式

当前国内的手机电视大多是借助蜂窝移动网络进行传送，手机电视的盈利主要依靠出售内容而赚取流量费。用户如同在超市选购商品一样，可以随意点击自己感兴趣的内容，通过下载或实时传送的方式收看电视节目。中国最早的手机视频点播服务出现在 2003 年 10 月的博鳌亚洲论坛期间。海南电视台新闻中心通过移动、联通两大运营商，专门制作了近 70 条有关博鳌论坛的视频新闻供用户点播。短短三天时间里，全国各地共有 3 万人次使用了这项全新的电视服务。

超市模式一般有两种收费方式。一种是计次收费，即按照用户实际 VOD 点播的数量来确定收费额。计次制能够解决一些对版权比较敏感的节目的观看需求，其针对的用户群也是以对该部分内容有特定需求的用户。它的内容以特定的资讯内容和影视服务为主，能够为用户提供一次性或有限次数的视频资讯服务。例如，热播的电影大片可以在手机上提供与影院同步的播放服务。另一种收费方式是通过包月的方式，每月向用户收取定额的流量费用，以此来提供相对充足的视频直播服务。包月制针对的是经常使用手机电视的大众用户，内容以新闻和日常视频为主，能够为用户提供随时随地的资讯服务，满足日常视频观看的需求。北京移动的神州行业务在 2005 年 7 月底就推出了 15 元上网流量封顶套餐。上海移动与东方龙公司推出的"梦世界"也是采取"20(WAP 包月)+10(信息费)"模式，向用户提供包括 6 套直播电视和 8 个栏目的电视节目 VOD 点播服务，内容涉及新闻、财经、体育、时尚、音乐、娱乐、滑稽等门类。

在超市模式中，移动运营商和 SP（移动互联网服务内容应用服务商）的关系是：SP 每个月向移动运营商申报业务，将产品的定位、内容、界面等交给移动公司审核通过。用户通过移动运营商的网络订制由 SP 制作的电视节目，最后再由移动运营商和 SP 根据协议进行利益的分成。

2. 独立运营模式

独立运营模式是 DMB 或 DAB 广播式手机电视采用的模式。这种模式摆脱了对电信运营商的依赖，节目内容和运营网络完全由广电企业提供，用户只需在手机终端加一块接收芯片，每月缴纳一定的费用，就可以收看电视。这种模式的运营收入主要来自月租费和广告费用。

2006 年，东方明珠宣布推出 DMB 手机电视业务。这是继"东方龙"之后，又一家"上海文广系"公司开始正式进军手机电视市场。其中，"东方明珠"负责提供无线广播网及频率传输，SMG 与其他节目提供商提供节目套餐。这种运营模式面临的问题是，它既缺少"财大气粗"的移动运营商的支持，又没有业已成形的网络资源。在市场推广初期，由于自身网络架设、设备购置、人员培训方面的大力投入，必然需要强力的资金支持。此时，如果将费用强加到用户的头上，无异于"涸泽而渔"，所以只能依靠插播广告的方式来填补空缺。它的缺陷是显而易见的：手机电视既不像家中的普通电视，也不像公交移动电视或楼宇电视，它是一种个性化、便携式的移动媒体终端，是一种私人化的信息媒介环境，采用强迫播送广告的方法，会使手机电视的推广应用价值大打折扣。同时，面对手机电视并不明朗的市场前景，恐怕还没有哪个广告商会贸然跟进，因此这种方式可以说是两头不讨好，至少不适用于现时期。

3．混合模式

从欧美、日韩等国家的情况来看，他们倡导的方案是"数字广播电视网络＋无线通信网络"的 DVB-H 标准。在这种方式中，下传信号通过高带宽的数字广播电视网络进行传输，而上传信号则利用现有的移动通信网络。这样既实现了高清晰电视节目的传送，又可利用电信企业双向网络和计费的优势，提供互动增值服务和收费的功能，同时，利用渠道优势，将手机电视演化成"手机电视商场"，开辟电子商务的移动销售渠道。这种"广播+移动增值+电子商务"的运营模式充分利用了手机电视互动、丰富的信息资源优势，实现了产业链条的扩充和整合，为利益的最大化创造了可能，是较切实际的一种盈利方式。

在这方面，韩国、日本的经验可供我们借鉴。韩国用户在用手机看电影的同时也可以点击屏幕查看电影演员的履历和相关的花边新闻；如果是在收看烹饪节目，用户还可以将菜谱方便地调出、存储或直接打印出来。而日本的电视手机则一般由两块屏幕组成，一块用于显示视频图像，另一块则专门用则显示相关商务、娱乐信息。

9.7.2　手机电视的阶段化运营策略分析

从近年来举行的 3GSM 大会和 Cebit 两个国际性展会来看，无论是运营商还是制造商，对手机电视的市场前景都极为看好，人们都希望有一个关键的力量迅速将手机电视带入一个大发展阶段。其实，目前中国手机电视的技术标准尚未确立，无论今后的手机电视产业是基于 3G 平台还是基于数字广播式技术手段，都不可能在短时期内获得爆发性的增长，这更要求我们通过理性的思考来建立适宜其发展的运营模式，在不同的发展阶段，采取不同的发展策略。

1．市场导入期的运营策略

手机电视的导入期是指建立在现有的 2G 或 2.5G 网络平台上的发展时期。在这一阶段，手机电视业务刚刚起步，受众群体、运营模式、产业链都尚未形成，整个产业处于发展的投入期，运营成本较高，未来一两年内的盈利将比较有限，甚至大部分时候是在亏损运营。

在这一时期，单纯依靠收取高额的服务费用来获取利润不利于手机电视市场的培育。

计世资讯（CCWResearch）统计的数据表明，资费高低是影响用户使用手机电视业务的最主要因素（如图 9.7 所示）。"东方龙"业务在市场推广初期，就面临着手机终端价格和使用费用过高的问题，为其进一步拓展市场带来了极大的阻力。直到 2006 年 4 月，上海地区的手机电视用户只有几万人的规模。在这一点上，Cgogo（手机移动搜索引擎制作公司）的运作经验值得我们学习。移动搜索引擎技术在手机上的应用正处于起步阶段，为了吸引和挖掘更多的潜在使用者，Cgogo 采取了免费推广的策略，用户只需缴纳手机上网费即可开通使用。公司的技术总监潘凤文曾说："目前我们正处于市场开拓阶段，给用户提供的服务大部分都是免费的，等到用户切实体会到手机搜索的方便，对它有了依赖性之后，我们就要进行收费服务"。因此，对于手机电视而言，短时期内能否盈利并不重要。运营商不能指望在这一阶段赚多少钱。在当前的 2.5G/2.75G 网络上试推行手机电视业务可以引导用户需求，培养用户的消费习惯，同时树立自身的品牌形象，为今后的运营积累经验。

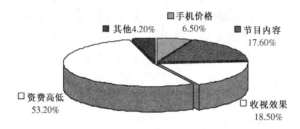

图 9.7　影响用户使用手机业务的关键因素

从导入期的受众群体看，业界普遍将其定位在高端商务用户，认为他们的购买力强、勇于尝试，但高端用户对看电视的需求似乎并没有那么强烈。研究者在一次调研中意外发现在上海周边地区的渔民中使用手机电视的不在少数，由于他们经常在近海处作业，虽然处于模拟电视信号传输的盲区，却有手机信号的覆盖，手机电视便成为他们晚间获取信息、借以娱乐的工具。这为我们打开了一条思路，手机电视的营销应当更为灵活，在深入进行市场调研的基础上，找到真正有使用需求和购买能力的群体进行重点营销。同时，运营商应当适时借用媒介营销手段，围绕手机电视的"比较优势"进行着力推广，如信息获取的即时性、信息体验的多媒体性、信息交流的互动性等。一方面让现有用户和潜在用户都了解其独特的优点，充分发挥其作为扩散的推动力的作用；另一方面，广告主和投资方往往是根据从媒介进行市场推广的力度来决定广告的投放，适当的媒介营销会为手机电视的早期成长带来急需的资本支持。

2. 快速成长期运营策略

在成长期内，EDGE 或 3G 平台开始搭建，DMB 系统开始普及，手机电视要想拥有大规模的客户群，就不能放弃低端群体。经历了市场导入阶段，其技术的"比较优势"已经逐步为消费者所认识，应当适时地将市场目标由高端向低端转变。对于中、低端群体而言，"比较优势"固然重要，但性价比对他们来说才是最为关键的因素。他们在等待合适的时机以合适的价格享受手机电视所带来的体验。这一时期。运营商应当针对用户需求，在划分用户类型（如高端、中端、低端）的基础上，有步骤地开发不同层级的产品，最大限度地影响潜在消费者的采用决策。

在资费策略方面，随着竞争驱动及平均运营成本的下降，手机电视业务的平均资费将比导入期低。在内容组织上，娱乐是年轻人的需求重点。除了影视短片、MTV、新闻等节目，文艺节目和体育赛事的实况直播将成为有效吸引受众、迅速扩大收视群体的最有效的途径。有调查表明，在美国，只要是大型体育活动等广受观众欢迎的节目，就会有 19% 的人付费收看；欧洲也是如此，尤其是对足球节目的兴趣更为浓厚。2006 年世界杯足球赛期间，德国移动运营商 T-Mobile 用流媒体向 3G 和 HSDPA 手机直播了 20 场比赛，并提供了世界杯全部 64 场比赛的精彩视频、专家评述，短短的二十天内即在国内赢得了大量的受众。上海文广新闻传媒集团也首次斥巨资从世界足联（FIFA）购得 2006 年德国世界杯足球赛中国地区的独家手机数字版权，充分发挥手机电视在实时直播、精彩回放、即时互动等方面的优势，建立了"东方龙掌上世界杯"互动平台。用户可以通过它浏览世界杯实时新闻、下载精彩进球集锦、收录心爱的球星身影，再也无须担心错过精彩瞬间，这也成为世界杯之夏的一道亮丽的风景线。

3. 发展成熟期运营策略

手机电视的成熟期也就是其真正实现平民化的阶段，它需要进行整个网络环境的改善，这阶段广电和电信将会通过合作，构建上述混合运营模式。此时便能将市场拓展重点放在持观望态度的普通大众，它在资费上已经没有门槛，广告商也会积极跟进。

随着用户的增长、手机电视市场价值的提高，内容开发上也应当更具特色。一方面，服务商提供的内容越来越丰富，部分开发成本较高的节目开始出现，如在线讨论、在线咨询等。更为重要的是，手机电视开始根据细分用户，着重制作分众化的节目内容，以适应受众的个性化需求。日本的 NTTDoCoMo 公司认为，用户并不会长时间地利用手机终端观看电视节目，而更愿意在特定的时间观看自己喜欢的节目。为了满足用户的这种需求，NTTDoCoMo 推出了 OnQ 手机终端，并提出了"元数据"的概念，用户可以通过输入描述性的数据来搜索、观看自己感兴趣的节目，并对各个节目进行随意切换。

在发展成熟期，手机电视产业将会出现专门的内容集成商。它们根据用户需求的差异和手机终端的特点，从内容制作商处订制节目内容，打包出售给网络运营商。网络运营商则会根据细分市场特点进行差异化营销，有效地拓展手机电视的市场规模，并制订合理的利益分成模式。以此延伸开来，手机电视将会吸引包括电视台、节目内容制作商、内容集成商、网络运营商、软件开发商、手机制造商等一系列企业的参与，最终形成完整的产业链条。只有通过各个环节的共同努力，才会在内容和服务上做出新意，真正激发用户的使用兴趣、激活市场，使手机电视业务的市场价值发挥到最大。

综上所述，手机电视的发展既不能急功近利，也不能照搬传统广电媒体的运营模式，而应当结合行业发展的阶段性特点，在受众需求和自身盈利方面积极、灵活地把握二者的侧重点，由此而采取适当的运营模式，才能应对市场出现的各种问题，保证我国手机电视产业健康稳定发展。

9.8　需要关注的问题

手机电视的发展前景非常看好，但在发展的同时还应关注以下主要问题。

9.8.1　管制问题

各国在广播和通信领域一般都有不同的政策，并由不同的政府部门来管理，对相应领域的企业也有严格的限制。例如，韩国的 SK 公司曾提出手机电视业务的申请，但由于韩国广播协会的阻止，开通被推迟。目前我国国家广电总局对手机电视的政策尚未出台，具体操作还无法可依。

9.8.2　技术成熟问题

从技术角度来看，目前手机电视业务的发展仍面临一系列技术问题需要进一步解决。首先是终端小型化的问题。手机上要接收微波数字电视信号，天线、数据读取解调、UHF（超高频）调谐器等必不可少，但是这些组件目前还未能达到小型化水平配置到手机上。其次是耗电量的问题。电视节目接收时耗电量过大，要想实现电视移动接收功能，必须大幅减少终端功耗，增加电池电量。此外还存在技术标准化等问题。

9.8.3　手机成本及资费问题

当前具备电视功能的手机种类还非常少，而且价格较高，业务使用资费也很昂贵。使用什么方式既能让用户接受又能让运营商赚钱，是有待深入考虑的问题。

虽然手机电视出现的时间不长，但其市场发展前景非常可观。随着技术与用户逐渐成熟、内容与应用日益丰富、标准规范与设备功能不断完善，以及运营商市场推广力度不断加强，手机电视业务将出现高速的增长。为适应当前激烈的市场竞争环境，为用户提供更好的产品和更优质廉价的服务，实现数据、音频、视频的多媒体通信已经成为用户的最大需求，也是 NGN 重要业务之一。手机电视以其崭新的通信方式、丰富多彩的内容、高质量的图像、合理的服务资费，必将赢得广大用户的青睐，成为当今通信领域又一新亮点，运营企业组建用户多媒体服务平台、发展视讯业务势在必行。

9.9　手机电视产业未来发展思考

手机电视的大部分实现技术虽然来源于地面广播电视，但它也有自己的特点：作为终端，电视手机需要非常强大的节电性能，这对传输技术包括手机软件、芯片和终端屏幕的节电性能提出了较高的要求。

此外，手机电视应该是在一定区域或一定国家内能够漫游使用的一种业务。但从目前手机电视技术的发展来看，各种技术共存的现象比较普遍。如果能在一定区域或国家采用统一标准和统一频率，则有利于整个产业发展和业务的应用。

在运营方式上，移动运营商具备比较丰富的互动性业务运营经验，在用户管理和结算方面也有很大的优势。手机电视的应用对移动运营商来说，可以最大限度地利用网络能力，提供更加丰富的业务；而对广播公司来说，手机是电视传播的新渠道，他们可以充分利用内容资源，扩大用户范围，实现广播网络的移动化。目前，我国的手机用户数量已超过 5.4 亿，而我国普通家庭拥有的电视机数量也已经达到 3.5 亿左右。可以想象，两者结合所产生的手机电视业务将产生怎样一个庞大的消费市场。为此，我国应当抓住当前的有利时机积极开展手机电视技术与标准的研究工作，为该业务在我国的良性发展创造条件。

参考文献

[1] 3GPP TS 23.060 V5.13 GPRS services Description Rel 5.

[2] 3GPP TS 08.18 V8.12.0 BSS-GSN BSSGP.

[3] 3GPP TS 23.107 V6.2.0 Quality of Service (QoS) concept and architecture.

[4] 赵绍刚，董晓荔. 3G 移动网络中的组播与广播. 电信网技术，2006 (10).

[5] 赵绍刚. WCDMA 中承载 MBMS 的几种方法. 电信技术，2006 (7).

第10章　EDGE 网络支持的IMS 通信业务

本章要点

- 3GPP 的 CSICS 业务
- OMA PoC（一键通）业务
- OMA 即时消息业务
- 呈现和列表管理

本章导读

　　本章将首先介绍 EDGE 所能支持的 CSICS 业务；然后重点介绍目前广泛应用的 OMA PoC（一键通）业务，包括相关的流程；最后对其支持的 OMA 即时消息以及呈现和列表管理进行介绍。

　　EDGE 技术由于物理层采用了 8PSK 调制技术，所以理论上可以达到 473kbps 的数据传输速率，是 GPRS 数据传输速率的 3 倍，已经超过了 3G 数据业务所需的 384kbps 的数据传输速率。所以很多国外运营商，尤其是一些中、小运营商都把 EDGE 看做是一种类 3G 技术。EDGE 可以直接从 GPRS 升级获得，投资远远小于 3G，而且其覆盖范围要远远大于 3G，并且由于其数据传输速率超过了 384kbps，所以可以支持 3G 业务。

　　简单地说，EDGE 可以支持的 IMS 业务或与多媒体电话相关的业务引擎（Service Enabler）主要包括以下几种：

- 3GPP 电路交换 IMS 组合（CSICS，Circuit Switched IMS Combinational Service）业务；该业务可以通过 PS 域向 CS 电话业务加入更丰富的媒体类型。
- 开放移动联盟（OMA，Open Mobile Alliance）的一键通（PoC，Push-to-talk over Cellular）业务：这是通过将 IMS 作为业务层来实现的一种类似于半双工的对讲业务。
- OMA 的即时消息（IM，Instant Message）业务：该业务是基于 SIP 和消息会话中继协议（MSRP，Message Session Relay Protocol）来实现的。
- 在线（Presence）和组群列表管理：这是一种与 IMS 相关的业务引擎。

本章将分别对这些业务或业务引擎进行详细的介绍。

10.1　3GPP 的 CSICS 业务

　　CSICS 表示电路交换的 IMS 组合业务。3GPP CSICS 是业务引擎，它可以实现现存 CS 域中语音业务与 PS 域中 IMS（IP Multimedia Subsystem）/SIP（Session Initiation Protocol）会话的绑定，从而进行媒体传输。

　　互操作性和标准化是组合业务实现商用的关键所在。3GPP 在 R7 版本中对 CSICS 概念进行了规范。规范中的内容可以参考 3GPP 规范 22.279、23.279、24.279。在标准化过程中，业界认为 CSICS 的标准应该基于语音和数据网络，因为在很大程度上运营商都已经部署了这些网络，这样便可以在节省投资的前提下为终端用户提供一个多媒体环境。在 3GPP 的 CSICS 中要求：CS 核心网、PS 核心网及无线接入网（RAN，Radio Access Network）

不会受到 CSICS 的影响，即部署 CSICS 业务所带来的变化仅限于 IMS 网元及支持 CSICS 的终端。

3GPP CSICS 的另一个目标就是要促进向全 IP、多媒体电话业务的演进。通过采用 CSICS 便可以逐步实现语音业务向 IMS 逻辑域及 PS 域的长期演进。

（1）第一步：语音业务的信令和语音仍然位于传统的 CS 域，而多媒体业务的信令和业务则由 IMS/PS 域来处理。

（2）第二步：语音业务的信令转移到 IMS/PS 域。

（3）第三步：在多媒体电话业务中，信令、语音及多媒体内容都由 IMS/PS 域来处理。

10.1.1　CSICS 的系统架构

当使用 CSICS 时，移动终端中的 CSICS 客户（Client）可以在一个上下文中向用户提供 CS 呼叫和 IMS 会话。要实现该功能，必须支持以下功能：

● 可以与当前采用的接入方式交换相关信息；
● 支持终端能力信息的交换；
● 支持向已经进行的 CS 呼叫中增加一个 IMS 会话；
● 支持向已经进行的 IMS 会话中添加一个 CS 呼叫。

如图 10.1 所示为一个运营商内两个终端用户同时进行 CS 呼叫和 IMS 会话的高层端到端结构。需要指出的是，该移动终端需要支持 CS 域和 PS 域的同时接入。对于使用 WCDMA 接入的终端而言，这是一项基本功能。对于注册到 GSM 网络的移动终端来说，为了实现基于 3GPP 的 CSICS 业务，它需要支持双传输模式（DTM，Dual Transfer Mode，参考 3GPP 43.055 规范）。移动终端需要支持能力交换并且能够通过一个上下文为用户提供 CS 呼叫和 IMS 会话。提供会话控制的 IMS 也需要支持移动终端的能力交换机制。系统中可能需要一个应用服务器来处理 CSICS 会话 IMS 特定方面的控制，如基于业务的计费或基于流量的计费等。因为如果采用基于业务的计费，即基于多媒体的内容进行计费，那么系统需要了解消息的类型及发送、介绍消息的数量，所以系统需要使用应用服务器。

能力交换的目的就是要将它们支持的业务类型等信息，如媒体类型，传递给 CSICS 客户。当通信建立时，就需要进行能力交换。该信息用于告知用户系统中有效的业务类型。这样用户便可以了解使用哪些业务是有效的，而使用哪些业务是无效的。

能力交换有两种类型。一种（可选的）是在 CS 呼叫建立时的接入能力交换。在该能力交换中，需要传送该移动终端是否有能力同时处理 CS 和 PS 业务，以及当前无线接入是否同时支持 CS 和 PS 业务等信息。接入能力交换使用 CS 信令，为了成功支持该过程，网络必须透明地处理无线能力信息。如果结果是肯定的（即 CSICS 客户可以同时支持 CS 和 PS 业务），那么客户便会执行 IMS 注册（前提是它还没有进行注册）。另一种能力交换是移动终端能力交换。它可以用于确定两个用户之前可以发起的业务类型，因此该交换包括的信息有：IMS/IP 域中可以支持的媒体类型、支持的媒体类型所需的媒体格式参数、MSISDN 以及发送能力信息的移动终端用户所推荐的 SIP URI。移动终端能力交换使用 SIP OPTIONS 过程。能力交换过程完成后，用户便可以向正在进行的 CS 呼叫中加入 IMS 业务。

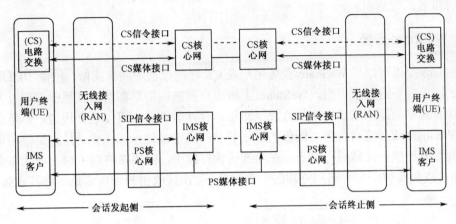

图 10.1　3GPP 中 CSICS 的高层架构

10.1.2　多媒体电话的互操作

当一个 CSICS 用户呼叫一个多媒体电话用户时（或者相反），呼叫的语音部分将创建一个 IMS/SIP 会话，其中多媒体电话客户和媒体网关控制功能（MGCF，Media Gateway Control Function）将作为 SIP 端点。MGCF 是 CS 网络和 IMS 域之间的网关，它负责将 CS 呼叫相关的信令（如 BICC 或 ISUP）转换成 SIP 信令。但是，如果该 CSICS 用户或多媒体电话用户想为呼叫增加媒体扩展，如增加一个视频流，那么必须要建立第二 SIP 会话。与语音部分的 SIP 会话不同，该 SIP 会话是端到端的，多媒体电话客户和 CSICS 客户将分别作为两个 SIP 端点。所以在该场景中，涉及的多媒体电话客户必须要处理两个不同的 SIP 会话。为了与 CSICS 进行互操作，多媒体电话客户必须要能够处理与多 SIP 会话相关的媒体。

10.1.3　3GPP CSICS 业务实例：WeShare 业务

前面已经介绍过，3GPP CSICS 是一个业务引擎，通过它可以为终端用户提供有效的多媒体业务。GSM 协会提出的"视频共享定义"就是由 CSICS 创建的一种业务。

WeShare 是一种个人到个人的多媒体业务，在进行 CS 电话通话过程中，该业务可以为终端用户提供方便的图像、视频流或其他媒体类型的共享。进行语音通话的两个用户可以随时将图片、视频或其他媒体类型在终端上进行共享。在 CS 电话过程中，用户甚至可以共享一个白板（Whiteboard）会话，从而使 CS 语音业务更加丰富。

下面介绍一下爱立信 IMS WeShare 业务中终端用户的相应特征。需要注意的是，在 3GPP CSICS 中并没有对下面要介绍的内容进行限制。在 3GPP CSICS 架构中，任何组合业务都可以被高效地引入。

1．WeShare 图像

WeShare 图像可以使 WeShare 业务用户在 CS 呼叫过程中共享图像。如图 10.2 所示对 WeShare 图像业务进行了说明。WeShare 主叫用户和被叫用户在通话过程中都可以发送和接收图像。共享的图像来自终端的内置照相机。存储的图像也可以进行传送，但是该业务被称为 WeShare 媒体文件业务。图像的发送者一次只能发送一幅图像。并且整幅图像只有在下载到接收终端后才能进行显示。在图像传输过程中，需要在终端上对下载状态进行指示。图像接收后将被临时存储到终端的一个目录下。由接收用户来决定是否将其永久存储。

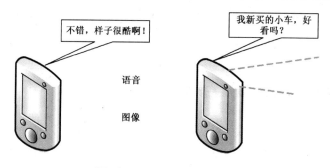

图 10.2　WeShare 图像业务

2．WeShare 视频

WeShare 视频可以使 WeShare 业务用户在 CS 呼叫过程中共享直播视频。WeShare 主叫用户和被叫用户都可以发送和接收视频。根据 WeShare 会话建立过程中的协商，主叫用户和被叫用户可以同时发送视频，也可以一次只有一个用户在一个方向发送视频。如图 10.3 所示对 WeShare 视频业务进行了说明。每个 WeShare 用户都可以独立地触发 WeShare 视频业务。如果被叫用户使用的是手动模式，那么该用户可以接受或拒绝该 WeShare 视频会话。WeShare 客户也可以进行预先配置从而实现对所有 WeShare 视频会话都接受。另外，WeShare 视频会话接受用户可以在任何一点关闭视频传输，但是不会关闭整个 WeShare 应用。媒体流不包括语音数据，因为语音是通过 CS 连接进行传输的。

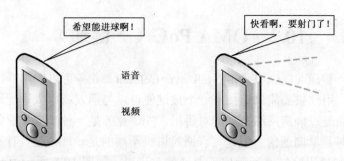

图 10.3　WeShare 视频业务

3．WeShare 媒体文件

WeShare 媒体文件可以使 WeShare 业务用户在 CS 呼叫过程中共享任何存储的媒体文件（如图像、视频剪辑等）。WeShare 主叫用户和被叫用户都可以发送和接收不同类型的媒体。共享的媒体必须在传输之前存储在移动终端中。而且，一个 WeShare 用户一次只能发送一个媒体文件。通常 WeShare 媒体文件业务可以传输任何媒体文件，如图像、视频剪辑或 MS Office 文档等，但是处理这些媒体文件则需要终端具有相应的处理能力。

4．WeShare 白板

WeShare 白板可以使 WeShare 业务用户在 CS 呼叫过程共享白板会话。WeShare 用户可以在背景颜色可配的空板上进行绘画，也可以用一幅图像作为背景来进行绘画，如一张地图或规划图。两个 WeShare 用户都可以对绘画进行编辑，而且两个用户都可以看到完整的内容，也可以在任何时刻独立地对 WeShare 白板会话的内容进行存储。如图 10.4 所示对WeShare 白板业务进行了简单的说明。

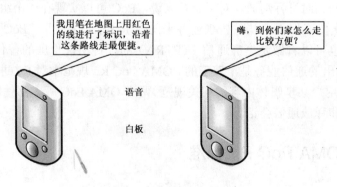

图 10.4　WeShare 白板业务

10.2　OMA PoC（一键通）

蜂窝系统的一键通（PoC，Push-to-talk over Cellular）业务可以在组群内实现快速且非正式的个人通信。用户只需简单地按下一个按键便可以与朋友或家人进行通信，就像使用对讲机一样。作为通过蜂窝网络实现的对讲机，PoC 业务是一种半双工业务，在一个或多个用户进行通信时是单向通信。但是与普通对讲机不同的是，PoC 是一种移动通信业务，所以其覆盖范围和使用区域都远远优于普通的对讲机。如图 10.5 所示为一个典型的一对一 PoC 呼叫。

图 10.5　简单的 PoC 应用

（1）首先琳达选择汤姆并按下一键通按键来启动 PoC 会话，当听到提示音后便开始讲话。

（2）由于汤姆的终端会自动接受所有的 PoC 呼叫，所以汤姆会立即听到琳达的声音。随后，汤姆也按下一键通按键来响应琳达提出的问题。

（3）由于琳达的终端也自动接受所有的 PoC 呼叫，所以琳达也会立即听到汤姆的声音。

对于普通用户而言，PoC 业务可以使朋友之间保持及时、便捷的联系，可以在一个组群或家庭成员之间同时进行沟通。对于企业来说，PoC 可以实现在一个组群中共享信息，例如，现场技术支持工程师可以用 PoC 业务来向同事寻求技术帮助。PoC 还考虑了公共安全问题，所以它也可以看做是集群通信（TETRA）的一种质优价廉的替代方式。在 OMA PoC R1 规范中提出的通信业务是半双工的。OMA PoC R2 规范中对 R1 进行了增强，如增加了与其他 PoC 用户共享媒体内容的相关规范。两个 OMA PoC 版本都使用 SIP 和 IMS 网络来建立、修改和释放通信会话。

10.2.1　OMA PoC R1 标准

在 OMA PoC 标准提出之前，很多大的电信设备制造商（如 Nokia 和 Motorola）都基于 SIP/IMS 提出了私有 PoC 技术。但是业界为了 PoC 市场的统一，最终决定提出标准化的 PoC 解决方案。于是在 2003 年，Ericsson、Motorola、Nokia 和 Siemens 组成了一个业界协会来制定一套 PoC 规范，并于 2003 年秋完成了 OMA PoC Release1 标准。由于前期的工作都是由 Ericsson、Motorola、Nokia 和 Siemens 完成的，经过长时间的互操作测试，2006 年 OMA PoC Release1 规范才最终得到业界的支持。OMA PoC 规范包括 OMA PoC 需求文档、OMA PoC 架构文档和 OMA PoC 技术规范。OMA PoC Release1 规范在控制面和用户面都是基于 IETF 协议和 3GPP/3GPP2 的 IMS 机制。但是 OMA PoC 规范并不要求使用 3GPP 或 3GPP2 中相应的 IMS。实际上 OMA PoC 规范可以通过一般的 SIP/IP 业务网来实现，这样 OMA PoC 业务对于通过不同接入技术而实现透明 IP 多媒体通信业务的运营商而言是相同的。但是，对于满足 3GPP 和 3GPP2 规范的终端来说，它们还是稍微有些区别的。其中的一项区别就是终端支持编、解码不同。而 OMA PoC Release1 在设计时考虑到了这些差别，它可以实现目前多数移动技术之间的互操作性，如 GPRS、EDGE、WCDMA 和 CDMA200。

10.2.2 OMA PoC R1 架构

OMA PoC R1 系统的高层架构如图 10.6 所示。该系统包括大量的节点和逻辑功能，具体如下。

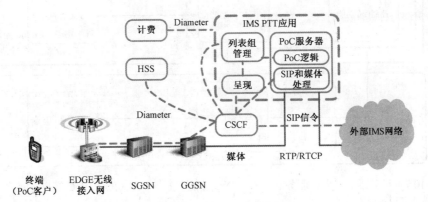

图 10.6 OMA PoC R1 逻辑架构

- 呼叫会话控制功能（CSCF，Call Session Control Function）可实现 S-CSCF、I-CSCF 和 P-CSCF 功能，用于提供 SIP 信令、路由和注册。
- 归属用户服务器（HSS，Home Subscriber Sever）用于实现鉴权、位置请求/更新和保存用户签约信息。
- 计费功能可以对 PoC 服务器瞬时给出的计费信息进行后续处理，可以创建呼叫数据记录（CDR，Call Data Records）并将其发送到外部计费系统。
- 信息提供功能用于向 PoC 客户提供用户相关信息。
- PoC 应用服务器（OMA PoC AS）是系统的关键部分。它包括两个部分：PoC 逻辑部分和媒体处理部分。通过使用受邀用户的 PoC 业务设置（如输入会话禁止、应答模式），PoC 逻辑部分可以对发起 PoC 会话的 PoC 用户进行鉴权，通过向媒体处理部分提供组群成员列表还可以对欲发起组群呼叫的用户进行鉴权。媒体处理部分可以将说话者的比特流复用，从而为 PoC 接收用户提供多条媒体流。媒体处理部分的另外一个重要功能就是可以进行语音突发控制，如可以保证某时只有一个用户讲话。

● 移动终端上包括一个 PoC 客户。

● OMA PoC 网络使用组群列表管理功能来处理 PoC 组群，还可以包括呈现引擎（Presence Enabler）。呈现和列表管理参考 10.4 节。

为了能使 PoC 用户实现不同运营商用户间的 PoC 呼叫，PoC 服务器为 PoC 业务所实现的应用层网络功能必须能够执行不同角色。这两个定义的角色就是控制 PoC 功能和参与 PoC 功能。PoC 服务器在一个 PoC 会话中可以同时执行两个角色，也可以仅执行一个角色。在 PoC 会话建立时便需要确定 PoC 服务器角色，并在整个 PoC 会话中一直保持。如图 10.7 所示为 PoC 服务器、控制 PoC 功能、参与 PoC 功能和 PoC 客户之间的关系。

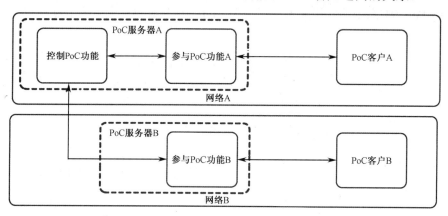

图 10.7　组群会话中 PoC 服务器、控制 PoC 功能、参与 PoC 功能和 PoC 客户之间的关系

在每个 PoC 会话中可以只有一个控制 PoC 功能，这样对于每个 PoC 会话便只有一个 PoC 服务器来执行控制 PoC 功能，因为在 PoC 网络中控制 PoC 功能起核心智能作用并保证某一时刻只有一个 PoC 用户说话。在一个 PoC 会话中，控制 PoC 功能具有 N 个 SIP 会话及 N 条媒体语音突发控制通信路径，其中 N 为 PoC 会话的参与者数量。控制 PoC 功能不会与 PoC 客户进行直接通信，但是它可以通过参与 PoC 功能间接地与 PoC 客户进行通信。

在 PoC 会话中可能会有 N 个参与 PoC 功能。因此，PoC 会话中的每个 PoC 客户都会连接到一个参与 PoC 功能，PoC 服务器物理单元必须作为 PoC 会话中用于多个 PoC 客户的参与 PoC 功能的逻辑单元。对于 PoC 会话的信令处理，PoC 服务器总是通过直接通路与 PoC 客户和控制 PoC 功能（可能位于同一个物理 PoC 服务器）进行通信。

控制 PoC 功能会通过相应的参与 PoC 功能将媒体和语音突发控制消息正确地路由到 PoC 客户。但是，执行参与 PoC 功能的 PoC 服务器的本地策略可以允许控制 PoC 功能与每个 PoC 客户具有直接通信路径，用于媒体和语音突发控制信令的传递。

10.2.3　OMA PoC 语音突发控制

在参与者之间，PoC 是一种半双工、单向通信业务，这就意味着一方在讲话的时候，另一方只能聆听。这就需要一种语音突发控制机制，也称为发言权控制。OMA PoC 中的语音突发控制机制是一种确认的请求/授予过程，它通过 PoC 服务器执行控制 PoC 功能来保证某一时刻只有一个用户可以发送媒体。该语音突发控制机制在 SIP 层之下形成了第二个控制层，由于与媒体传输的耦合非常紧密，所以该控制层实际上是 PoC 服务器中媒体处理部分的一部分。OMA 开发了语音突发控制协议（TBCP, Talk Burst Control Protocol）来对突发语音进行控制。TBCP 基于 TRCP APP 分组，即该协议使用 UDP 进行传输并使用 PoC 会话建立时所协商的 RTCP 端口。处理 4 个主要的语音突发控制过程需要 7 个控制消息。7 个 TBCP 消息和 4 个主要语音突发控制过程如下。

- 语音突发请求：PoC 客户请求执行控制 PoC 功能的 PoC 服务器为其终端分配媒体资源。
- 语音突发授予：执行控制 PoC 功能的 PoC 服务器通知 PoC 客户它已具有发言权，此时该用户便可以使用媒体资源。
- 语音突发拒绝：执行控制 PoC 功能的 PoC 服务器通知 PoC 客户它不能使用媒体资源。
- 语音突发已被占：执行控制 PoC 功能的 PoC 服务器通知所有的 PoC 客户（已授予发言权的 PoC 客户除外）发言权已经授予其他 PoC 客户。该消息中会包含授予发言权的用户标识。
- 语音突发释放：PoC 客户通知执行控制 PoC 功能的 PoC 服务器释放媒体资源，从而使执行控制 PoC 功能的 PoC 服务器进入空闲状态。
- 语音突发空闲：执行控制 PoC 功能的 PoC 服务器通知 PoC 客户没有用户占用媒体资源，发言权有效。
- 语音突发取消：执行控制 PoC 功能的 PoC 服务器取消某个 PoC 客户的媒体资源，通常发生在抢占情况下，当然系统也可以通过该功能防止发言权被某个用户长期占用。

（1）会话初始化时的语音突发请求过程。用户按下一键通按键被看做是发起语音突发请求，于是发起 SIP INVITE 请求，语音突发处理器会根据资源占用情况回应语音突发授予或语音突发拒绝。如果回应了语音突发授予，那么语音突发处理器将向当前多方会话中的所有其他用户发送语音突发占用消息。如果回应了语音突发拒绝，若此时用户是在已经进行的语音突发通信中加入 PoC 会话，那么语音突发处理器将向该加入用户发送消息并说明此时哪个用户正在发言。两个用户同时请求发言权的概率虽然小，但是还是有可能发生的。在这种情况下，语音突发请求消息第一个到达语音突发处理器的用户将被授予发言权，同时语音突发处理器将向另一个用户发送语音突发拒绝消息。需要注意的是，如果是一个 PoC 客户重新加入一个组群呼叫或加入一个所谓的聊天会话，此时不会将 SIP INVITE 请求看做是语音突发请求，PoC 客户也会收到一条 TBCP 消息，在该情况下有可能已经存在一个正在进行的 PoC 通信，所以初始 SIP INVITE 请求会收到语音突发占用响应，否则如果发言权空闲，那么 PoC 客户将收到一条语音突发空闲消息。

（2）语音突发请求过程。当受邀用户想发言时，用户必须通过按下一键通按键来请求发言，此时会迫使 PoC 客户发送一条语音突发请求消息。如果发言权是空闲的，那么语音突发请求将被接受并向 PoC 客户返回语音突发授予消息。随后语音突发占用消息将会发送给参与 PoC 会话的所有其他 PoC 客户。

（3）语音突发释放过程。一旦 PoC 客户发送了一条语音突发释放消息（PoC 用户释放一键通按键），那么语音突发空闲消息将发送给参与本 PoC 会话的所有其他 PoC 客户。语音突发处理器将重复发送语音突发空闲消息直至收到一条语音突发请求消息或 PoC 用户开始讲话。该最大时间间隔是可以配置的。

（4）语音突发取消过程。用户可以在有限的时间段内控制发言权，该时段是可配置的。当时限到期后，语音突发处理器可以向 PoC 客户发送停止发言指示信息，该信息包含在语音突发取消消息中。此时语音突发处理器也将停止向 PoC 客户发送音频数据。语音突发取消消息还包括其他一些信息，如等待多长时间后用户可以重新请求发言权。

如图 10.8 所示对这 4 个主要的语音突发过程进行了说明。除了 7 个 TBCP 消息和 4 个主要语音突发过程外，在会话预建立过程、处理可选特征、语音突发请求排队等情况下还定义了其他一些 PBCP 消息和过程。

10.2.4　OMA PoC 会话建立方法

对于 OMA PoC 而言，用户最重要的需求可能是低延时。为了保证该需求，OMA PoC 在技术上必须保证在 1s 内完成 PoC 会话的建立。使用传统多媒体电话业务的信令流很难达到这样的延时，因此建立 PoC 会话需要采用其他方法。概括来说，OMA PoC 会话的建立主要有三种不同的方法，具体如下。

● 方法 1：按需建立会话-确认指示。
● 方法 2：按需建立会话-无确认指示。
● 方法 3：预先建立会话。

如图 10.9 所示为使用自动应答设置时不同 OMA PoC 会话建立方法的信令流。自动应答表示 PoC 客户无须得到用户的同意便可接受 PoC 通信请求。从 SIP 信令的角度来看，自动应答意味着终端 PoC 客户不会发送 SIP 180 振铃响应。

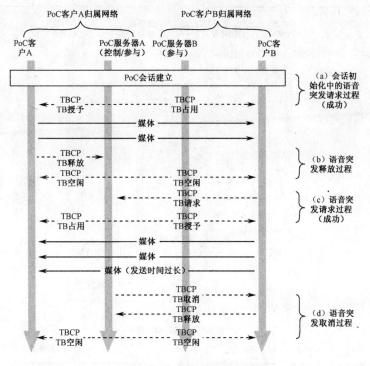

图 10.8　四个主要语音突发过程

　　对于"按需建立会话-确认指示"方法而言，当 PoC 用户想建立 PoC 呼叫时，它提供了一套媒体参数协商机制，如 IP 地址、端口和编解码等。该方法需要确认 PoC 服务器、所有其他网元和终端 PoC 客户都能够而且愿意接收媒体。"按需建立会话-确认指示"方法在主叫 PoC 客户和被叫 PoC 客户之间完成 3 次 SIP INVITE 握手。但是，由于在 SIP INVITE 通过空中接口发送之前需要对终端进行寻呼已建立无线连接，所以该方法的信令流延时较大。另外，如果 SIP INVITE 消息较大，那么延时也会相应地增加。在系统吞吐量较低时，传输延时是一个非常需要关注的问题。

　　若使用"按需建立会话-无确认指示"方法，当 PoC 客户与执行控制 PoC 功能的 PoC 服务器成功地建立一条 PoC 会话时，发起方 PoC 客户会收到"发言就绪"指示。但是当"发言就绪"指示发送给发起方 PoC 客户后，终止方 PoC 网络很可能仍在建立与终止方 PoC 客户的 PoC 会话。这就意味着与"按需建立会话-确认指示"方法相比，该方法会更快地收到"发言就绪"指示，但是如果终止侧的 PoC 会话建立失败，那么记录的语音将无法发送到终止方 PoC 用户。所以可以说"按需建立会话-无确认指示"方法的设计思想就是通过重新设计 SIP 信令来优化从按键到发言的延时，所以该方式下在与终止方用户建立连接之前，发起方用户便可以进行发言。

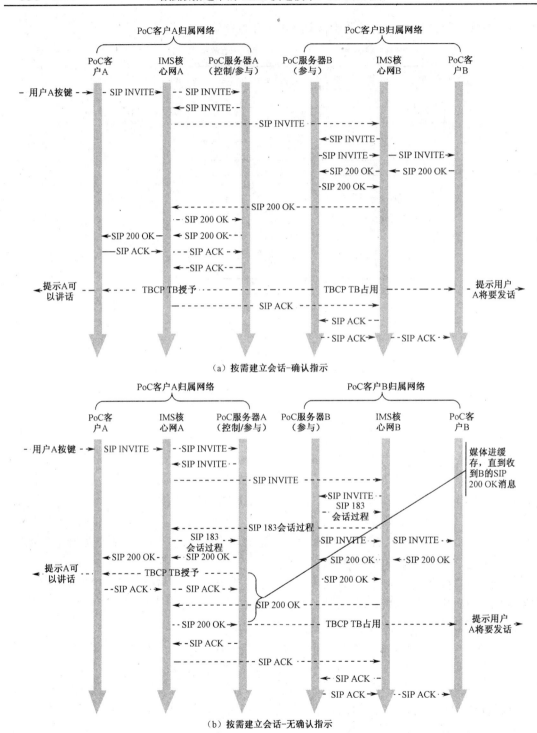

（a）按需建立会话-确认指示

（b）按需建立会话-无确认指示

图 10.9　建立 PoC 通信的三种不同方法

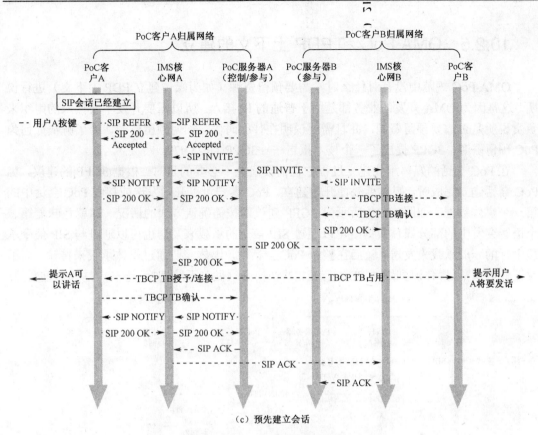

图 10.9　建立 PoC 通信的三种不同方法（续）

使用"预先建立会话"方式时，PoC 客户和执行参与 PoC 功能的 PoC 服务器之间需要事先建立 SIP 会话。这就意味着像 IP 地址、端口和编码这些媒体参数需要在 PoC 用户发起 PoC 呼叫之前进行协商。当进行通信时，此时在 PoC 客户和参与 PoC 功能之间已经有一条预先建立的 SIP 会话。所以，在发起侧需要使用 SIP REFER 消息来对预先建立会话进行更新。与 SIP INVITE 消息相比，SIP REFER 消息的大小较小。需要注意的是，在预先建立会话模式下，发起方、终止方的参与 PoC 功能和控制 PoC 功能之间并没有预先建立的会话。因此，当发起 PoC 呼叫时，在两个参与 PoC 功能和控制 PoC 功能之间会根据需要建立一条 SIP 会话。但是较大的 SIP INVITE 消息仅用于固网域，即核心网，并不在无线接口中传输。为了更新终止侧预建立的会话，在空中接口中仅传输较小的 TBCP 消息（通常小于 100 字节）。可以看出在媒体贡献之前，"预先建立会话"方式是通过减小空中接口中所需传输的比特数来优化按键到发言的延时。

10.2.5　OMA PoC 和 PDP 上下文的建立

OMA PoC 规范中没有对什么时候需要预留资源（如为媒体建立 PDP 上下文）进行说明。这是因为 OMA 开发的业务都是用于普通的 IP 接入。所以需要开发下层接入的组织来负责说明是否需要预留资源，并且需要说明在什么时候、如何预留资源。为了解决如何为 PoC 预留资源，3GPP 提出了一个技术报告——3GPP TR23.979。

在 PoC 会话的媒体承载建立过程中也需要避免不必要的延时。根据 3GPP 的建议，当 PoC 会话建立完成时，媒体承载便开始建立，PoC 客户可以开始发送或接收 PoC 会话中的第一个媒体数据。如图 10.10 所示为 3GPP 建议的按需确认方式的情况。这就意味着第一个语音突发中的部分媒体数据既可以通过 SIP 信令的承载来发送也可以通过与 SIP 信令承载平行的一般承载来发送。随后在整个 PoC 会话中，媒体需要通过媒体承载来传输。为了保证业务质量，媒体流到媒体 PDP 上下文的切换必须做到无缝切换，这一点是非常重要的。

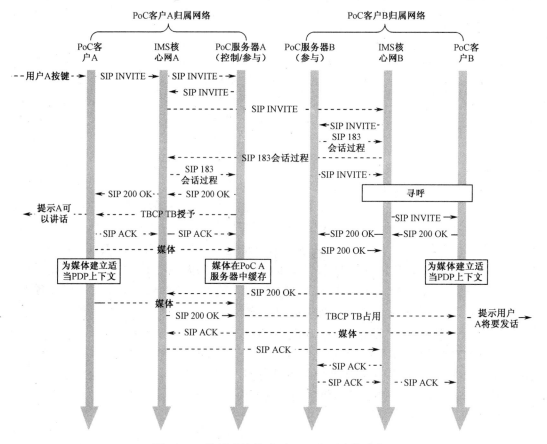

图 10.10　按需确认模式下 PDP 上下文的建立

10.2.6 OMA PoC 媒体问题

OMA PoC 规范中并没有规范 PoC 客户应该使用哪种语音编解码技术，它只是参考了 3GPP 和 3GPP2 的相应规范。根据 3GPP TS26.235 中的建议，当 PoC 客户在 3GPP 兼容的移动终端中实现时，OMA PoC 通信业务既可以使用 AMR 窄带编解码器也可以使用宽带 AMR 编解码器。当 PoC 客户在 3GPP2 终端上时，它仅支持 EVRC 编解码方式（参考 3GPP2.R0100-0）。所以，位于 3GPP 和 3GPP2 网络之间实现 PoC 互操作的 PoC 服务器应该能够实现 3GPP 和 3GPP2 编解码方式的转换。该转换可以由 PoC 服务器的控制 PoC 功能或参与 PoC 功能来完成。

OMA PoC 通信业务使用 AMR 净荷格式和 EVRC 净荷格式来封装编解码帧。当 OMA 在 3GPP 规范中时，PoC 通信业务与全双工语音业务相比，它的净荷选项的限制更少。例如，OMA PoC 通信业务允许每个 RTP 包包括多个编解码帧。该选择主要用于不支持头压缩的网络，从而减少 RTP/UDP/IP 开销。将多个编解码帧打包到一个 RTP 分组中，RTP/UDP/IP 开销的下降见表 10.1。

表 10.1　不同分组机制下 PoC 媒体所需的带宽

每个 RTP 数据包中 AMR4.75 编解码帧的个数	使用 IPv4 时所需带宽（bps）
1	21600
2	13400
3	10667
4	9300
6	7933
8	7250
10	6840
20	6020

10.2.7 OMA PoC Rlease 2

随着蜂窝网络的演进，网络可以提供比 OMA PoC R1 的基本语音更高级的基于 IP 的实时业务。这些高级业务需要更高的比特速率和更低的延时。根据网络的演进，OMA 也准备将多媒体能力引入到 PoC 业务中。在 OMA PoC Release 2 规范中引入的其中一种高级业务就是为用户提供 PoC 视频共享。

PoC 视频共享是指在一个 PoC 会话中发送或接收包括视频、语音的多媒体突发。因此，PoC 视频共享通信方法可以看做是一种实时的个人到个人的视频消息业务。PoC 视频共享丰富了语音通信。

PoC 视频共享是基于 OMA PoC 语音业务，这就意味着 PoC 视频共享会话是：

- 使用 IETF 标准协议栈（RTP/UDP/IP）来进行发送；
- 半双工；
- 由媒体突发控制机制进行控制（即 OMA PoC Release 1 中语音突发控制机制中的多媒体方案）。

假设当前没有用户传送视频，那么在任意的时间内，PoC 视频共享会话中的用户都可以请求向所有 PoC 用户发送视频。因此，在 PoC 视频共享会话中不支持同时双向视频传输，而是与 PoC 语音流一样总是半双工的。PoC 视频共享业务而言支持两种操作模式。第一种称为同步操作模式。在该操作模式下，语音和视频流出自同一源。在语音和视频进行同步传送过程中，其他 PoC 视频共享用户不会被授予发送语音和视频的权力，语音和视频可以完全同步。第二种操作模式称为异步操作模式。在该模式下，只有视频是来自一个授权的 PoC 视频共享客户，而在该 PoC 视频共享会话中其他 PoC 客户都可以请求并授予发言权。如图 10.11 所示对这两种操作模式进行了说明。

OMA PoC Release 2 规范还支持其他 PoC 通信方式，如非实时媒体的交换，并且支持图像、文本及其他文件格式。非实时媒体类型最好采用 TCP/IP 进行传输。因此，与 PoC 视频共享方式相比，最主要的差别是后者采用了 RTP/UDP/IP 协议栈。应用层使用的图像、文本和文件传输协议为 MSRP，即多媒体电话、3GPP CSICS 和 OMA 及时消息中所支持的协议。需要注意的是除了多媒体能力外，OMA PoC Release 2 规范还在其他方面扩展了OMA PoC 通信业务，具体如下：

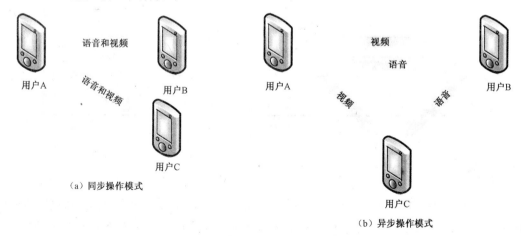

图 10.11　PoC 视频共享

- 提供了一个 PoC 媒体箱，这是一项 PoC 功能，它代表 PoC 用户来存储媒体突发和相关信息；
- 增加了互操作功能，从而允许其他非 OMA PoC 网络与 OMA PoC 业务进行互通；

- 增强了 PoC 会话处理能力，使用仲裁控制的 PoC 会话可以保证系统能够更快地进行派发；
- 增强了 PoC 组群处理能力，如在创建 PoC 组群会话时可以包括多个 PoC 组群，并可以基于动态数据（如每个 PoC 用户的当前状态）来创建 PoC 组群会话；
- 增强了业务质量体验和差错处理，根据每个 PoC 用户的签约信息和会话类型，PoC 业务系统可以为用户提供不同的用户体验；
- 提供了全双工切换过程，该过程允许在半双工 PoC 会话中切换到全双工的多媒体电话或者 CS 呼叫。

10.3　OMA 即时消息

即时消息（IM，Instant Message）可以使用户之间近乎实时地交换信息。IM 业务这种交互性可以使 IM 用户之间进行会话。通常在 IM 会话中交换的都是较小的文本信息，但是 OMA 即时消息业务可以支持除了文本外的其他内容类型，如图像、视频剪辑等，才能够使 IM 即时消息成为多媒体 IM 业务引擎。在使用 OMA 即时消息业务时，用户可以向单个用户或一组用户发送消息。业务引擎支持两种 IM 通信模式。即寻呼模式和 IM 会话模式。寻呼模式通常用于处理简单的消息交换，而 IM 会话模式则有些类似于网络会议（如该业务可以提供一个聊天室），IM 用户可以加入或离开该 IM 会话。OMA 即时消息业务可以将会话保存在网络中，即无论在激活 IM 会话中还是 IM 用户不在线时，消息都可以存储在网络中，IM 用户可以将该存储能力看做是一个"IM 应答机"。

这里所说的 OMA 即时消息业务通常被看做是 OMA SIMPLE（SIP for Instant Message and Presence Leveraging Extension），即时消息业务引擎。这是为了将基于 SIP 和 MSRP 协议的即时消息架构与 OMA 提出的其他 IM 解决方案进行区分。OMA SIMPLE 即时消息业务在 OMA 即时消息需求文档、OMA SIMPLE 即时消息结构文档和 OMA SIMPLE 即时消息技术规范中进行了详细的描述。

10.3.1　OMA 即时消息架构

IM 架构与 OMA PoC 架构非常类似。与 OMA PoC 一样，IM 服务器也扮演了不同的角色。该会话要求能在多个运营商环境中实现一对多的聊天会话。此时涉及的角色包括控制 IM 功能和参与 IM 功能。如图 10.12 所示为多运营商环境下组群 IM 通信的高层结构。

但是 IM 与 PoC 相比还是有很多区别，一个主要的不同就是 IM 不使用类似 PoC 的语音突发控制来控制媒体的传输，所以在一对一的 IM 会话中控制 IM 功能是可选的。此外，IM 服务器可以实现其他两个功能：一个称为延时 IM 消息功能，另一个则称为会话历史功能。

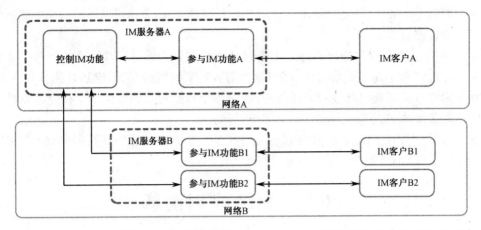

图 10.12　IM 组群会话中 IM 服务器、控制 IM 功能、参与 IM 功能和 IM 客户之间的关系

OMA 即时消息业务中一个重要的特征就是延时消息。当 IM 消息接收者处于无效状态时，延时消息就会发生，消息接收者无效可能是因为 IM 用户当前收件箱的设置，也可能是 IM 用户处于离线状态（即没有注册 IM 业务）。在这种情况下，IM 消息会存储在 IM 服务器中以便延时发送，这样 IM 消息就变成了延时消息。如图 10.13 所示为 IM 服务器和延时消息 IM 功能之间的关系。在该情况下 IM 用户 B 处于 IM 无效状态，IM 服务器激活延时消息 IM 功能，以便为用户 B 存储来自 IM 用户 A 的 IM 消息。

类似于 IM 延时消息功能，会话历史功能将 IM 消息存储在网络中。其区别是会话历史功能仅存储激活 IM 会话的 IM 用户。当 IM 用户请求存储 IM 会话时，IM 服务器将执行会话历史功能。需要注意的是，只有 IM 用户请求存储会话才会触发存储 IM 消息。

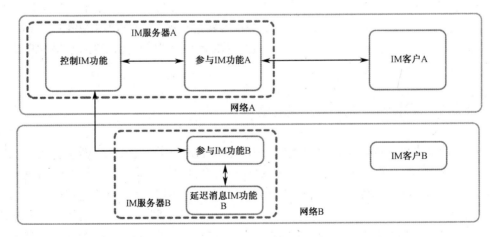

图 10.13　用户 B 处于 IM 无效状态，IM 服务器激活延时消息功能

10.3.2　即时消息模式

　　OMA 即时消息业务是遵循 3GPP 的 IM 业务需求并通过多种模式来实现即刻消息、基于会话的消息和延时消息。延时消息已在前面进行了介绍。寻呼模式消息可以保证即刻消息，而 IM 会话模式则可以提供基于会话的消息。

　　寻呼模式消息是一种 IM 通信方式，在网络中它不需要建立任何类似于会议的 IM 会话。寻呼模式消息可以在任何时候提供一个单向 IM 通信，其特征是响应和随后的消息是独立的产生的，它们与初始寻呼模式消息无关。这种情况的原因是在寻呼模式下 IM 服务器不维护任何状态。寻呼模式消息可以使用 SIP MESSAGE 方式来承载消息，也可以通过 MSRP 来传输消息。当使用 SIP MESSAGE 方式时，不需要建立 SIP 会话。消息内容仅作为一个 MIME 附件插入到 SIP MESSAGE 请求消息体中。如图 10.14 所示为使用 SIP MESSAGE 方式的 IM 流。基于 SIP MESSAGE 的寻呼模式的缺点是对发送的即时消息的大小有限制（1300 字节）。大小的限制是多媒体 IM 消息的一个重要约束。为了解决该问题，规范引入了基于 MSRP 的寻呼模式。通过将消息内容插入到 MSRP 消息中，寻呼模式消息可以处理任意大小的消息。但是使用 MSRP 需要在会话双方之间建立一条 SIP 会话。如图 10.14 所示为显示了基于 MSRP 消息的信令流和媒体流。SIP 会话通常仅用于发送一个消息，随后便将拆除。寻呼模式消息可以用于处理组群消息（既可以是 ad-hoc 组群，也可以是任意组群）。一对多的通信方式既可以采用 SIP MESSAGE 方式也可以采用 MSRP 方式来承载消息内容。

　　IM 会话模式有时也称为"聊天"，即 IM 会话的加入类似于加入一个"聊天室"。聊天室内交换的信息与 IM 会话的上下文有关。IM 会话需要一个中心控制点，从而提供类似会议的能力。该中心控制点便是控制 IM 功能。在 IM 会话中，媒体传送总是由 MSRP 完成，大小不受限制。

10.3.3　OMA 即时消息媒体类型

　　当在 3GPP 终端上应用 OMA 即时消息业务时，要求终端必须支持一些基本的媒体类型。这些基本媒体类型在 3GPP TS26.141 中进行了规范。但是需要指出的是，移动终端也可以支持基本媒体类型之外的其他媒体类型。在设计这些基本媒体类型时，充分考虑了像 MMS 和 3GPP 中流媒体等一些技术。IM 业务应该可以提供 3GPP 环境中下列媒体类型的发送/接收。

● 文本：文本信息，包含 Unicode 逻辑字符子集的任何字符编码都可以使用。
● 静态图像：可以使用 JPEG 压缩格式和 JFIF 文件格式。
● 位图图片：使用 GIF 和 PNG 格式。

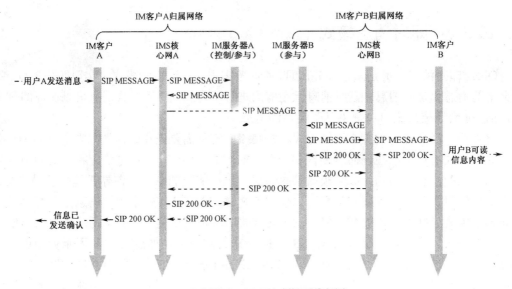

（a）使用 SIP MESSAGE 方式的寻呼模式消息

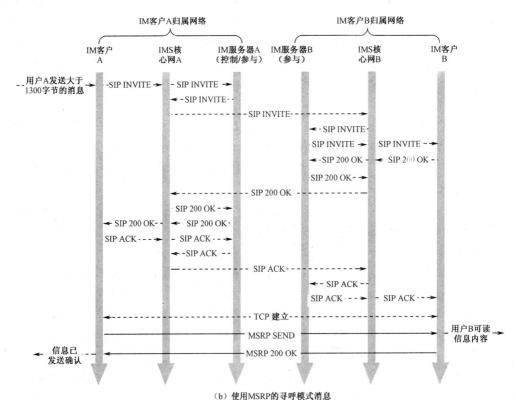

（b）使用 MSRP 的寻呼模式消息

图 10.14　IM 信令流程

- 语音：可以使用 AMR 窄带和 AMR 宽带语音编码。
- 音频：支持 AAC+和扩展的 AMR-WB 音频编码。
- 视频：支持 H.263、MPEG-4 和 H.264 视频编码。
- 合成音频：支持 MIDI 格式。
- 矢量图片：支持可缩放的小矢量图片（SVG，Scalable Vector Graphics）格式和 EMCAScript。
- 媒体同步：支持 SMIL2.0 子集用于媒体同步。

10.4　呈现和列表管理

呈现和列表管理是业务引擎，主要用于简化通信和支持像多媒体电话及 OMA PoC 这样的通信业务。这两个业务引擎均由 OMA 的 PAG 组进行规范。OMA 实际上提出了两种不同的呈现方案。此处介绍的是基于 SIP 的呈现方案，通常也称为 OMA 简单呈现。基于 SIP 的呈现规范包括 OMA 简单呈现需求文档、OMA 简单呈现结构文档和 OMA 简单呈现技术规范。列表管理也称为 XML 文档管理（XDM，XML Document Management）。OMA XDM 规范包括 OMA XDM 需求文档、OMA XDM 结构文档和 OMA XDM 技术规范。

10.4.1　简单呈现

呈现是一种业务引擎，它可以使用户提交呈现信息，这样便可以看到其他用户的有效性和是否愿意进行通信。用户的呈现状态取决于具体的实现，如用户是否在线、当前心情以及地理区域。呈现并不是一种新业务，到目前为止，在因特网上已经有多种呈现业务，第一个呈现应用是 1996 年出现的 ICQ。但是很可惜多数呈现方案都是私有性的，很难实现相互兼容。因此，像 IETF 和 OMA 这样的标准化组织便开始制定标准化的呈现方案。其中 IETF 的 SIMPLE 工作组已经开发了多个 RFC，包括 RFC3856、RFC3857 和 RFC3858，这些 RFC 构成了 OMA 简单呈现方案的基础。如图 10.15 所示为 OMA 简单呈现业务引擎的技术架构。

图 10.15　基于 SIP 的呈现业务的高层架构

图 10.15 中，用户通过向作为 IMS 应用服务器的呈现服务器发送 SIP SUBSCRIBE 消息来提交呈现业务。完成了提交过程后，呈现服务器通知用户其组群内用户的呈现状态。通常呈现状态通过所谓的好友列表传送给用户。呈现服务器通过向呈现客户发送 SIP NOTIFY 消息来完成通知。当用户的呈现状态改变时，呈现客户需要向呈现服务器更新其存储状态。此时呈现客户会向呈现服务器发送 SIP PUBLISH 消息来通知新呈现状态的改变。随后其他用户会收到一条新的 SIP NOTIFY 消息来通知呈现状态发生了改变。该通知消息可以在呈现服务器的状态发生变化一定时间后发送，也可以通过一个事件来触发 SIP NOTIFY 消息的发送。这取决于所使用的呈现模型，最常见的呈现模型如下。

- Push：当呈现状态发生改变后，在该模型会立即对用户的呈现状态进行更新。Push 方法具有最优的交互性，但是它容易产生过多的业务量。
- Throttling：该模式是将一段时间内的状态改变组成一起进行更新。在呈现更新间隔到期后，呈现服务器会向用户通知所有改变的呈现状态。该模式的交互性取决于呈现更新间隔。所以在这种模式下更新产生的业务量可以在一定程度上由运营商通过设置更新时间间隔来进行控制。
- Pull：在该模式下用户必须手动地向呈现服务器来请求呈现状态的改变。呈现服务器通过适当的轮询机制来完成呈现状态更新，这样也能很好地对更新业务量进行控制。

当在决定采用什么呈现模型时，必须要了解在呈现业务下面采用的是什么样的接入方式。WCDMA 网络适用于流媒体业务。然而，呈现业务与流媒体业务有很大的不同。在呈现业务中用户呈现状态改变后，呈现服务器会将该消息通知给所有参与的呈现用户，所以该通知消息的数量将非常大，但是大小却很小。于是问题就出现了，此时在基站和终端之间建立无线连接会产生大量的开销。所以对于呈现业务而言，其信道利用率将会较低。如果呈现状态信息更新得过于频繁，那么此时很可能造成 WCDMA 码字受限，所以此时呈现业务的成本会有所增加。当然这就需要设计者采用适当的呈现模型来限制频繁的呈现状态更新，从而尽量减小呈现业务对网络资源的消耗。

呈现业务所产生的业务量不仅取决于呈现模型，呈现状态的数量及呈现信息的有效类型也会影响业呈现业务量。呈现信息可以分成以下几类。

- 使用信息：基本信息，用于说明呈现是否已经注册，通常的状态是"在线"、"离线"。
- 有效性信息：该信息用于说明呈现是否可达，通常的状态是"有效"、"忙"、"勿扰"以及"吃饭去了"、"会议中"等。
- 心情信息：该信息用于说明用户的当前心情，如"高兴"、"生气"和"悲伤"。
- 地理信息：在最简单情况下该信息可以说明用户所处的位置，如"在单位"或"在家"。在高级呈现方案中，可以通过 GPS 来提供用户的地理信息。

● 可达性：呈现信息可以包括呈现终端所支持的通信方式。这样可以使终端说明它支持什么方式的呈现业务。呈现信息还可以包括用户优选的通信方式。

呈现的改变在某些情况下是自动的。例如，当呈现客户要发起或接受一个多媒体电话会话时，它将自动发布一条"呼叫中"的有效信息。如果终端中内置一个日历，日历显示当前有一个会议，那么呈现客户会自动发布一条"会议中"信息。

随着移动终端和网络的不断发展，呈现业务也会不断地增加新的应用。呈现业务是网络规范中必须专门考虑的一个问题。因为呈现业务的特征与传统电信业务的特征有很大的不同。呈现状态频繁地更新会产生大量的无线连接和释放，而这些消息的大小却是很小的。呈现业务通常对时延要求不高。

10.4.2　列表管理

OMA XML 文档管理（OMA XDM）定义了一套公共机制，从而使特定用户业务相关信息对于需要信息的业务来说是可以访问的，其目的是将特定用户的业务相关信息存储在称为 XDM 服务器的网元中。XDM 服务器是可以访问和操作的。对于通信业务来说，像联系列表、组群列表和访问列表都可由 XDM 服务器创建并进行存储：

● 联系列表：将通信簿中的联系条目存储在网络中，从而便于任何 XDM 使能设备进行访问。
● 组群列表：它定义了一系列在 PoC 通信中使用的通信组群。XDM 是引擎，用于创建、改变、存储和删除 PoC 组群。
● 访问列表：访问规则，即允许谁或不允许谁通过特定业务访问特定用户。

在 XDM 客户和 XDM 服务器之间操作 XML 文档需要通过 XCAP 协议。XCAP 协议使用 HTTP 方式在 XDM 实体之间进行通信。因此，XDM 客户使用 HTTP GET 方法来从 XDM 服务器中读取信息，使用 HTTP PUT 方法来创建或修改 XDM 服务器中的信息。XCAP 也使用 HTTP 资源，所以可以很容易地设计出一种系统，使用户和管理者可以从移动终端上通过 Web 门户直接管理联系列表和组群列表。

参考文献

[1]　3GPP TS 43.051 V6.0.0 GSM/EDGE Radio Access Network (GERAN) overall description; Stage 2.

[2]　3GPP TS 23.279 Combining circuit switched (CS) and IP Multimedia Subsystem (IMS) services; Stage 2.

[3]　3GPP TS 24.279 Combining Circuit Switched (CS) and IP Multimedia Subsystem (IMS) services; Stage 3.

[4]　3GPP TS 23.060 V5.13 GPRS services Description Rel 5.

[5] 3GPP TS 08.18 V8.12.0 BSS-GSN BSSGP.

[6] 3GPP TS 23.107 V6.2.0 Quality of Service (QoS) concept and architecture.

[7] 3GPP TS 27.007 V4.6.0 AT command set for User Equipment (UE).

[8] 3GPP TS 43.055 V6.14.0 Dual Transfer Mode (DTM).